MOTIFS GÉOMÉTRIQU
ORNEMENTS D'ARCHITEC

建筑装饰图案设计与应用

[法] 杰拉尔·罗比纳 著
Gérard ROBINE
张雯羽 译

華中科技大學出版社
http://www.hustp.com
中国·武汉

致 谢

本书献给所有的艺术家、艺术团队，

以及人类自蒙昧时期以来，

所有设计、发扬、传播装饰艺术和几何装饰图案的人。

在本书中，我们将以年代顺序向读者展示装饰图案。从手工业的角度看，图案装饰的传统和样式与历史发展并驾齐驱，不同时期的装饰作品能够体现出当时的特点，这些时期可以根据图表和估算的方式进行划分，每个时期都会持续几个世纪甚至上千年。其中，15世纪到18世纪是几何图案装饰发展最为鼎盛的时期，本书将这期间的图案装饰根据发源地进行分类，以便向读者展示装饰的地域性。

目录

引 言

无论在地中海沿岸、中亚，还是远东，都坐落着不可胜数的古老遗迹。时至今日，这些遗迹仍然保存着部分精美的墙面装饰以及精致的文物，它们无不彰显着属于过去的辉煌。在数千年的历史积淀中，用图案进行装饰的传统无所不在，它被不断丰富并达到鼎盛，成为如今我们看到的这些艺术作品的“源泉”。所有“被选中”的装饰图案都是想象出来的，它们的发源地可能是马拉喀什、威尼斯、撒马尔罕或是北京。

人类自六千年前便开始建造房屋，每个人都希望通过自己的想象力让自己的房子打破常规。为此人类穷尽所能，这并不仅仅局限于扩大建筑面积、使用特殊的建筑材料，或是创造出新的建造技术，同样表现在也追求更加富丽堂皇的装饰：石料的尺寸、砖块的布局、石板地面以及罕见的大理石贴面、珍贵的木制品、光滑的陶瓷制品、粉刷的墙面、花瓣样式的镂空、浅色的颜料和镀金的镶边。从古至今，这些素材在艺术家手中变幻无穷。除了借鉴和模仿，他们也会自主设计或是按照规律创作出新颖、令人称奇的布景和装饰。有了这些装饰，建筑就仿佛披上了外衣、戴上了首饰，变得分外华丽。

在古代，装饰设计师最先做的是临摹和描绘人体、动物、景色、植物和花朵的形象，这也是人类的天性使然。众所周知，这一行为的历史十分悠久，其中最早的旧石器时期的洞穴动物壁画可以追溯到三万年之前。而另一种装饰艺术却显得更为抽象、深奥和新潮。它们出现于史前，形式为单独或重复的几何图案。目前发现的最早的墙壁几何装饰距今已经有一万一千年了。

从那以后，形象图案和几何图案这两种基础装饰形态流传至今，并且在样式上得到了丰富和发展。实际上，我们时常可以在现代的建筑墙面上看到几何图案与形象图案同时出现，或是一个植物形象包围着一个几何图案，又或是几何图案围绕着一块形象图案。

埃及人在建筑物上大量使用浮雕装饰，雕刻的内容是历史事件或是日常生活的画面，而非几何图案。希腊人对装饰的运用稍显谨慎，却不失优雅；与埃及人一样，他们同样大面积地使用图案装饰，比如在漂亮的大理石建筑上涂画。然而他们设计的壁画却因为罗马人的模仿和复刻为人所知，而后者运用的是马赛克装饰。无论是大理石还是马赛克，罗马人确实在历史上第一次推动了几何装饰的发展。随后，阿拉伯人延续了图案装饰的做法，他们或多或少地摒弃了形象图案装饰，把几何图案装饰发展到一个更高、更复杂的层次。那些最宏伟、最精妙的图案装饰出自东地中海、中亚、波斯、埃及、马格里布、安达卢西亚和北印度。中世纪的欧洲人在罗马式建筑时期运用这两种装饰形态，在哥特式建筑时期专门研究新的几何图案装饰。在这些装饰原型之上，中国人探索出了新颖而又集大成的几何图案装饰。而这一切随着文艺复兴的开始发生了变化，艺术成了“艺术家”们的专利。他们将几何艺术一股脑地抛开，在画板上描绘真实的形象。紧随其后的是现代建筑时代，弱化装饰和“避免无效”成了一大特点，或者说一大发展。人们不再纠结于使用哪一种装饰类型，而是更加偏爱未经雕琢的材料和简单实用的设计。总的来看，如今人们已经很难再看到能称之为艺术品的装饰了，更多的则是一些可爱的小物件。其中，几何装饰尤为没落，因为它们仿佛对人们诉说一种外星语言，使人们感到恐惧。

但换个角度来看，几何装饰可能是所有艺术作品当中最易接近的。因为我们可以查找到许多关于形象艺术的深度分析，而分析几何艺术的资料却寥寥无几。因此在这种情况下，爱好者只能通过自己观察得出感想。经过精心的挑选之后，这些不同颜色的格子被组合成各种天马行空的图案；在三角形拼成的网格中，群星闪耀；在交织的多边形中，我们看到花瓣想要冲破几何的外延进行重组。几何装饰散发出神秘的魅力，这种诱惑力难以用言语解释。

设计形象图案只需“抬手下笔”即可，没有任何规则限制。而几何图案的设计首先需要一个或繁或简的规划，随后再使用直尺和圆规进行创作。后者的设计可谓枯燥至极，而且对于那些追求个性化作品的人来说限制颇多。那些错综复杂的线条与乐谱上的音符和谱线十分类似。每位演奏者对乐谱中的符号都有不同的理解和诠释，演奏乐器、音符响度甚至音乐节拍都可因人而异。同理，每一件装饰作品首先由设计师选择的几何模型决定，随后取决于图形的组合方式。在数个世纪的发展中，几何装饰艺术家可谓人才辈出。他们通过对材料和颜色的选择、对比与对称的运用，即兴地添加花叶饰、玫瑰花结、“人”字纹、“之”字纹等，再加上数代工匠发明的技艺，我们才有幸能够看到这些既夺目多变、又朴素严谨的装饰作品。

绘制几何元素

下图中的几何纹理都是由本节列出的图案组成的，十分容易绘制。这些纹理看起来十分精妙，但事实上，它们最初都是一些分散的基础几何图形，或者是这些几何图形简单的组合。因此只需绘制这些基础图形并把它们组合起来，就能得到与最初的图形一样或是根据最初的图形变形的图案。

下图中的基础几何图案是仅凭经验和实际操作得到的，没有经过任何提前计算或是数学论证。但这种绘制方式毕竟只是一种取巧的办法，因为实际上我们需要两把角尺来绘制这些图案，一把是45度角尺，另一把是30度角尺。同时，还需要一把圆规以及一面制图板。有了这些工具，我们就能简单、快速而且准确地画出几何图形了。

公元前6000至公元前4000年间陶器的装饰图案（近东和中东）。

正多边形

五大基础几何图形：正三角形、正方形、五边形、六边形和八边形。

这些由3、4、5、6条或8条等边组成的多边形是最容易绘制的，它们的组合方式也多种多样。

而由10、12、16、20、24条甚至更多边组成的多边形是从上述多边形衍生出来的。它们是那些精妙的装饰图案的基础构成部分。

还有一部分多边形的边数为奇数，比如七、九、十一、十三边形。由于这些多边形绘制困难并且不易组合，因此很少被用于装饰图案中。

所有的等边多边形都出现在几何装饰图案中。这些多边形被称为“规则多边形”，都可以内接于圆。换句话说，这些多边形的每一个顶点都在同一个圆上。而这个圆就叫作多边形的外切圆。

由此可见，如果想要绘制这些多边形，只需要把一个圆等分成几部分，然后把这些切点相连。

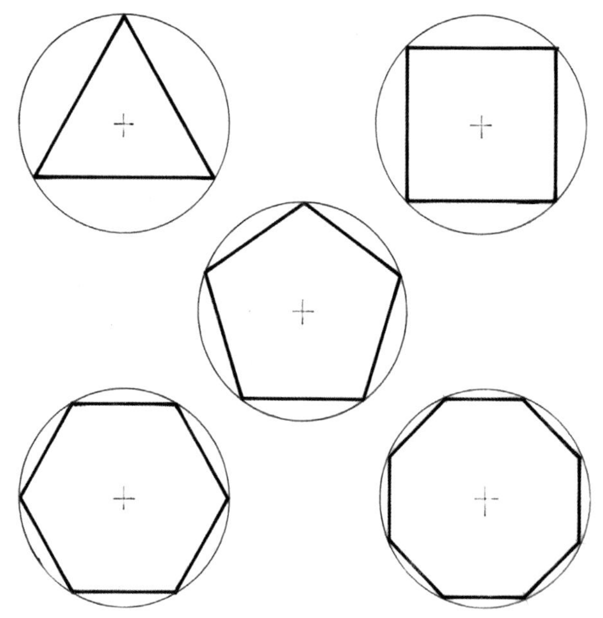

规则多边形是指那些边长相等、可以内接于圆的多边形。如上图所示的正三角形（3条边）、正方形（4条边）、五边形（5条边）、六边形（6条边）、八边形（8条边）。

圆的三等分

使用60度角尺将圆等分成三部分，把切点连接起来之后就得到了一个正三角形。

我们可以通过已知边*AB*，使用角尺从*A*、*B*两点出发绘制两个60度角；或者画两条从*A*、*B*两点出发、以*AB*为半径并相交的弧线，同样可以得到一个正三角形。

把这些正三角形依次排列能够布满整个平面。平面内的线条指向三个方向，而这个由三角形组成的图形被称作“三角网格”，无数图案都是在这个网格结构上构建的。

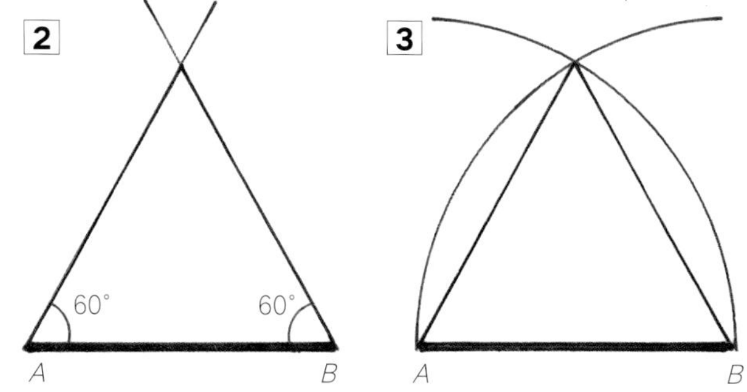

使用角尺和圆规通过*A*、*B*两点绘制正三角形。

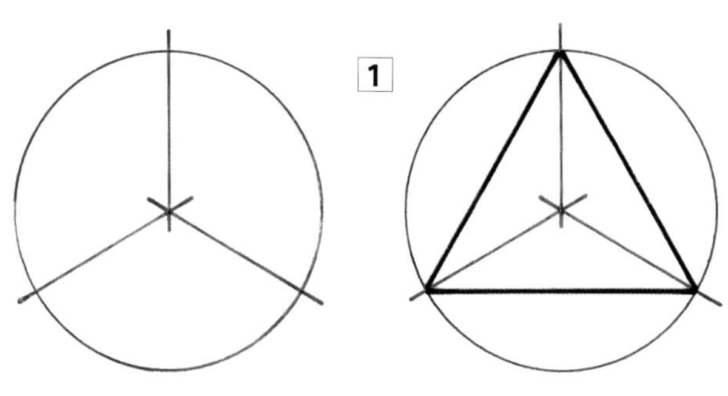

通过圆的三等分得到正三角形。

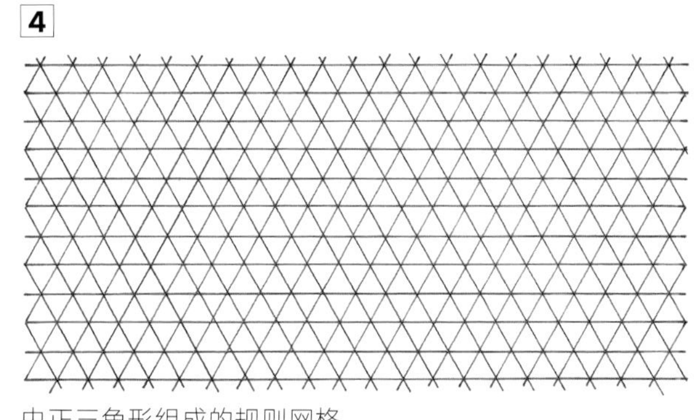

由正三角形组成的规则网格。

圆的四等分

我们使用丁字尺和角尺，或是使用45度角尺将圆等分成四部分。把相邻的切点依次连接起来之后就得到了正方形。而把不相邻的切点相连就得到了正方形的对角线。

通过一条已知的线段*AB*，使用45度角尺的直角边在*A*、*B*两点分别画两条垂直于线段*AB*的线，同样可以得到一个正方形。

使用面积相同的正方形布满整个平面。平面内的线条延伸至两个方向，而这个由正方形组成的图形被称作“棋盘格”“方格网”或是“正方形网格”。无数图案都是在这个网格结构上构建的。

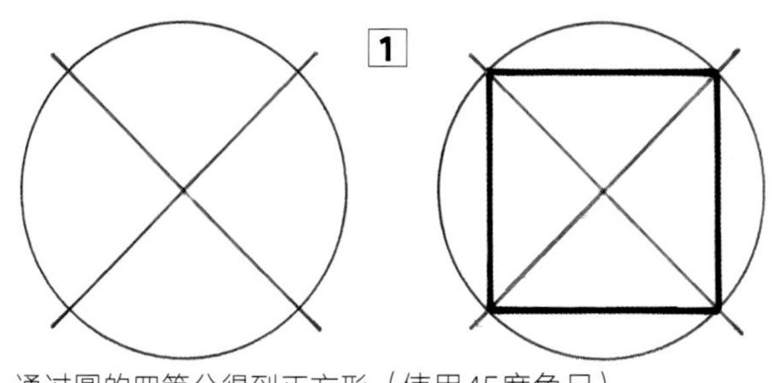

通过圆的四等分得到正方形（使用45度角尺）。

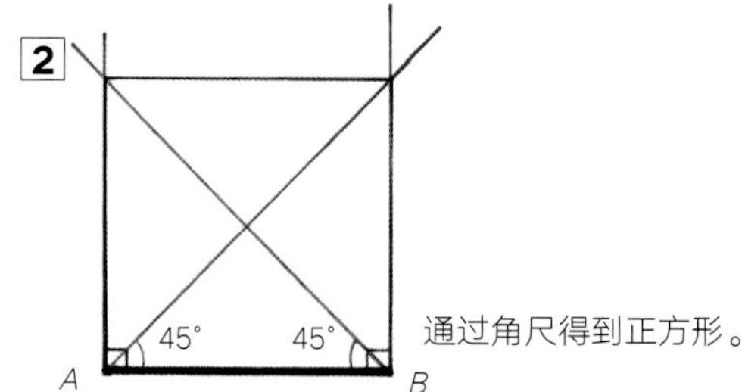

通过角尺得到正方形。

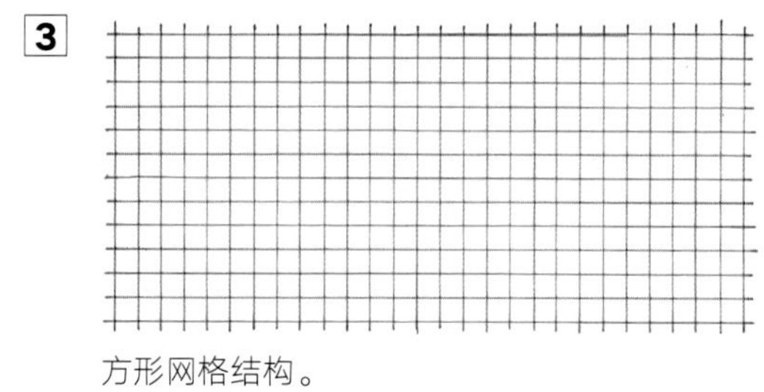

方形网格结构。

圆的五等分

我们无法使用角尺将一个圆等分成5个部分。但是借助圆规，可以通过一些精准或粗略的方式绘制出五边形。

图4是最常用的绘制五边形的方式。我们取圆的半径*AO*的中点*M*，之后沿*MD*对折，交*AB*于*N*点，再沿*DN*对折，交圆于*E*点。

取*DE*的间距在圆上接连画弧，我们得到等距的5个点*D*、*E*、*F*、*G*、*H*，它们把圆平分成5个部分，也是五边形的顶点。

在盎格鲁-撒克逊国家，通常使用图5的方式绘制五边形：首先以*AO*的中点*M*为圆心，*MO*为半径画圆，之后连接*CM*，交圆于*P*、*Q*2点；之后以*C*为圆心，*CP*、*CQ*为半径画圆，分别交大圆于*F*、*G*和*E*、*H*4点。*D*、*E*、*F*、*G*、*H*这5点就是五边形的5个顶点。

把圆上的5个切点两两相连，也就是连接*DF*，*FH*，*HE*，*EG*和*GD*。我们就得到了一个“星形五边形”或者说一个“五角星”。

延长五边形*DEFGH*的5条边，我们得到了另一个五角星。

以*D*为圆心，画一条穿过*H*、*E*两点的弧线。随后取同样的半径，以*E*、*F*、*G*、*H*为圆心画弧，我们就得到一个曲边五角星，即“五叶玫瑰花结”。与正三角形和正方形不同的是，五边形不能通过规则的排列得到完整的网格平面。

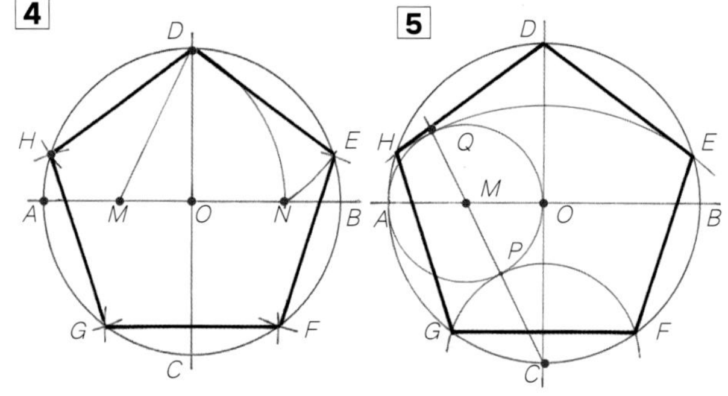

通过圆的五等分得到正五边形。

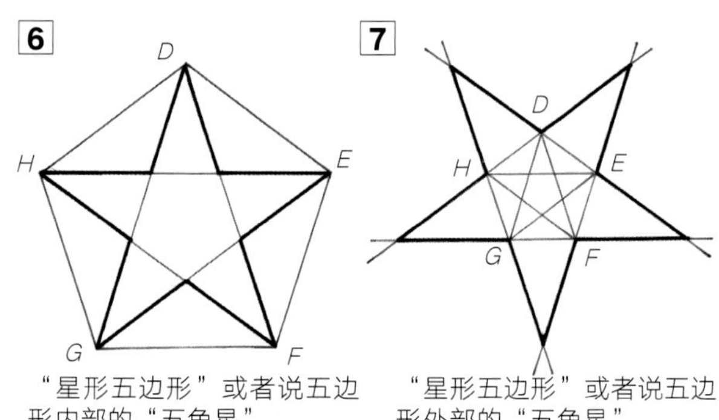

“星形五边形”或者说五边形内部的“五角星”。

“星形五边形”或者说五边形外部的“五角星”。

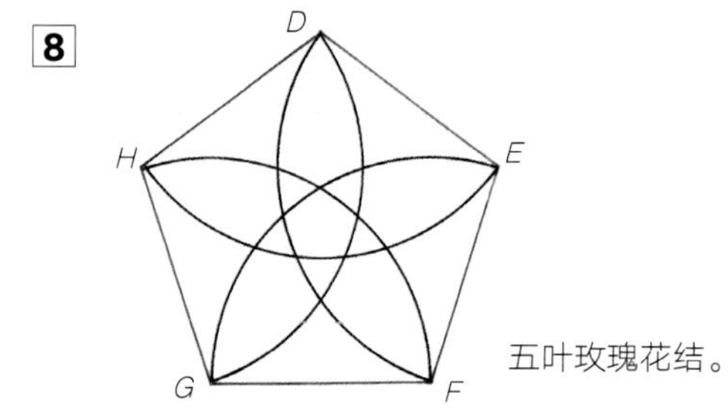

五叶玫瑰花结。

圆的六等分

使用角尺的60度角将圆六等分。将圆上的相邻切点依次连接，我们就得到一个正六边形。

正六边形由6条等长的边组成：任意顶点与相邻顶点的距离与这一顶点到六边形中心的距离是相等的。

我们同样可以通过以下方式实现圆的六等分：在圆周上取任意一点*A*为圆心，以半径不变的原则画弧，交圆周于*B*、*F*两点;再以*B*、*F*为圆心，相同半径画弧，交圆周于*C*、*E*两点；以相同方法可得到点*D*。

圆上的切点*A*、*B*、*C*、*D*、*E*、*F*就是六边形的6个顶点。使用上述方法，我们同样可以得到一个规则的“六叶玫瑰花结”。

将大小相同的六边形整齐排列，就可以得到一个完整的网格平面。我们把这个网状结构称为“六边形网格”或者是“蜂窝结构”。

每一个正六边形都由6条等长的边组成。图3中的网状结构可以和由正三角形拼成的网格无缝衔接。

圆周被分成6段，把圆上的切点两两相连，即连接*AE*、*EC*、*CA*、*BD*、*DF*、*FB*，就可以得到2个正三角形。这两个三角形叠加起来组成一个“星形六边形”或者说“六角星”。

如果延长正六边形*ABCDEF*的边，我们可以得到另一个“星形六边形”。

一个六角星中包含12个大小相同的正三角形。

每一个正三角形又能被分解成多个更小的正三角形。

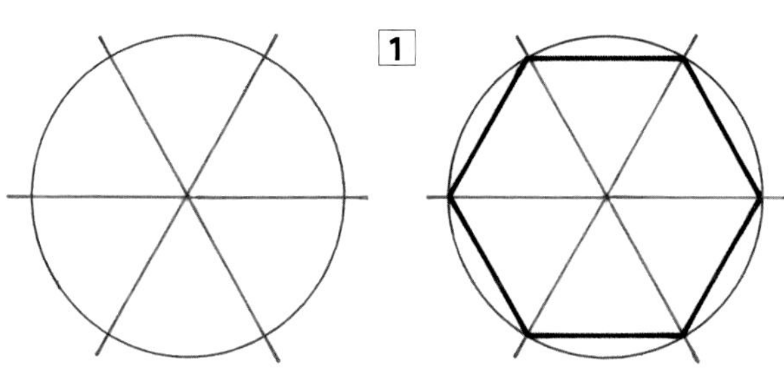

通过圆的六等分得到正六边形。

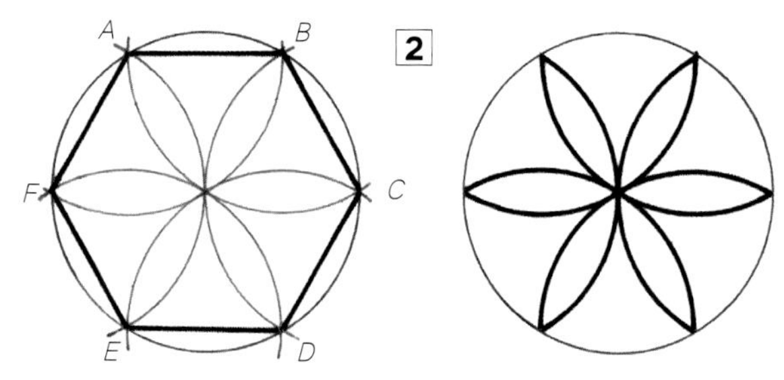

通过绘制六叶玫瑰花结得到正六边形。

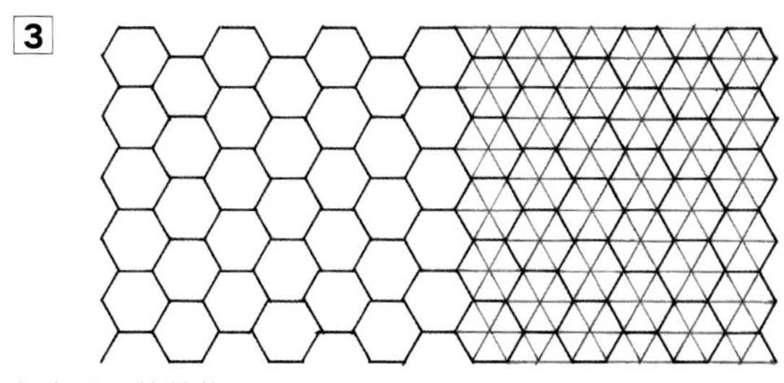

六边形网状结构。

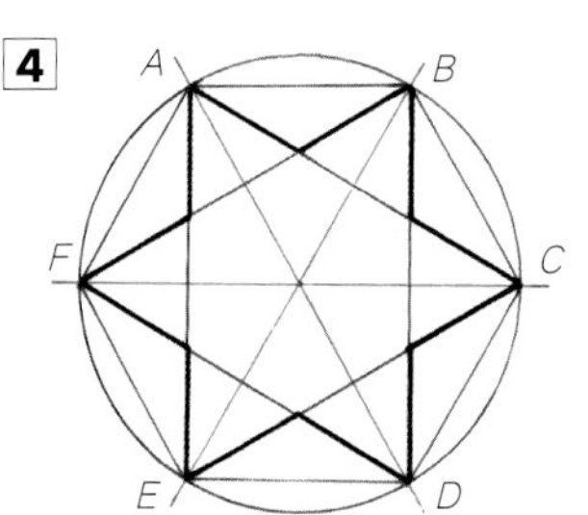

“星形六边形”或是六边形内部的“六角星”。

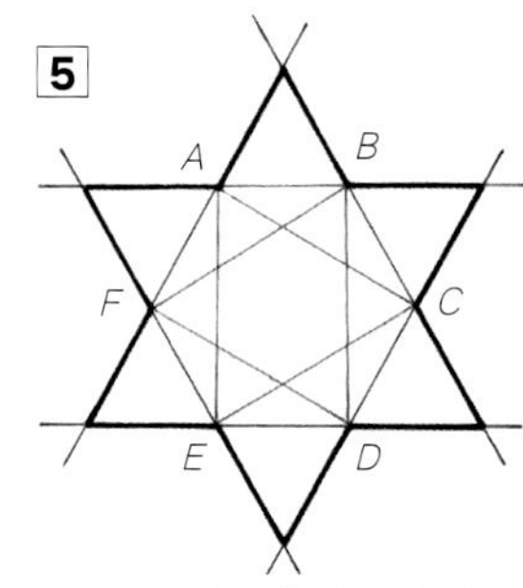

“星形六边形”或是六边形外部的“六角星”。

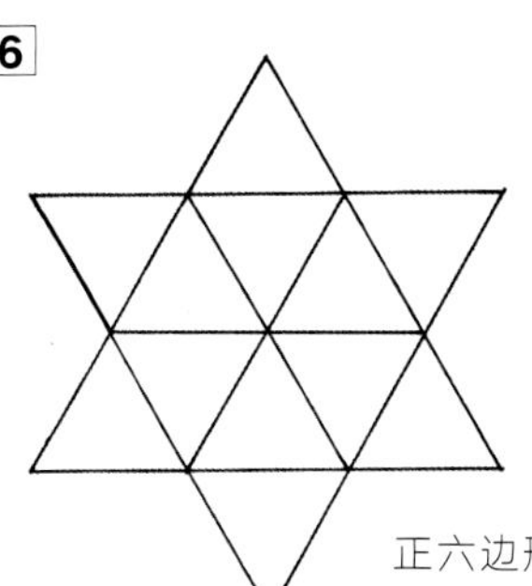

正六边形和星形六边形分别包含6个和12个大小相同的正三角形。

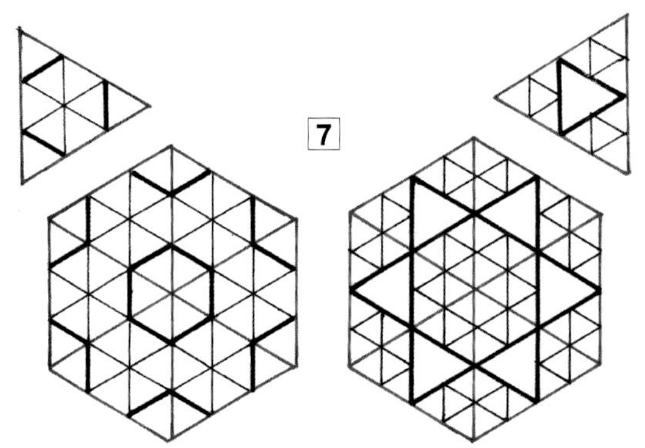

图中六边形的每个边被等分成3份或4份，分解出正三角形。

圆的八等分

使用45度角尺将圆等分成8份。连接圆上的切点就得到了正八边形的8条边。

我们将正方形对角线的一半投影到边上，就能得到内切于正方形的八边形。

我们可以在圆外画8条切线，得到一个八边形（2条垂直线，2条水平线，4条与水平线成45度夹角的线）。

如果把正八边形的所有顶点间隔地两两相连，我们就得到2个重叠的正方形，组成一个“星形八边形”或者说“八角星”。两个正方形的重叠部分也是一个正八边形。

我们把八边形的每个顶点和与其相邻的第三个顶点相连，就得到两个形状不同的“星形八边形”或“八角星”（如图5所示，形状1和形状2）。

把八边形的八条边延长，得到两个形状不同的八角星。

八角星1的每一个顶角都是直角，包含两个内切正方形。被图7中8个正方形包围的部分是八角星2。把八角星连续叠加，我们就得到了一个由菱形和直角三角形（半个正方形）组成的图案，它们本身也可以被再次分割。单独排列八边形不能得到完整的网格平面，但是在加入三角形、正方形和六边形之后可以得到一个完整的平面图案。

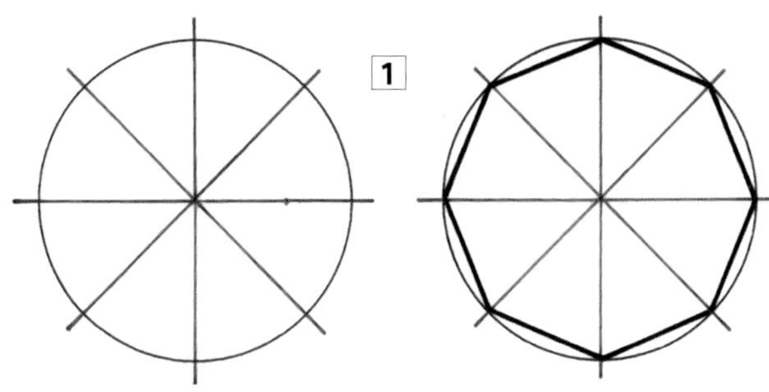

通过圆的八等分得到正八边形。

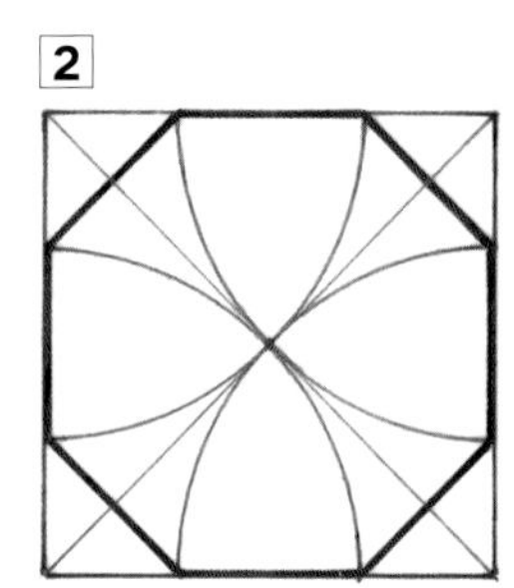

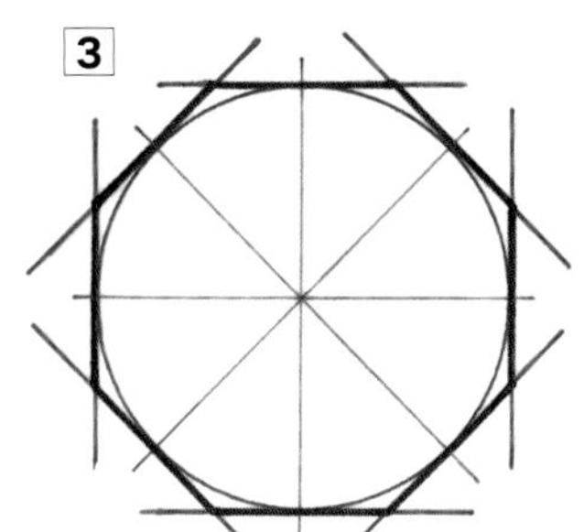

借助正方形和圆形绘制正八边形。

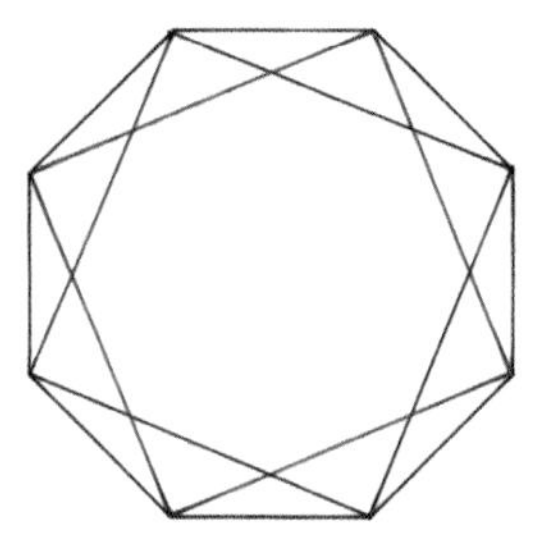

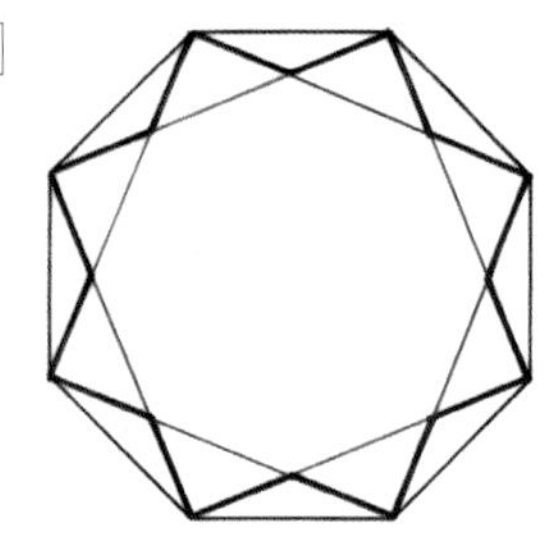

八边形的2个内切正方形，“星形八边形”或八边形内部的“八角星”。

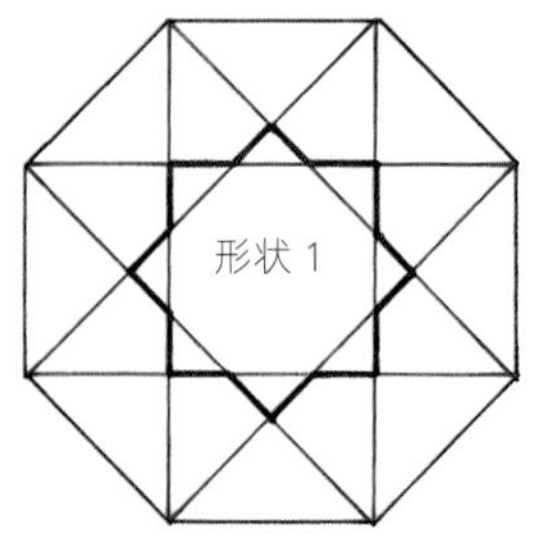

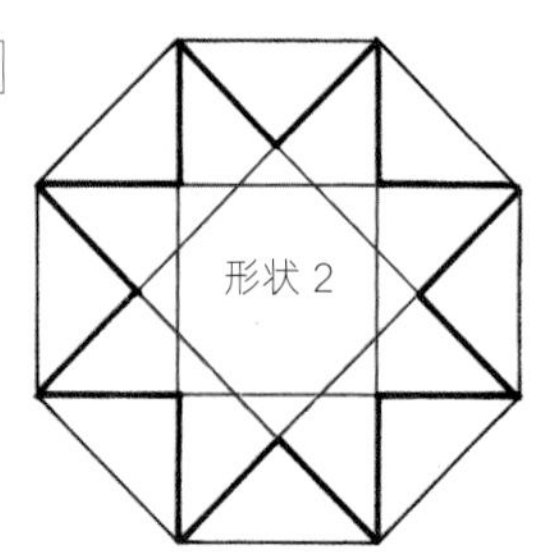

八边形外部的八角星1和八角星2。

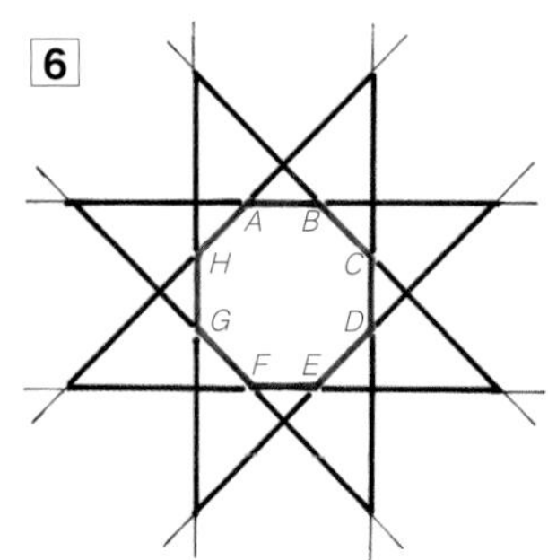

延长八边形*ABCDEFGH*的边。

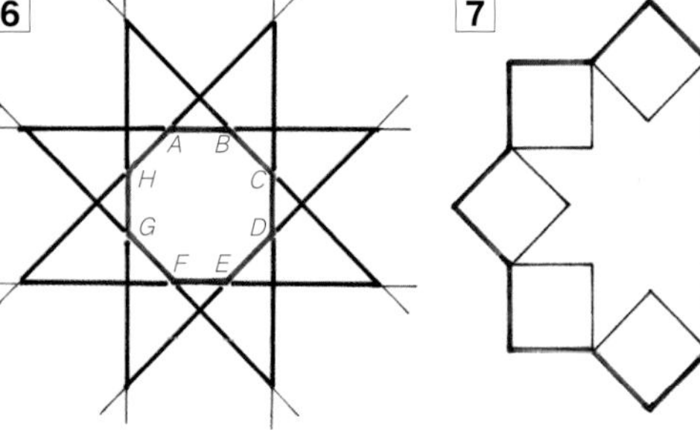

在八角星1包含的8个正方形和八角星2。

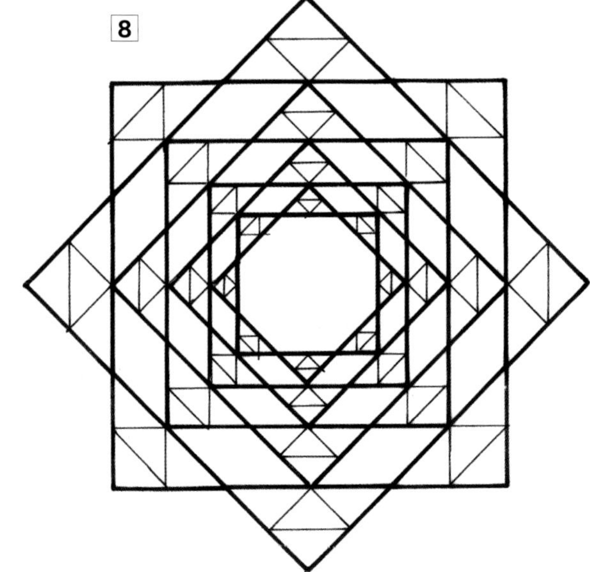

连续叠加八角星。

圆的十和二十等分

如图1所示，已知圆*O*被点*A*、*B*、*C*、*D*、*E*五等分，为了将圆十等分，只需作射线*AO*、*BO*、*CO*、*DO*、*EO*、分别交圆于*F*、*G*、*H*、*I*、*J* 5点。

为了得到更为精细的绘制方式，我们以*A*为圆心，任意长度为半径画弧。再以相同半径，*B*为圆心画弧。连接两弧交点和圆心*O*的射线将角*AOB*平分（角平分线）。射线交圆*O* 于点*I*，也是弧*AB*的中点。同理，找到*BC*、*CD*、*DE*和*EA*的中点。

把这10个交点依次连接，我们就得到了一个十边形，或者说一个正十边形。把十边形的所有边延长，我们将得到一个十角星（蓝色）。

把十边形的所有顶点间隔地两两相连，并把连线延长，我们会得到另一个十角星（红色）。

如果我们把十边形的顶点每隔2个或者每隔3个相连，就可以得到另外2个不同的十角星。

如果想要绘制二十边形，只需用上述方法借助圆规画出十边形每条边的等分线即可。

圆的十二和二十四等分

使用60度角尺将圆十二等分，连接圆上的切点，我们就得到了一个规则的十二边形，或者说“正十二边形”。如果我们将正十二边形的顶角每隔1个、每隔2个、每隔3个、每隔4个相连，就能得到2个六边形、3个正方形、4个正三角形和1个十二角星。

把相同的形状叠加，就能得到4种不同形状的十二角星。如果把它们的边延长，就能够在十二边形外部得到另外4个十二角星。如果我们想实现圆的二十四等分，并画出对应的多边形，只需以图3为基础，把12个圆心角等分即可。

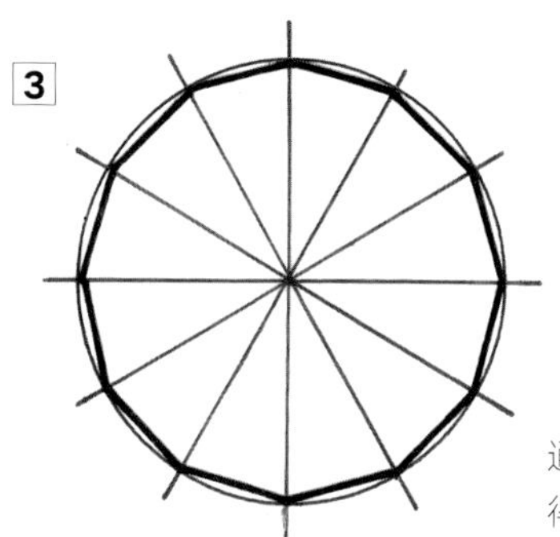

通过圆的十二等分得到正十二边形。

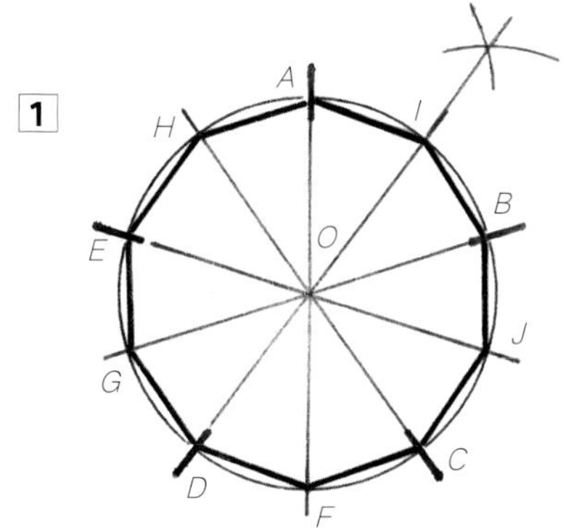

通过圆的十等分得到正十边形。

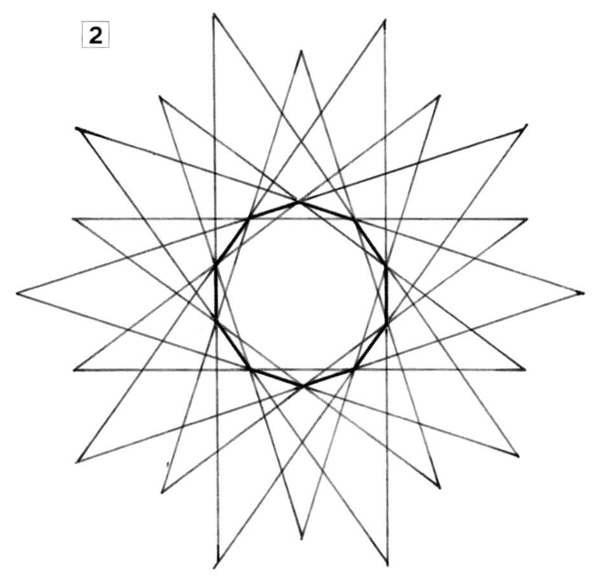

利用十边形绘制的2个十角星。

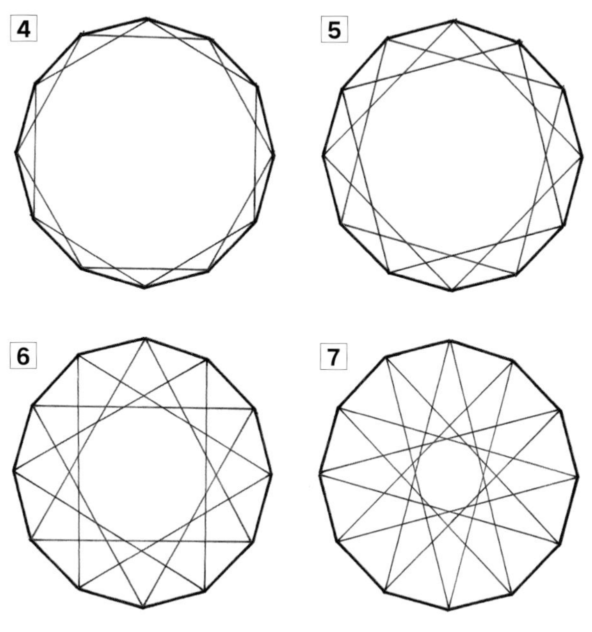

内切于同一个圆的六边形、正方形、三角形和星形。

圆的七等分

我们不能借助角尺将圆等分成7份。但是我们可以通过使用圆规实现圆的七等分。

已知圆O，半径为OP，以P为圆心，半径不变画弧，交圆O于两点。A为其中一个切点，M为两切点连线的中点。

以A为圆心，AM为半径画弧，交圆O于B、G两点。再分别以B、G两点为圆心，同样的半径画弧，得到C、F两点。

同理得到点D和点E。

点A、B、C、D、E、F、G将圆O七等分。依次连接这7个点后我们就得到了一个正七边形。

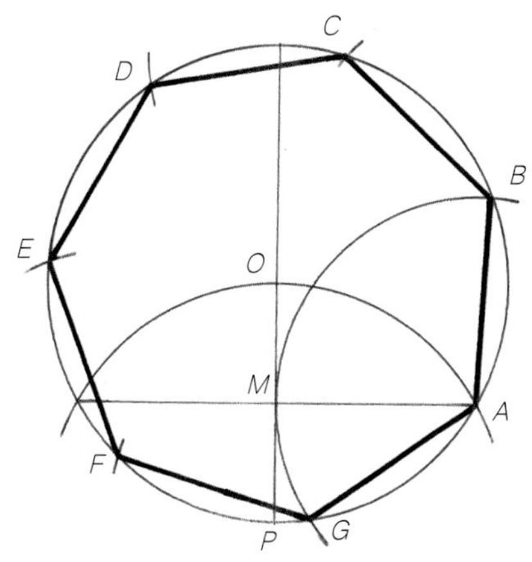

通过圆的七等分得到正七边形。

圆的九等分

我们同样不能借助角尺将圆等分成9份。但是通过使用圆规，我们可以用一种简单而精确的方法实现圆的九等分。

取圆O上一点A为圆心，以AO为半径画弧，交圆O于点1、2。

取点A在圆O上的对称点3，以点3为圆心，画一条穿过点1、2的弧。这条弧交圆O的直径于B点。

再以B为圆心，BA为半径画弧，交圆O的直径于C点。以DC长度为半径，分别以点1、2、3为圆心画弧，交圆O于点4、5、6、7、8、9。这9个点将圆O九等分，也是九边多边形，或者“正九边形”的顶点。

把这些顶点每隔2个依次连接，我们就得到了3个一样的正三角形和2个九角星。

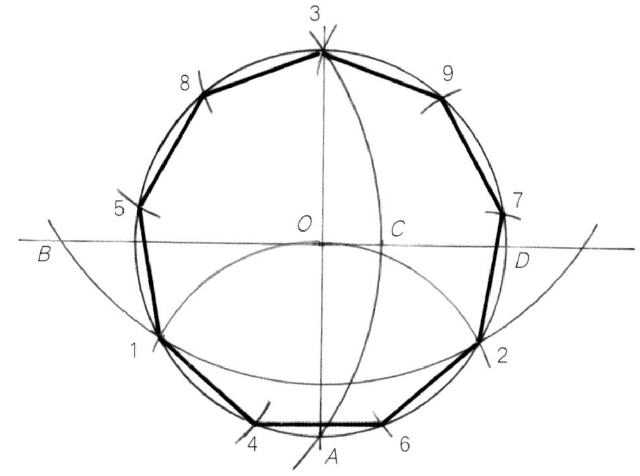

通过圆的九等分得到正九边形。

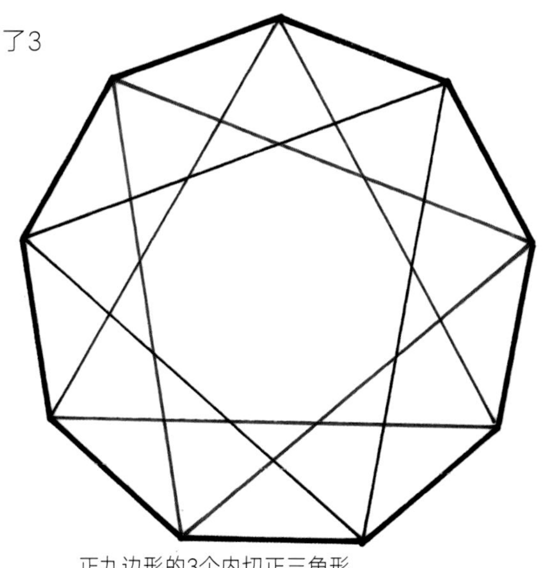

正九边形的3个内切正三角形。

组合多边形

在下列展示的多边形中，最适合用于几何图案装饰的就是三角形、正方形、六边形、六角星、八边形和八角星。实际上，上述这些几何图形不仅是最容易绘制的，而且组合方式多种多样。

最常见的通过几何图形和多边形的组合有下列几种：

A.正方形和正三角形组合

B.正六边形、正方形和正三角形组合

C.正六边形和正三角形组合

D.正六边形和八角星组合

E.正八边形和正方形组合

F.正八边形和十字形组合

G.八角星、正八边形和菱形组合

H.八角星和十字形组合

I.八角星和正方形组合

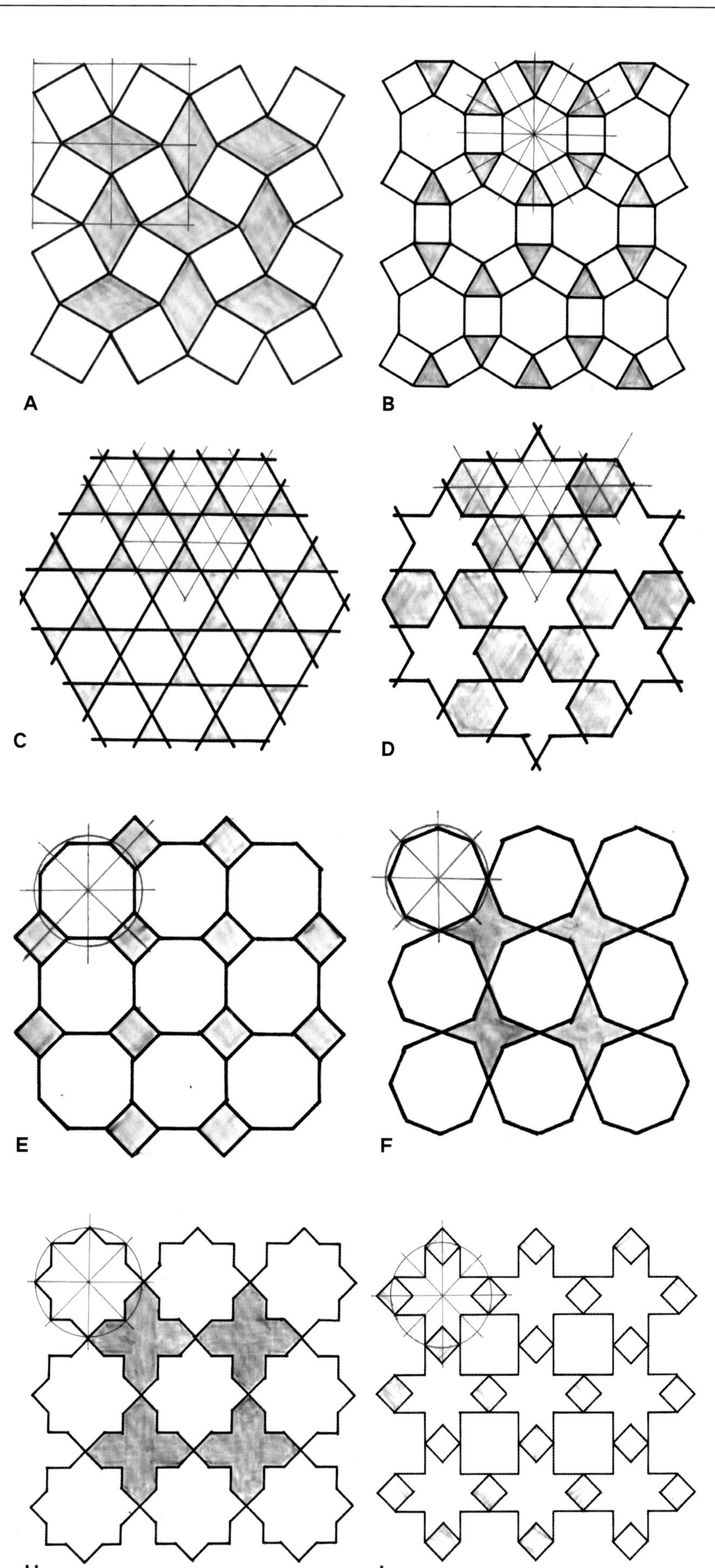

1

公元前1000年的起源

几何图案的起源

在距今六百万到七百万年前，旧石器时代登上了历史舞台。那时，人类以打猎、捕鱼、采摘为生，他们开发自然资源但还未熟练掌握其中的规律。史前一万两千年到史前六千年，根据地球上不同地区的划分，人类的生活方式发生了翻天覆地的改变。历史上的这段时期被称为新石器时代，人类学会了如何耕种。根据惯例，人们认为文字记载诞生于公元前16世纪，也就是新石器时代之后的时代——文明时代。

根据现有的知识来看，人类的审美意识在很早的时候就觉醒了。早在一百万年以前，人类就开始收集稀有的自然产物，比如玉石、水晶和黑曜石。人类使用色彩的历史也已经超过了十万年（木炭、赤铁矿、红褐色氧化铁、赭石、泥土与黄色、褐色、红色的氧化铁混合）。在那些遥远的年代，艺术作品的材料都是不能长期保存的，比如木头、毛皮、树皮以及织物，有些还涂上了植物或是动物染料，这些作品都已随着时间消逝。但是，艺术作品的消逝并不意味着它们不存在。

这种起源于旧石器时代的艺术显然并不仅仅指我们在深邃昏暗的山洞岩壁上发现的巨幅形象壁画。这类壁画在欧洲数量繁多，尤其广泛分布于西班牙和法国，其中最令人印象深刻的大概就是肖维岩洞（距今大约三万一千年），阿尔塔米拉岩洞（距今大约两万年），以及拉斯科岩洞（距今一万五千年到一万八千年）中被称为“史前的西斯廷教堂”的壁画作品。岩洞中的动物形象向人们展示了娴熟的壁画艺术技法，但是其中仍有许多谜团难以解释：这些艺术究竟是一个画廊？还是充满巫术和萨满秘密的山洞？抑或是为祈求捕猎的超自然力量圣所……

但是，这些技艺高超、神秘莫测的形象艺术作品并不能掩盖人们发现另一种图案艺术遗产，它们与岩洞壁画形式不同，且更加古老。人们以不同的原材料作为底板，雕刻或是切割出许多点、线、影线、矩形、网格、圆、螺旋线以及多边形。它们证明了人类在很久以前就掌握了抽象思维能力。

事实也的确如此。在德国东部图林根的考古遗址内（距今二十二万年到三十五万年），人们发现了一些表面有人为的直线刻痕的象骨残片。这些线条也许是还未成熟的符号语言，也许只是几何图案。然而，人们在南非布隆波斯的遗址内（距今七万五千年到八万年）找到了60多个人类历史上最早的贝壳首饰，旁边的一块赭石上有一副手工绘制的草图，图中有一些平行和交叉的线，更准确地说是一个等边三角形网格。这些图画成了人类历史上最古老的几何图案作品。

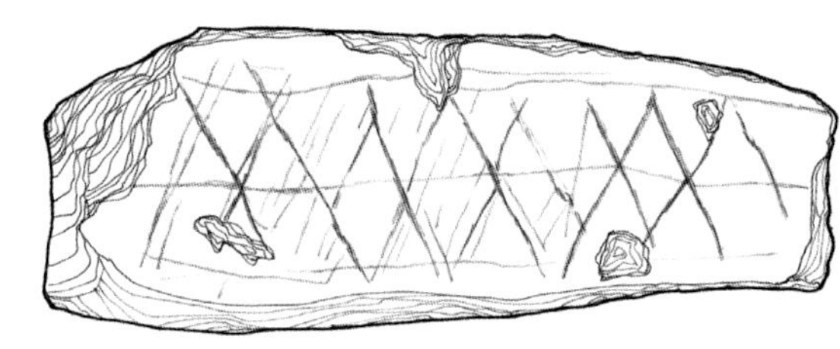

被雕刻的赭石，出自布隆波斯（南非），距今七万五千年到八万年。

另一个十分有趣的几何图案作品是两块距今一万五千年的骨板，于俄罗斯Eliseevitchi遗址出土。其中一块骨板上画满了六边形图案。如今，我们知道，如果想使用同一种多边形填满画面，满足条件的只有正三角形、正方形和正六边形。而这片土地上的人类在旧石器时代就已经发现了满足条件的多边形当中边数最多的那一个。

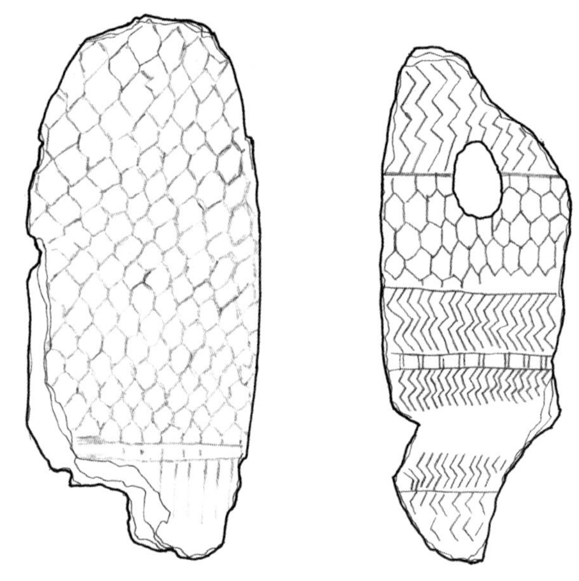

被雕刻的骨板，出自Eliseevitchi（俄罗斯），距今一万五千年。

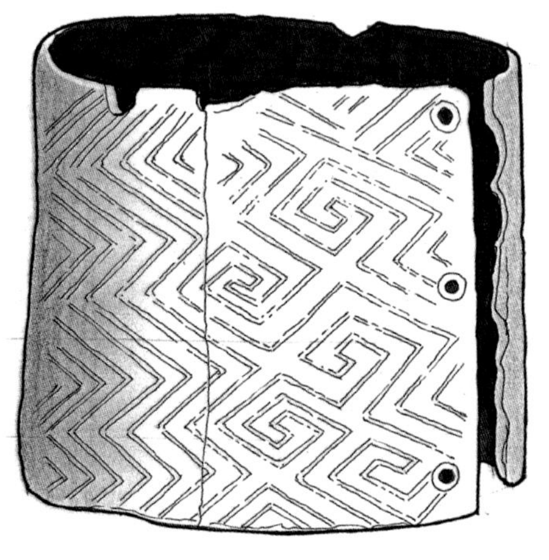

最后，我们将目光转向乌克兰的Mézine遗址（距今一万三千年到一万五千年）。在一间由动物骨头制成的房屋内，人们找到了一个带有独特几何图案的钓鱼工具，以及两副用猛犸象牙雕刻的手镯。其中一副手镯的表面交替雕刻着“之”字折线以及回形折线，后者又被称作“回形纹”。直至今日，人们未再发现与之相似的手镯。我们可以推测这种图案可能是这一地区的特色。

猛犸象牙手镯，出自Mézine（乌克兰），距今一万三千年到一万五千年。

下面要介绍的这种几何装饰形式从旧石器时代一直流传至今，我们只需稍加想象，就能猜出这种手工形式——纺织和编织。

拉斯科岩洞中曾出土过一些残存的绳子，距今有一万五千年到一万八千年的历史。2009年，人们在美国的佐治亚州发现了一些已经保存了三万六千年的亚麻纤维制品，这是目前所知的人类历史上最早的纺织品。这些亚麻被拧成粗细不等的绳子或被编成篮子，其中有一些还被染上了植物颜料。现存的两件最古老的编织物分别来自埃及法尤姆和伊拉克库尔德斯坦的岩洞中。前者通过碳14测法确定为距今一万年，后者则产于公元前8600年。这些材料的年代已经足够久远，但是这仍旧不足以支撑我们推测出它们在更早时候的用途。但无论它们的用途是什么，可以推测出的是，人类在那时已经找到了各种或简单或复杂的方式来编织植物的茎、天然纤维、麦秆、芦苇、灯芯草、竹子、藤条、柳条、树皮、树叶、棕榈叶以及薄木片和皮革。人类之所以能够学会这种技能，是因为动物界也存在这种现象：鸟儿筑巢算是其中一种，除此之外，大猩猩也会编织。在自然界中，黑猩猩每晚都会爬到树上，使用树枝编织一个坚固的平台。之后，黑猩猩会用树叶铺在平台上，以此作为一张舒适的床。

我们不仅印证了编织技术在古代已经存在，还发现了编织的多样几何图案，因为在穿插或编织的过程中，材料所呈现的几何形态会根据编织物的用途产生各种改变，如筐、绳结、席子、椅背、栅栏等。

现在，全世界都能找到编织品的身影。但就编制技术本身来说，它与几万年甚至几十万年前的技术可能并没有本质上的区别。正是编织手法的多样性，使得人类可以利用多彩的绳索完成这些变幻无穷的装饰图案。

以下所有物品都能通过编织制作：席子、盘子、

1：筐；2：椅背；3、4、5：绳结；6、7、8：席子；9、10：栅栏、枝条排。

杯子、篮子、篓子、背筐、箱子、帽子、捕鱼篓、盾牌、托板、船只、篱笆等。人们还可以通过编织技术建造庇护所，如窝棚、茅屋等，甚至是大型建筑。现在世界上还保留着许多编织作品，其中值得一提的是伊拉克南部的编织建筑。事实上，在底格里斯河和幼发拉底河共同流经的河口地区——阿拉伯河地区，仍然保留着一些全部由植物纤维建造而成的房屋，令人感到惊叹。这种建筑传统至少要追溯到5000年甚至更久以前。这片布满沼泽的广阔水域是由两条巨大的河流汇流而成。在现代工程的影响下，这条河流已经日渐干涸。但是在过去，这里是人类一片难以踏入的丛林，里面生长着高大的芦苇、灯芯草和棕榈树，还有几处原住民的小岛。这群生活在沼泽地的阿拉伯人过着一种古老的田园生活，居住在这些用芦苇和棕榈叶搭建的房屋中。这些芦苇房从最初几张草席搭建的简陋庇护所发展到奢华、宽敞的大房子，尺寸甚至能够达到40 m长、7、8 m宽。这些芦苇被劈开并缠绕到一起，为房屋提供了支撑点、拱顶、墙垛和房梁。为了使室内透光、通风，所有墙面都使用部分透光、部分密封的栅栏和席子铺成。通过这种方式，这群居民在房屋的外部和内部创作出了不同的几何图案。

另外，作为历史上最早的石料建筑，2世纪和3世纪修建的埃及庙宇中的石柱仍然会让人联想起一种用植物茎干建造房屋的传统。

这些古代的编织建筑在历史上留下了许多印记。比如这幅保存于意大利帕莱斯特里那的巨幅1世纪罗马马赛克，勾勒出一幅尼罗河谷的原始风貌，并且详细地展现了许多编织建筑作品。

罗马时期马赛克细节，图中为尼罗河谷景色，帕莱斯特里那（意大利），1世纪。

编织而成的“芦苇房”，阿拉伯河（伊拉克），20世纪。

现在，我们用相似的视角来看一看地毯工艺的发展。现存最古老的地毯发现于蒙古的一处冰川洞穴中，这张工艺精巧的地毯可以追溯到公元前5世纪。即使在缺少确凿证据的情况下，我们仍能大致推测出在比这更早的时期人类就能制作出编织或刺绣的地毯。也就是说，自从人类有了牢固的绳子和兽毛之后，就能够通过与编藤条和编草相似的技术编织席子。人们把兽毛并排缠绕，并涂上不同的颜料，就能够创作出无穷的图案样式，尤其是几何图案。

在公元前12500年至公元前7500年，人类以狩猎和采集为生的生活方式发生了翻天覆地的变化，空闲时间和生存空间都变小了。在这个时期，许多小规模的人类群体开始聚居在村落中。起初只是临时居住，到后来变为长期定居。在狩猎、捕鱼和采集之余，人类开始耕种农作物、饲养牲畜，并钻研火的艺术，尤其是陶瓷制造和青铜制造艺术。这种变化在这一时期发生在不同的地区内：中国、墨西哥、安达斯山脉一带、近东地区、非洲以及新几内亚。不同地区种植的农作物品种不同，比如中国的大米、美洲的玉米、非洲的高粱，以及近东的小麦和大麦。同理，家畜的品种也会因地区而发生变化。

这种变化给人类的生活环境和生活方式造成了很大影响，其中城市化、社会等级制度和科技进步的影响尤为突出。我们以“新石器”来命名这段时期，一直到距今约7000年前，近东出现了陶器和冶金的工艺，然而日本在距今一万一千多年前就开始烧制陶器。与此同时，大约在公元前3500年，文字诞生于美索不达米亚和中国，并对人类的各个方面产生了重大影响，尤其是推动了第一个带有政府雏形的国家形态的产生。

那些古老的伟大文明也随之诞生。起初，这些文明在西亚平原（苏美尔、亚述、巴比伦）、印度河流域和尼罗河流域得到充分发展，随后与爱琴海文明交汇。在公元前4000年到公元前3000年，这些古老的文明奠定了社会形态、政治形态和宗教形态的基础，也为科技、人权和经济的发展开辟道路，同时培育出专属于不同文明的城市规划、建筑和艺术。

在艺术领域，这些文明孕育出无数杰出的遗迹、雕塑与浮雕、绘画（埃及的保存程度比美索不达米亚地区更完善）和金银器。然而这些作品的总体特点都是形象设计，几何艺术在此时还处于雏形阶段。除了作为陶器上的装饰之外，只出现在乌鲁克时期的（公元前3500年）几幢建筑上。在所有现存的古埃及艺术文物当中，几何装饰利用率极低，并且呈现的样式十分简单，比如网格、人字形、粽叶形或“之”字形。

星形和放射状图案

螺旋编织是一种精妙却又简易的技艺，只需将植物的茎干交织缠绕即可。具体做法是将茎干凑成捆，然后用一条柔软的茎干将它们绑紧。这样我们就得到了一条很长的细绳，或者说“捻子”，然后我们从地毯的中心点开始将绳子螺旋盘绕，一圈接一圈把绳子紧挨着盘起来。白藤这种蔓生植物能够生长到10多米高，很适合用于螺旋编织。而且短小脆弱的草本植物同样也能够派上用场，这类原材料并不影响最后成品的韧性。举个例子，人们在土耳其发现的盾牌就是用这种编织技术制作的，可以追溯到公元前6000年。并且直到17世纪，土耳其人还在使用这种盾牌，其中有一些现在保存在巴黎军事博物馆。

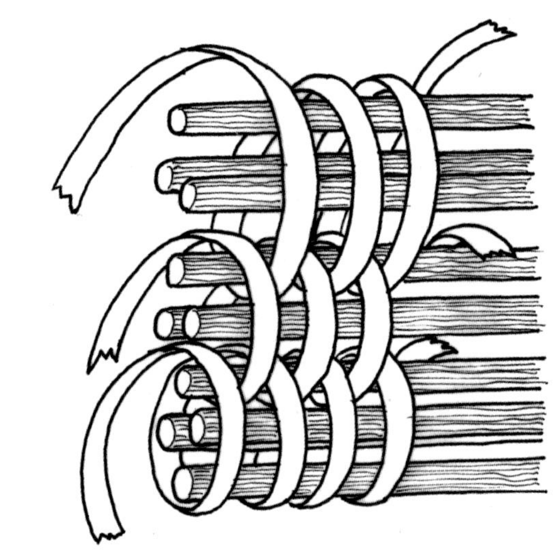

螺旋编织。

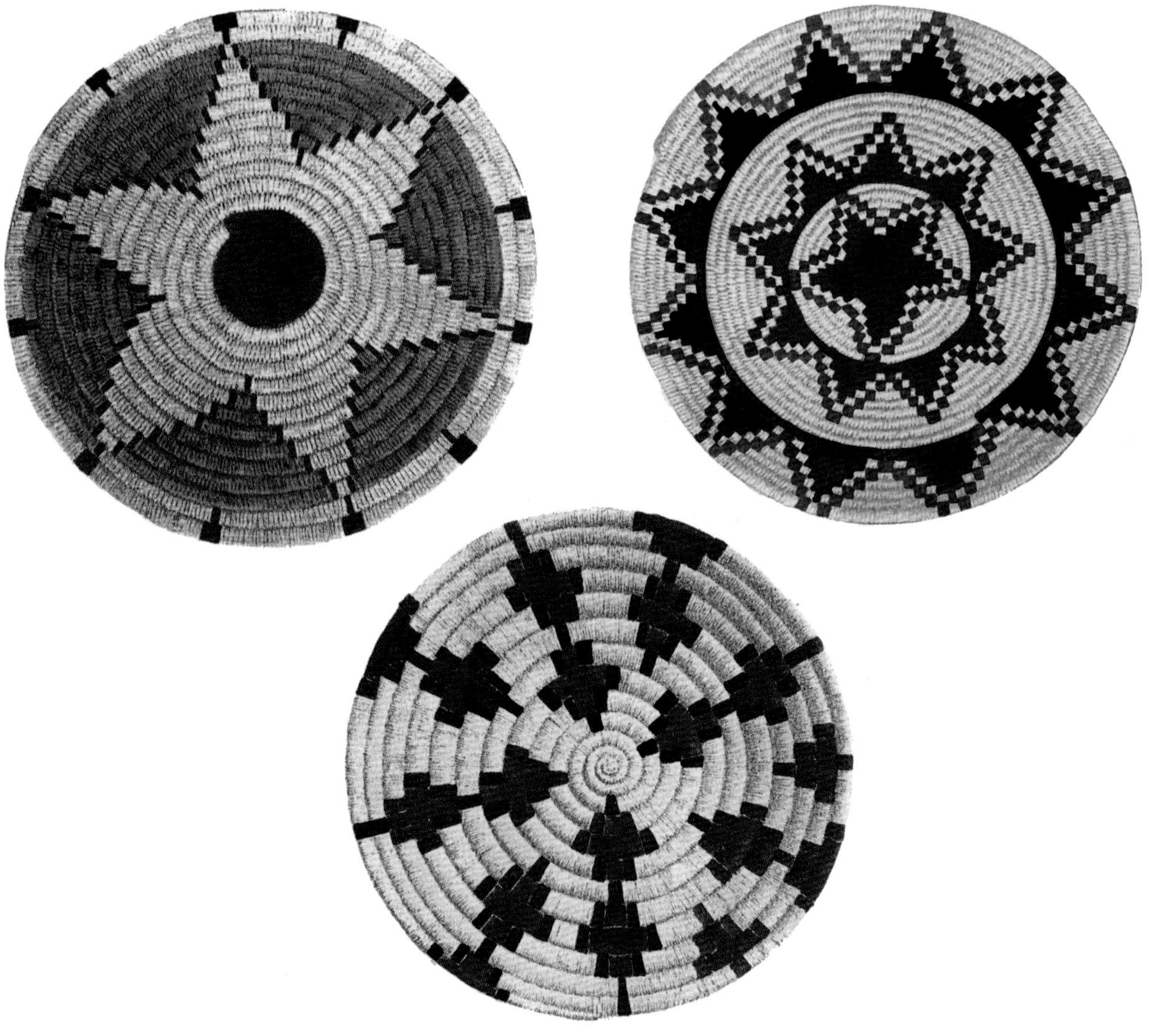

现代编织品（欧洲、亚洲、美洲）。

星形中心和放射状图案的组合

贝督因人的一个古老传统就是用螺旋编织技术和多彩的颜料制作桌垫，这种技艺至今还存在于叙利亚和约旦。这些巨大的圆形桌垫直径可达1.2 m，铺在地面上用于摆放丰盛的菜肴，客人则围坐在桌垫四周用餐。这些桌垫的装饰色彩斑斓，灵感来源于地毯图案，并且也是通过螺旋编织技艺制作完成的。在叙利亚的传统中，桌垫的制作要求精益求精，即使是不上色的部分也要用到两种不同的草本纤维，一种色彩明亮、一种晦暗。这种桌垫很有可能起源于新石器时代，并且与今日的桌垫大同小异。

草垫，20世纪（叙利亚）。

放射形螺旋图案

亚利桑那州与俄克拉荷马州，美国

美国部分地区的气候条件（亚利桑那州、俄克拉荷马州、内华达州、犹他州与俄勒冈州）使得人们发现了一些古老的编织作品。根据碳14检测数据，这些作品的年代可以追溯到公元前9000至公元前7000年。而下图中展示的均为现代编织品（20世纪初），它们由丝兰的叶子编制而成，展现出一种独特的审美。这也证实了美洲印第安人曾经是编织大师，从制作材料的准备（采集、干燥、烧制、剥皮、缠绕、上色），到最后的装饰都注入了心血。

放射形螺旋图案：编织品，亚利桑那州（美国），20世纪。

星形图案：编织品，俄克拉荷马州（美国），20世纪。

网格和"之"字纹

D' jaddé，叙利亚

这面绘有图案的墙面发现于2007年，是现存最古老的几何图案墙面装饰。在幼发拉底河左岸的叙利亚东部的D' jaddé遗址中，考古学家们发现了这面墙壁，并将其年代定位在公元前8700年到公元前8000年之间。图案由白、红、黑三色组成，绘制于一栋圆形房屋内7.5m高的墙面上，该房屋所在的村落起源于新石器时代初期（公元前9000年）。

图案中包含网格和"之"字形两种造型，令人联想到皮带的编织技术。这种组合方式既独特又精妙，不禁让人猜想制作者在绘制时已经不是初出茅庐的新手了（插图1）。

装饰与基本图案汇编

近东与中东

这篇几何图案汇编摘自近期的一个研究，该研究考察了文字产生之前，也就是5000至6000年前人类所生产的陶器上的装饰图案。我们几乎能够在这些装饰图案中找到所有的基础几何图形，不仅仅是网格、"人"字形、六边形、螺旋形，也有五角星和六角星（插图2）。

杰姆代特奈斯尔遗址位于美索不达米亚平原南部，这里曾出土过一个绘有六角星装饰的壶。后来在20世纪的考古工程中，人们发掘出243块刻有楔形文字的泥板，而六角星的图案出现了46次。

事实上这些图案是受花草、繁星、蜂巢的启发，在这种前提下，这些出自新石器时代或青铜时代的多边形、星形图案真的这么令人惊喜吗？

在人类掌握烧制陶器技术的时代，那些最为简单的几何图形随之出现。事实上，人类烧制泥土是为了能够让其变得更加坚固，这种行为从旧石器时代就产生了，但那时仅限于烧制一些小雕像，而餐具的制作则要到6000年前才出现。在稍久远的年代，也就是7000年前，人类利用光照烘干泥土，或者把石膏或石灰倒进用藤条编织的模具中，以此制作餐具。一旦脱模，原材料表面就会留下藤条模具的纹路，便成了这些餐具表面的装饰图案。

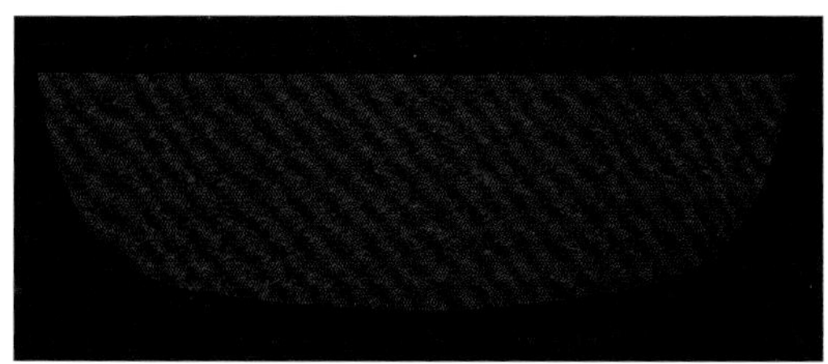

石膏或泥土陶器表面留下的藤条模具纹路。

图案装饰

墙面上的绘画遗迹

图案在网格上构建而成，我们可以看到一侧有9个正方形，每个正方形上还覆盖着两种重叠排列的网格图案。

这种图案的灵感可能来自皮带的编织过程。

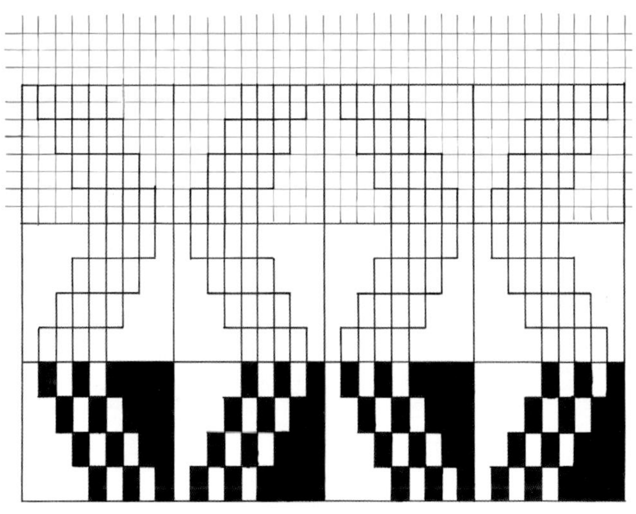

目前发现的最古老的壁画装饰，D' jaddé（叙利亚），公元前15000年

图案装饰

a b c d e

f g h i j

k l m n o

p q r s t

已经证实的在文字之前出现的几何图案装饰

a~j. 哈拉夫（美索不达米亚） -公元前6000年
k. 萨马拉（美索不达米亚） -公元前6000年
l. 加泰土丘（安纳托利亚） -公元前6000年至公元前5000年
m. 苏斯（埃兰/伊朗） -公元前6000年
n. 古兰（路里斯坦/伊朗） -公元前6000年
o. 中东 -公元前5000年至公元前4000年
p. 埃利都（美索不达米亚） -公元前4500年至公元前4200年
q. 埃利都 -公元前5500年
r. 捷克斯洛伐克 -公元前5000年至公元前4000年
s. 中亚 -公元前5500年
t. 西阿尔克（伊朗） -公元前4000年
u. 巴特米尔（波斯尼亚） -公元前4000年
v. 捷姆迭特-那色（美索不达米亚） -公元前4000年

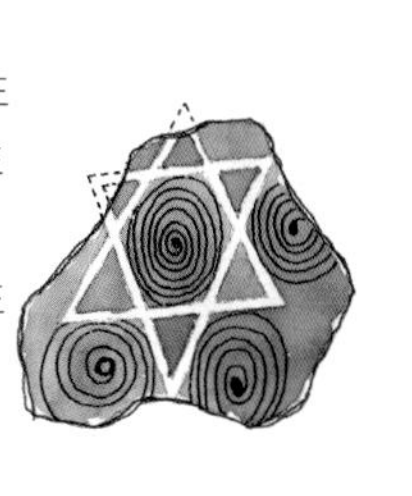

u

v

公元前6000年至公元前4000年间出现的装饰图案统计与汇编（近东与中东地区）

网格从玫瑰花结中心向四周发散

阿尔帕契亚，伊拉克

阿尔帕契亚村庄紧邻摩索尔与尼尼微遗址，在距今5000年至6000年前，这座村庄曾是生产陶器的中心。1930年，人们在这里展开了考古挖掘工作。阿加莎·克里斯蒂和她的考古学家丈夫曾来到此地，并创作了许多卓越的侦探小说。

大量的陶器出土于这处遗址，其中就包括这只直径32.6 cm、高9 cm的盘子。其历史可追溯到公元前5000年，目前存放于芝加哥博物馆。

在此后的发掘工作中，很难找到能达到这么高图案装饰水平的陶器，而且其出现的年代甚至比雅典陶器还要早1000年。

绘有装饰图案的陶盘，阿尔帕契亚（伊拉克），公元前5000年。

菱形、人字形与三角形图案
乌鲁克，伊拉克

乌鲁克位于美索不达米亚平原，在公元前4000年至公元前3000年间，它很有可能是当时世界上最大的城市。在19世纪下半叶开展的研究中，人们在这里发现了最古老的文字以及宫殿遗迹，也就是埃安纳宫殿。这座建筑长约80 m，紧邻一个宽敞的庭院，庭院一侧的走廊有两排直径为2.3 m的宏伟廊柱，每排8根，全部搭建在台基上。台子两侧的台阶紧贴着附墙柱修建。

乌鲁克遗址的独特性在于庭院中的装饰：围墙、廊柱与附墙柱都装饰着由泥土烧制成的圆锥形镶嵌物，圆锥底部被涂上白色、红色、黑色三色。这些细长的镶嵌物长约50 cm。如果这些圆锥体仅仅是为了装饰的话，绝不会这么长，所以接下来我们继续讲它的用途。显然，圆锥镶嵌物的首要作用是实用功能：宫殿的墙面是由未经处理的泥土建造而成的，当建筑的高度和厚度达到一定程度时，就很可能出现倒塌或是塌陷的情况。为了防止此类事故发生，就需要在建筑内加入横向的支撑物。而为了使那些较薄的墙体同样能够承重，就需要加入更多的支撑物。由于木材容易随时间腐烂老化，因此乌鲁克的建筑师们选择使用陶管修建宫殿。他们将陶管并排安插在整个墙面上，并且在外侧的陶管末端涂上多种不同的颜料，打造出几何图案的视觉效果。柏林博物馆就复原了庭院中附墙柱的样貌及其装饰图案（插图3、插图4）。

埃安纳宫殿的庭院，乌鲁克，公元前3500年。

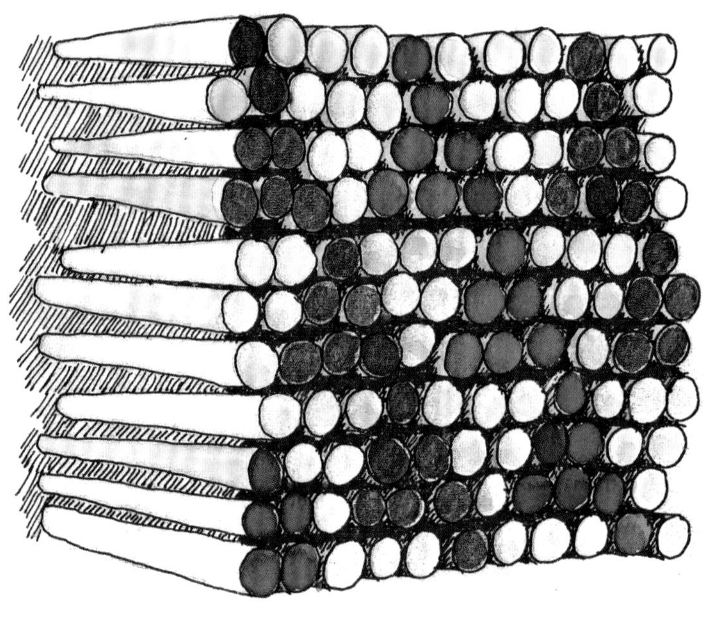

埃安纳宫殿墙体中插入的由泥土烧制成的圆锥管，乌鲁克，公元前3500年。

菱形、“人”字形与三角形图案

理论上，相同的圆形截面物体在堆积时应该处在六边形的网格中。在这种情况下，每一个相邻元素的选择都能确定一个正六边形或正三角形（图1）。

实际上，当我们在摆放这些圆锥或者圆柱的物体时，由于一些施工原因，水平排列的支撑物之间的间隔要比上下叠放的间隔略小。在这种情况下，理论中的六边形网格会稍微发生一些改变，更像是一个方形网格。因此，实际中装饰图案的三角形顶角会比理论上的更尖锐（图2）。

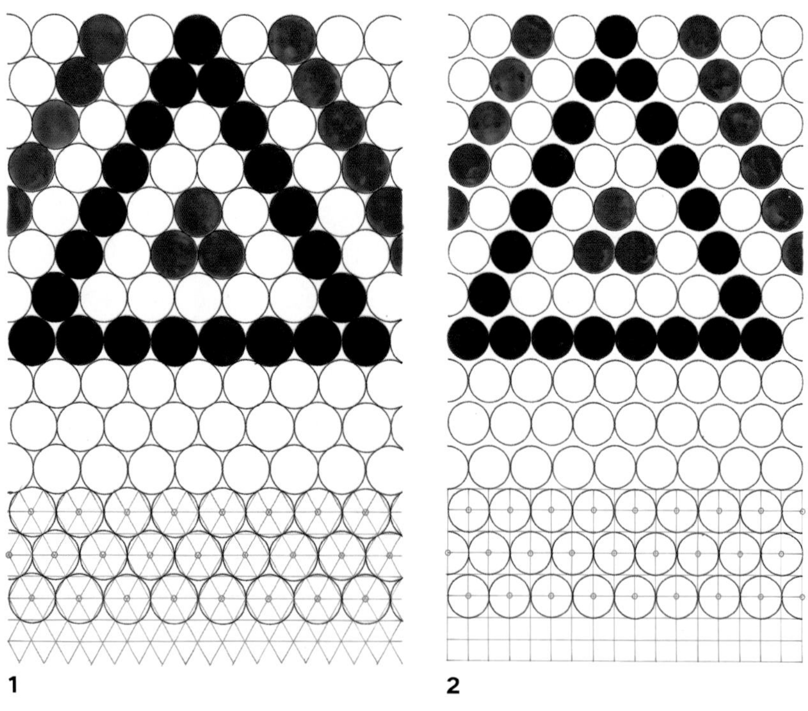

绘有装饰图案的赤土附墙柱，埃安纳宫殿，乌鲁克（伊拉克），公元前3500年

菱形、“人”字形与三角形图案

图案装饰，埃安纳宫殿，乌鲁克（伊拉克），公元前3500年

2

公元前1000年

几何图案的萌芽

古希腊的所有艺术作品，也就是诞生于公元前1000年到公元前100年那片被称作古希腊的地中海地区的作品，无不诉说着人类美好的陶艺、雕塑和建筑历史。

然而，所有保存至今的图案装饰作品大多是零散的碎片。但无论完整与否，这些碎片都见证了古希腊时期人们优雅、精致和完美的创作水准，令后人难以超越。与此同时，我们发现古希腊的艺术家并不倾向于追求几何图案的变化。在本节中，我们将重点展示那些绘画或雕刻的带状装饰，图案包括回形纹、绳索形和麻花形的装饰图案。从整体上看，这些图案变化较少、造型简单，但却有出色的装饰效果。十分矛盾的是，与那些在数学和几何领域的狂热者的推测不同，这段时期的人类对几何装饰图案的利用率很低。

事实上，在众多的艺术作品中，只有少量作品经受住了时间的考验。外界侵蚀和地震无疑摧毁了其中的大部分作品，然而战争、偷盗、遗迹的再利用、将大理石研磨成石灰、回收青铜以及政府或意识形态的破坏行为都使得这些文物遭到了更严重的浩劫，并且我们无法估算这些行为的破坏程度。

在壁画方面，我们只发现了少量在山洞岩壁上绘制的形象图案。然而在陶制品方面，我们则发现了大量装饰图案。在古代，确切地说，是公元前1000年至公元前700年，陶器上装饰着一些并排的正方形、平行的线条，或是像小学生在笔记本两条分割线中间胡乱书写的图案，这种装饰被略显浮夸地称作“几何风格”。事实上，装饰本身的发展过程是十分自然的，古希腊的陶器制作者只是将这种工艺发展到那个时代的最高水平，毕竟人类在新石器时代就已经学会给泥罐进行装饰。因此，这种风格是人们数千年以来追求精美装饰的结果。然而，没有任何预兆显示古雅典和古希腊的风格会截然不同。

事实表明，自从5世纪以来，陶器的绘画装饰艺术突飞猛进，无论是数量还是质量都得到了发展。目前，仅来自雅典的彩绘瓶子就有大约5万个，而且这很可能只是九牛一毛。来自这一时期的装饰质量令人惊叹，图案为黑色或是以黑色为底色。大多数装饰都为形象图案，内容多为棕榈叶或是带有“古希腊特色”的图像。从这些变幻无穷的图样和每一道笔触之中，我们看到了那些古希腊绘画者杰出的天赋。

然而古希腊时期的绘画并不仅仅是餐具、洞穴和花园内部的装饰品。它同样也出现在许多雕塑、浮雕和宫殿上。我们清楚所有这些装饰都是手绘的，有的是局部的，有的则是整体的，甚至还有彩绘的。原始图案已经被时间冲刷，因此我们现在看到的这些图案并不是当时古希腊人所看到的，或想要的图案。现在保存在博物馆中的残片是为了让人们辨认出这些艺术作品，而不是让人们站在这些作品旁边窃窃私语，毫无意义地评论颜色的深浅。古希腊文化的神秘之处正是要摒弃这种丑恶的展示，这与文艺复兴后出现的理论是水火不容的。

“几何”风格罐子，公元前8世纪中期（慕尼黑文物博物馆）。

希腊陶器，公元前6世纪（卢浮宫）。

两件带有几何带状装饰的陶器；公元前340年/公元前330年（日内瓦文物博物馆）。

古希腊人创作出了形态完美、比例匀称的石料，在没有杂质的阳光下熠熠生辉。此外，他们还给雕塑品加上了一种在我们看来甚至有些简陋的现实主义风格，以及宫殿上充满稚气的颜色。真是谜一样啊！然而解开这个谜题并不困难，只需收集所有关于色彩装饰的材料，进行大型的遗迹重建，就能直接或间接地找到答案。正如1897年，美国人在纳什维尔州修建了一座万神庙的精美复制品。虽然它坐落在一处非常英式的山丘草坪上，但我们仍然能够感受到古希腊时期的色彩工艺。

漩涡、条纹和网格图案

奥林匹亚，希腊

在奥林匹亚和德尔菲博物馆中还保留着一些彩绘建筑残片。奥林匹亚，众所周知，是在奥运会前点燃圣火的地方，它在古代并不是一座城市，而是一个祭祀圣地。人们为祭祀宙斯修建了奥林匹亚，从公元前776年开始，每四年在此举行一次奥运会。神庙中坐落着一座高13m的神像，通体为金色和象牙白，被列为“世界七大奇迹”之一。神庙四周围绕着许多后世建造的更加现代化的建筑。人们在这里摆放祭品和许愿牌，用来表达自己的虔诚或者以此获得政治声望。这些礼拜堂大多都是用石头建造的，还有一些是用泥土修建的。其中一座教堂的赤土三角楣饰就被保存在奥林匹亚博物馆中。楣饰上的彩绘图案侵蚀程度较小，因此有可能被完全重建（插图5、插图6）。整个楣饰表面都以白色作为底色；而鲜红和深蓝色的图案都是为了突出装饰的立体感，檐口的凸出也让阴影部分显得更加深邃。这种装饰并不是可拆卸的活动广告牌，而是根据其功能事先设计好并完成的。

显然，重建这一块楣饰并不能还原整个神庙的装饰。但是，建筑整体采用的是同样的装饰风格，在白底上绘制红蓝图案，从远处看呈现一种朦胧的紫色或紫红色。我们想知道这是不是所有21世纪初之前修建的建筑所共同追求的风格，在这些建筑中人们同样看到了白、红、蓝的装饰色调。

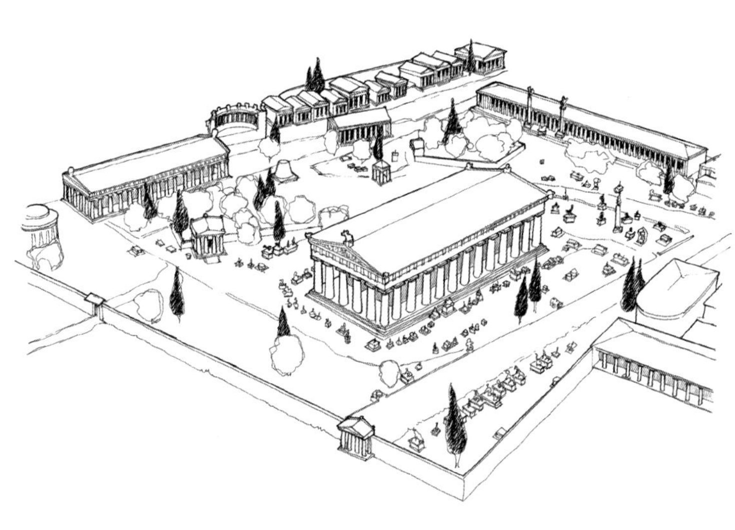

奥林匹亚神庙和圣殿。

编织纹图案

雅典，希腊；罗马，意大利

雅典古卫城在公元前480年被波斯人毁灭。在此之前，守护女神的圣殿是雅典娜神庙，建造于公元前520年，被破坏后，人们在这里建立了厄瑞克忒翁神庙。19世纪时，人们在神庙遗迹中发现了一段彩绘装饰的残存部分，图案中四股绳子编成一条绳子，色彩十分艳丽，它或许是这座古老圣殿里柱顶中楣的一部分（插图7）。为了更好地欣赏这种编织纹的装饰效果，就必须要从整体去看待，因为这正是编织纹装饰的意义。

1885年，人们为纪念维克托·伊曼纽尔二世，在罗马修建了一座极尽奢华的宫殿，这位国王于1870年统一了意大利。这座大理石建造的宫殿不但没有得到大众的认可，反而背负了许多刺耳的绰号。根据希腊传统，建筑师在宫殿的上楣部分雕刻了一条由四股绳子交织的绳索，绳子中间还穿插着流苏图案（插图7）。

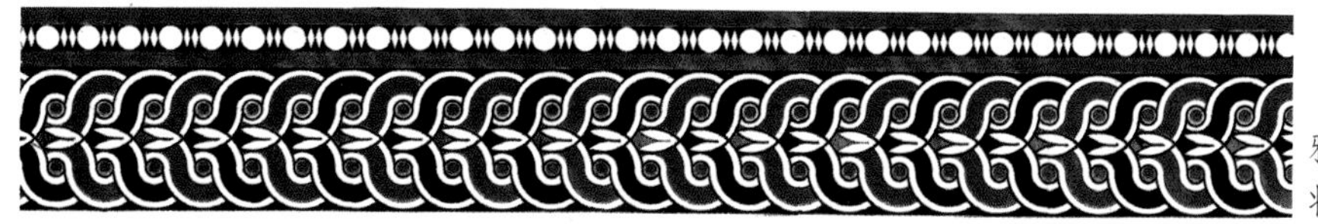

雅典古卫城中雅典娜神庙的带状彩绘装饰（希腊）。

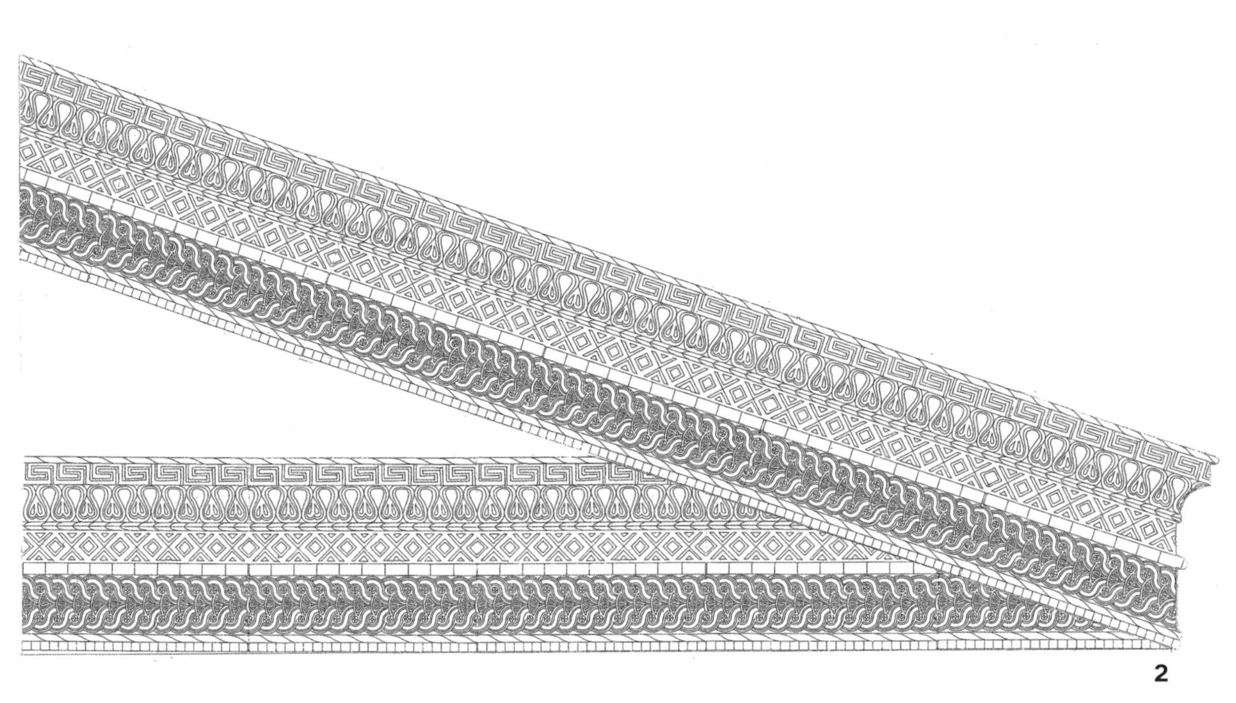

2

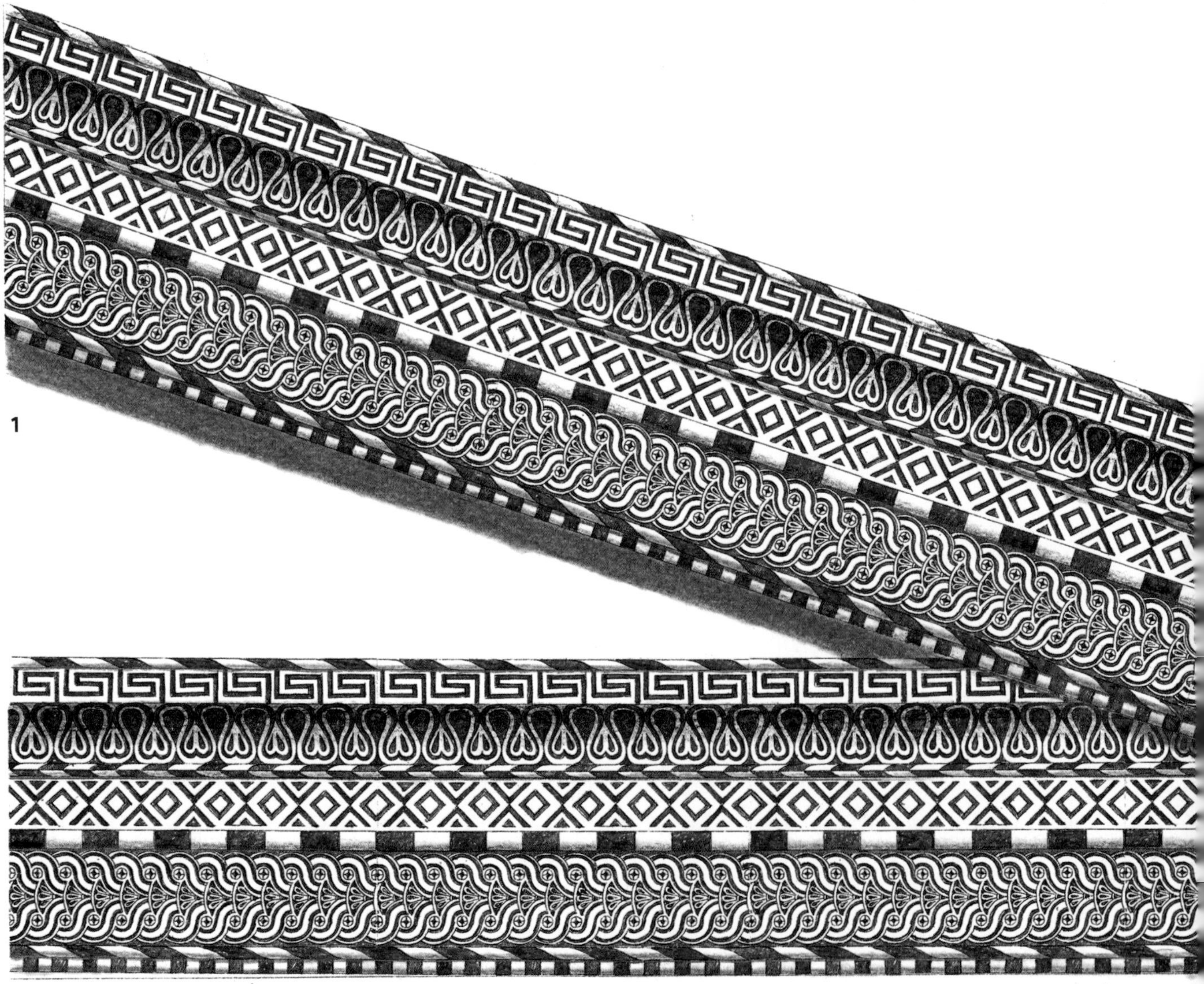

1

礼拜堂的赤土彩绘装饰，奥林匹亚（希腊）

3

图1——三角楣饰的中段（斜面和下楣），彩绘图案中组合了不同的漩涡装饰、方格带和编织纹装饰。

图2——雕刻在石板上的同一图案的线条图，使这个图案更加符合当代希腊建筑的审美。

图3——装饰图案细节图。

编织纹图案

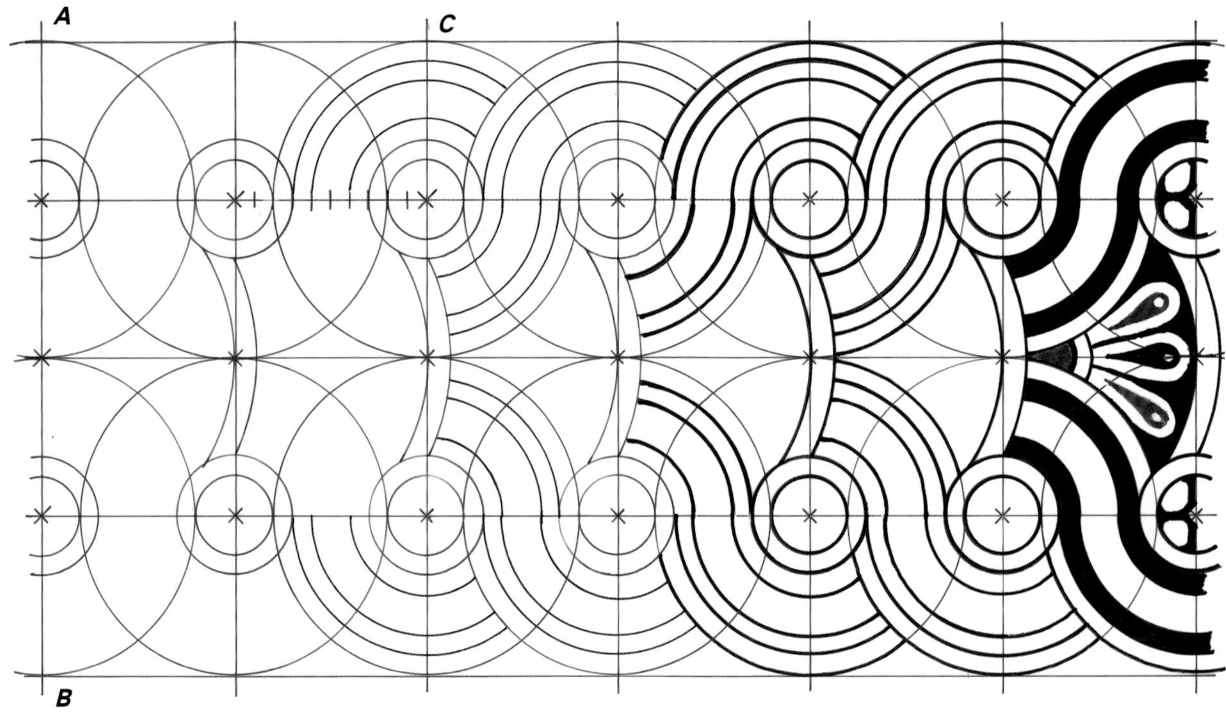

图案被投影到一个网格中（红色）后，我们发现网格两条侧边（*AB*/*AC*）的比例非常接近或者说达到了黄金分割比例，也就是1.618。

为了达到黄金比例，我们可以设定*AB*=8、*AC*=5，或者*AB*=13、*AC*=8，或者取等差数列3、5、8、13、21、34、55、89……中的任意两个相邻数字，在这个数列中从第三个数字开始，每个数字都是前两个数字之和。

线段*AB*被四等分，*AC*被两等分。再将*AC*的一半等分成10份。

我们先画出第一组圆（蓝色），然后画第二组（黑色）。

我们就能得到装饰中的图案造型。

礼拜堂的赤土彩绘装饰，奥林匹亚（希腊）

编织纹图案

1

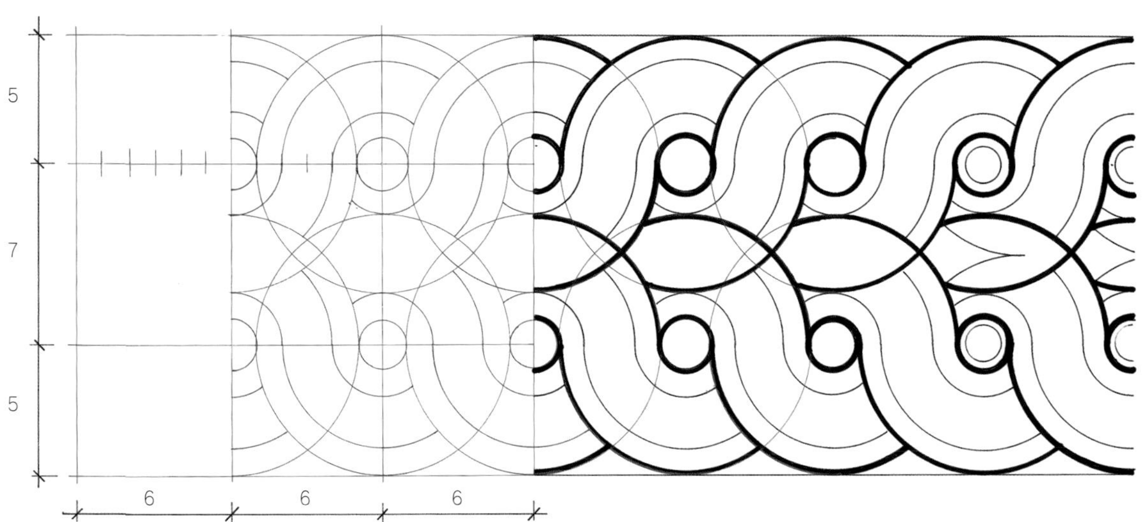

2

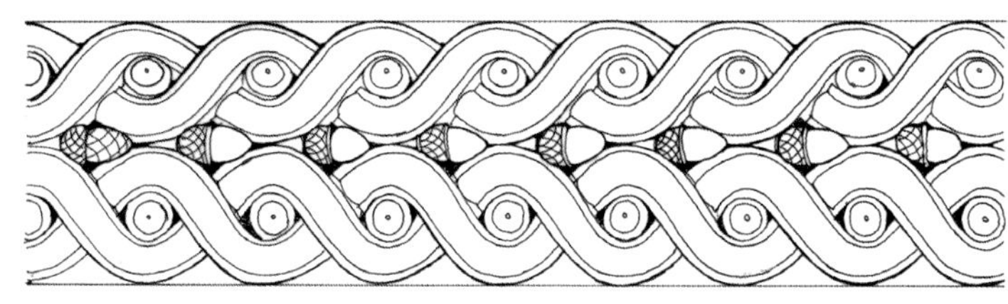

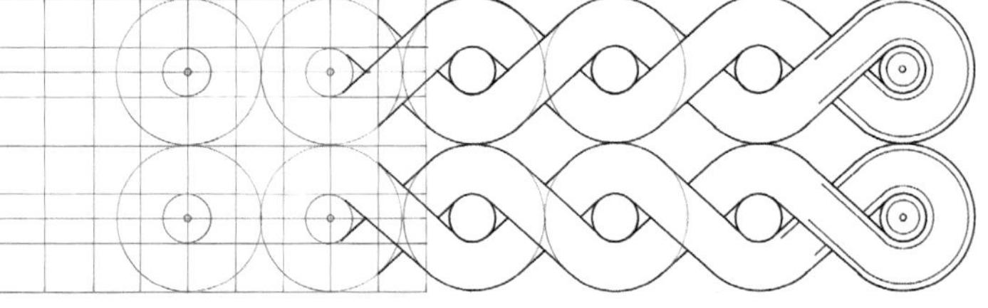

图1——雅典古卫城中雅典娜神庙的带状彩绘装饰（希腊）

在现有的网格中绘制带状装饰图案，网格的高分为三段，长度分别为5和7，网格的长为6。

先画出半径为1和5的圆，再以2和4为半径画弧（蓝）。

然后再按图案要求选择需要的线条。

图2——维克托·伊曼纽尔二世宫殿上的大理石带状装饰图案，罗马（意大利）

在6格高度的网格中绘制图案。

编织纹装饰图案

克雷佐门尼和迪迪玛，土耳其

编织纹装饰是古希腊人使用的最主要的装饰图案。例如，我们在公元前6世纪的克雷佐门尼（伊兹密尔海湾，土耳其）赤土棺材表面看到了手绘的编织纹装饰图案。卢浮宫目前还收藏了两个精美的复制品。（阿那克萨哥拉是克雷佐门尼的知名人士，他是公元前5世纪古希腊的哲学家和学者，他曾写下“因为人类有手，所以人类是智慧的”。）

插图8中的图案用于装饰位于迪迪玛的阿波罗神殿的支柱下线脚。这座神殿位于土耳其爱琴海沿岸，是当时规模最宏伟的宫殿之一（大约为110 m×50 m），该神殿修建于公元前3世纪，但至今仍没有完工。

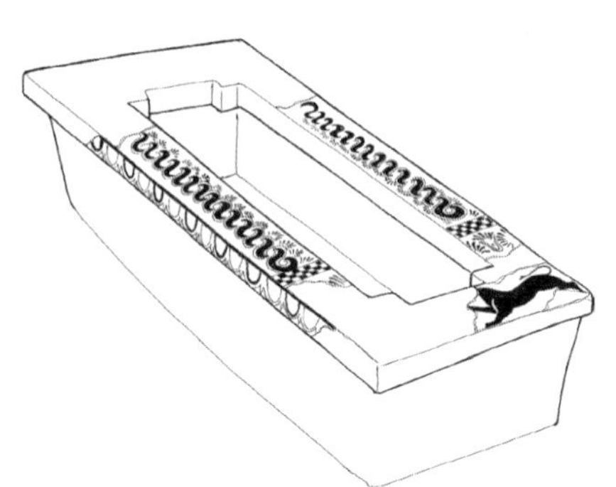

克雷佐门尼的黑白装饰赤土使馆，公元前6世纪（卢浮宫）。

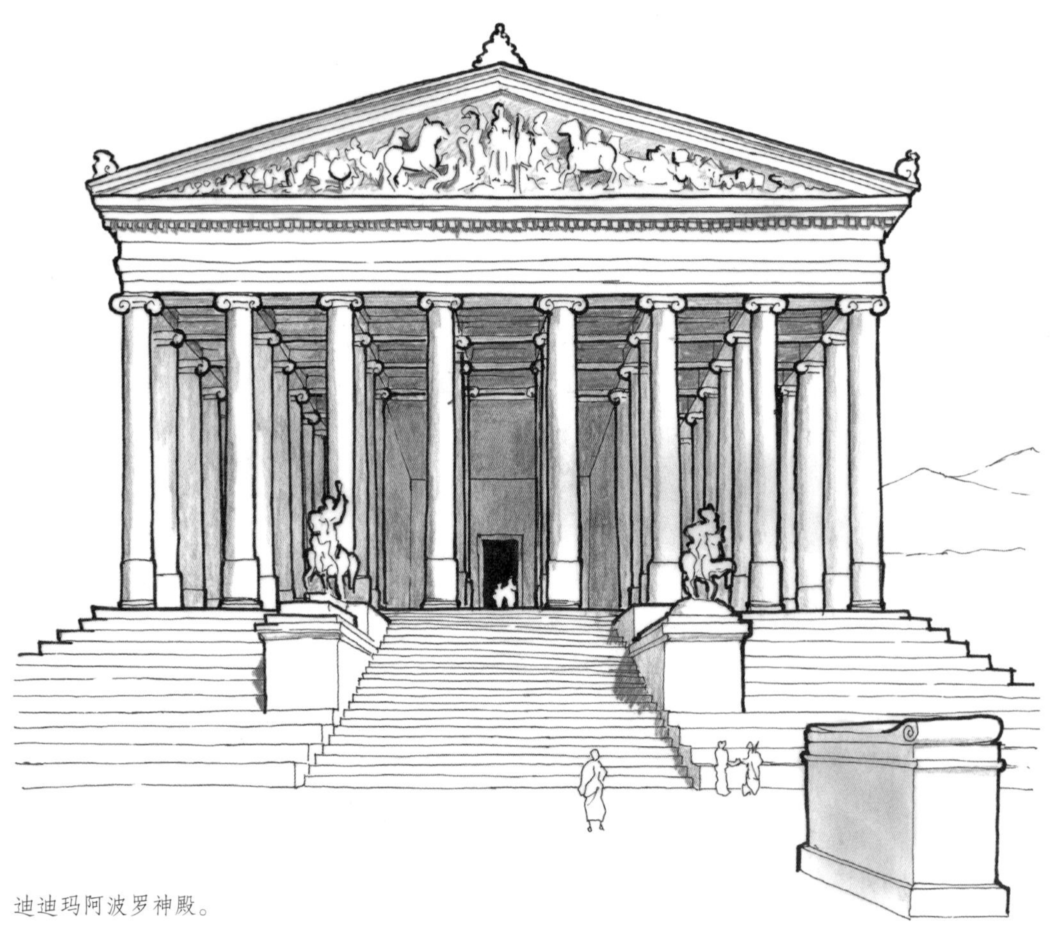

迪迪玛阿波罗神殿。

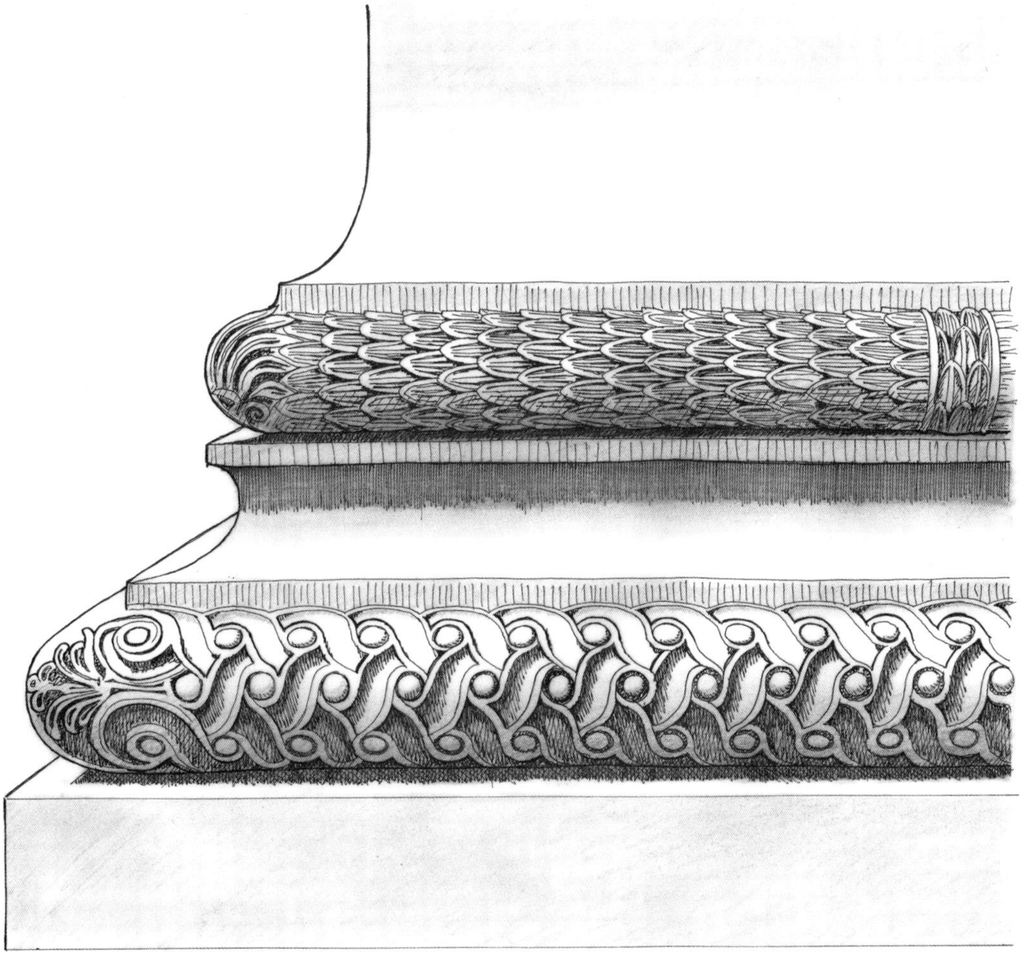

在已有的等边三角形网格中绘制条纹装饰图案，并将三角网格的边长六等分（红色）。
以三角形顶点为圆心，1、2、4为半径画圆，圆与三角形的切点将边长分割成5份（蓝色）。
按照图案选择需要的弧线（黑色）。

阿波罗神殿支柱的下脚线装饰，迪迪玛（土耳其）

希腊装饰图案

雅典和德尔菲，希腊

帕特农神庙坐落在可以俯瞰整个雅典的卫城中，工程由伯里克利发起，历经11年完成（公元前447年至公元前436年），长69 m、宽30.86 m。神庙中矗立着一座高大的雅典娜神像，守护着整座城市。神像由建筑师伊克蒂诺斯、设计师卡利克拉提斯与雕塑师菲迪亚斯共同修建。

雅典古卫城。

起初，帕特农神庙布满了大理石彩绘装饰。三角楣上的红底浮雕色彩艳丽。柱顶盘[1]也部分使用了彩色装饰，还同时加入了三陇板和排档间饰。神庙的内中堂[2]四周是独特的带状浮雕装饰，长度超过160 m。画面中出现了大约360个人物、教士、神明、战车以及战马。一些评论家认为这幅浮雕展示了“雅典娜女神节”的盛况，这个古老的宗教节日每年7月在雅典举行，共同庆祝雅典娜女神的生日。浮雕的位置较高并且被放置在廊柱后面，所以很难看到（有可能这座浮雕仅仅是为艺术史学家修建的）。

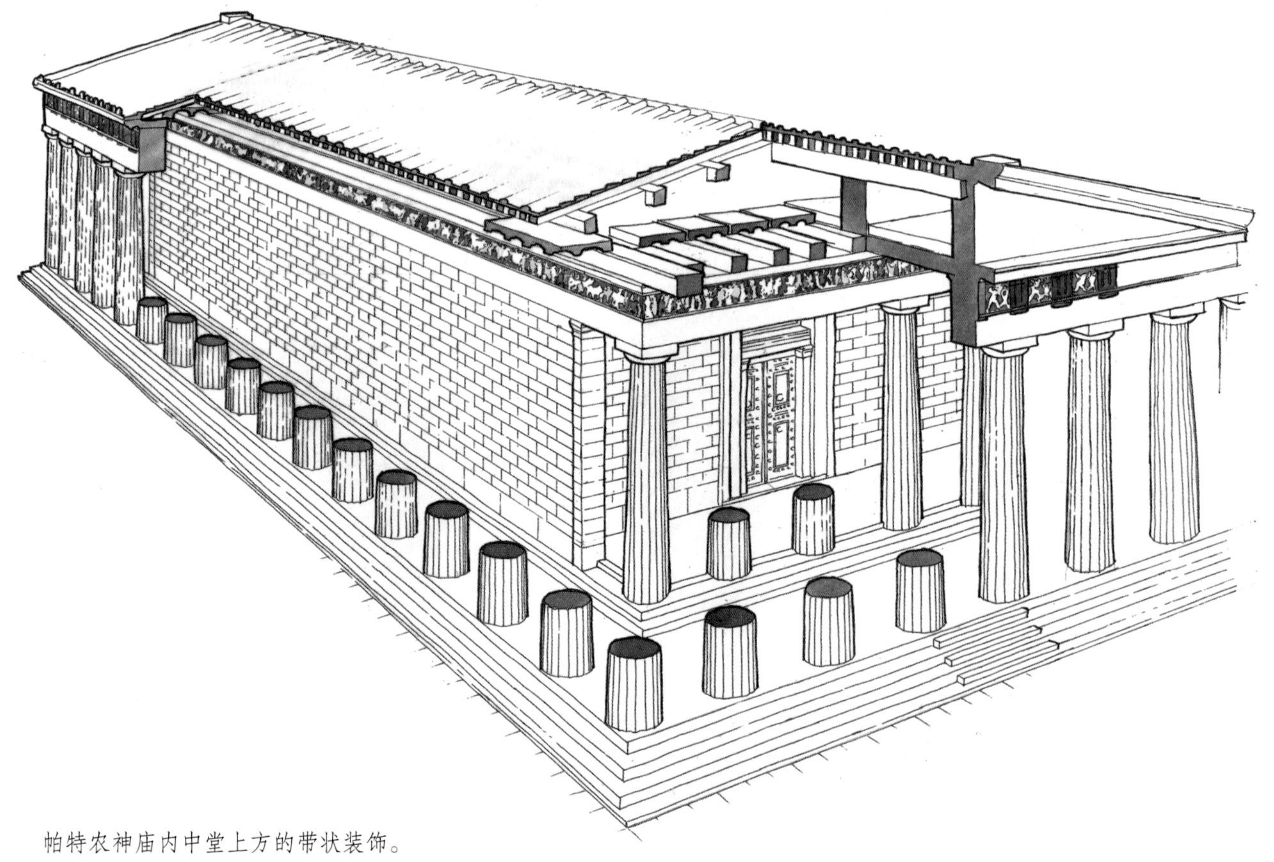

帕特农神庙内中堂上方的带状装饰。

1.柱顶盘指廊柱和三角楣饰中间的水平部分，位于希腊神庙的外侧。上面的装饰图案由三陇板和排档间饰交替组成，前者由三根垂直石柱组成，后者用来填补空隙，表面刻有一些小型浮雕。

2.希腊神庙的内中堂指的是建筑内部中央的区域，守护神像就安置其中。从建筑的入口看，内中堂位于前厅，也称门廊。

帕特农神庙在6世纪时被改造为教堂，随后在15世纪改建为清真寺，而后又在17世纪成了军用火药库。1687年9月26日，一颗来自威尼斯的炮弹击中神庙并引发了一场大爆炸。自那之后，所有来这里参观的游客都会带走一片神庙的碎片作为纪念。如今，那些具有重大意义的建筑残骸都保存在大英博物馆中，其余的部分还矗立在雅典卫城博物馆中。

幸运的是，一位艺术家在1674年详细地绘制了整个建筑的图像，随行的还有路易十四世的使团。这幅画成了用于统计帕特农神庙残片数量的珍贵资料。

值得一提的是，帕特农神庙装饰或是雅典女神节浮雕装饰的上方都修建了一圈线脚，上面的装饰图案由三条不同的带状图案装饰叠加而成。其中，中间的部分使用了几何图案元素，反复使用红、蓝两色方格以及回形纹路进行绘制（插图9、插图10）。在整座宏伟的建筑中，这个看起来并不起眼的细节是唯一使用了几何元素的装饰图案。

所有古代建筑使用的彩色装饰中，色彩最温和的就是白底镀金的装饰手法。插图9展示了这种装饰手法，并与红色及蓝色版本进行比较。

德尔菲博物馆同样收藏了彩绘带状装饰的残片。图案中使用了网格和漩涡装饰。插图10就是其中的一个例子。位于几何图形上方的是棕榈叶和幔形饰。

上方带装饰的线脚。

下图中展示的奥林匹亚宙斯神庙中门廊的地板马赛克装饰，使用了明显的回形纹饰。如今，虽然地面上的装饰已经随时间消逝，但是该装饰图案却因为一幅19世纪的复制品而闻名于世。图案有黑白两色，中央的形象图形周围是棕榈叶装饰和细长的三角形带装饰，以及一大圈回形纹边框。

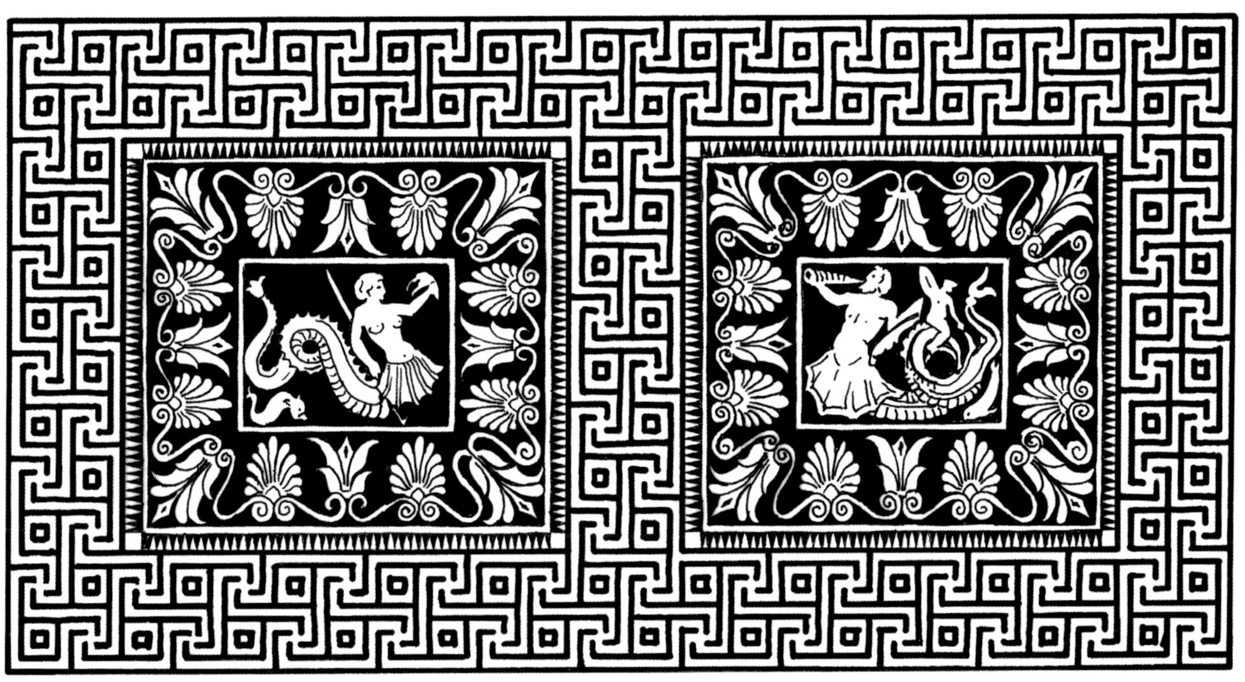

奥林匹亚宙斯神庙的马赛克装饰。

希腊装饰图案

帕特农神庙带装饰上方的线脚装饰。

线脚装饰中几何图形部分细节图。

白底镀金手法构想。

雅典帕特农神庙彩色带装饰（希腊）

希腊装饰图案

在9格高度的网格中绘制回形纹饰。

德尔菲博物馆的彩绘装饰（希腊）

在19格高度的网格中绘制带装饰。

雅典帕特农神庙彩色带装饰（希腊）

十字形和正方形组合

亚兹里卡亚，土耳其

亚兹里卡亚是一个位于安纳托利亚高原西部的古老的弗里吉亚村庄，其名字的意思是“雕刻的石头”。在村庄不远处矗立着米达斯城的废墟，城市以国王的名字命名（公元前715年至公元前676年），这位国王曾经受到狄俄尼索斯的恩赐，后者将帕克托罗斯河的河沙变成了金沙。而阿波罗则赐予了他一对驴耳朵，以报复这位国王在音乐比赛中的不公判决。

在米达斯城旁有一处大型铸铁厂。在古代，金属的铸造被赋予了神秘的宗教色彩，这可能也是人们在铸铁厂旁的岩壁上雕刻浮雕的原因。

公元前6世纪，这座巨大的几何浮雕被雕刻在一面峭壁上。顶部的三角楣饰像一个被劈开的王冠，而地面部分则呈现出一扇门的造型。

插图11还原了浮雕的样貌，虽然图案与原作大体一致，但是色彩则纯粹是我们的猜想。无论还原度如何，这个覆盖了一整面峭壁的网格装饰是现存的最古老的装饰之一。随后，这种图案流传了下来，直到现在还在使用。因此，如果在伊朗或撒马尔罕地区发现类似的装饰图案，图中有亮蓝色、土耳其蓝或钴蓝色，并不是什么值得惊讶的发现。

亚兹里卡亚的岩壁浮雕（土耳其）。

圆形、正方形、八边形和回形纹组合

昔兰尼，利比亚

昔兰尼于公元前7世纪由古希腊的殖民者建立，城市的名字来源于利比亚东部地区昔兰尼加。这座城市的骄傲之一是在古希腊时期孕育出多位伟大的学者，其中就包括埃拉托斯特尼，他在公元前3世纪时在亚历山大精确地计算出了地球的周长。

大多数昔兰尼遗址都起源于古罗马时代，这也是这座城市最辉煌的时期。遗址中保存着一组公元2世纪的住宅，其中最引人注目的当属杰森·马格纳斯的住所。这座房屋的地面铺有一面巨大的“碎块工艺”彩色大理石地砖，这种工艺与马赛克工艺不同，每一个装饰元素都雕刻在一块独立的石头上。大理石的切割需要很高的精度，并且做出下沉式的效果。因此，这种地板比马赛克地板要昂贵得多。

杰森家的地板由拼接在一起的大理石条组合而成，这些石条划分了40多个面积为1 m^{2}的正方形。每一个正方形上都雕刻着不同的几何装饰图案（插图12、插图13）。

如果从地板的制造时期来看，我们应该把它放在下一章进行介绍，但是这种几何图案展现了一种古希腊时期的传统风格，因此我们认为在这章介绍更为合适。

昔兰尼遗址中杰森·马格纳斯住宅中的地板细节图（利比亚）。

十字形和正方形组合

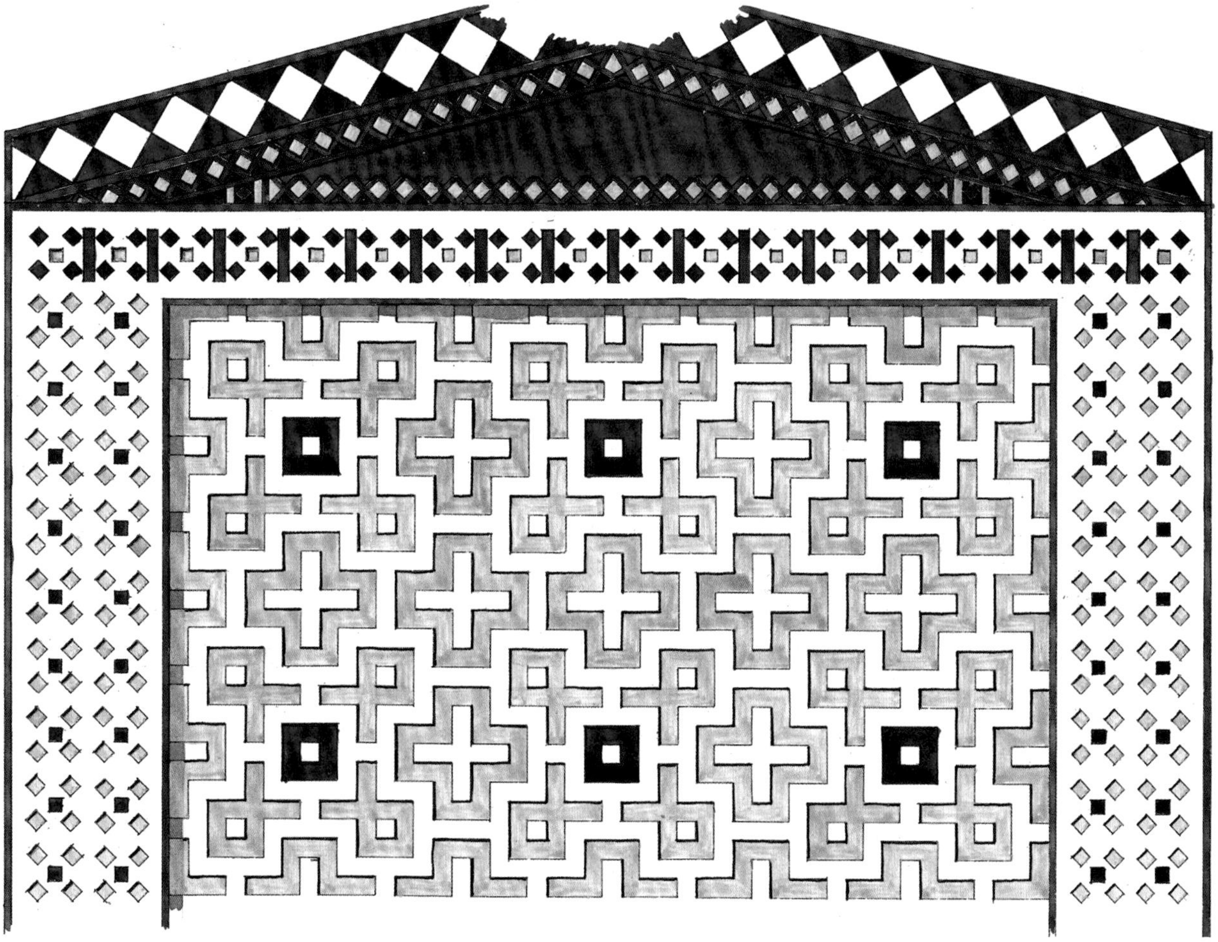

彩色岩壁浮雕重建示意图

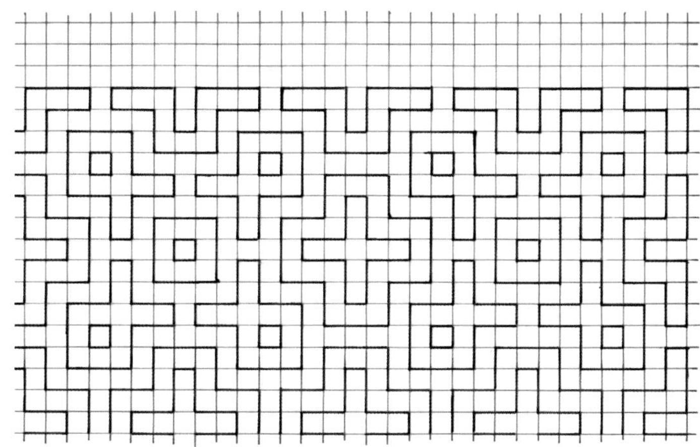

在规则网格中构建装饰图案。

一千多年后，在波斯发现的类似的装饰图案。

亚兹里卡亚的岩壁浮雕正面（土耳其）

圆形、正方形、八边形和回形纹组合

在正八边形中构建装饰图案（通过圆的八等分获得正八边形），将八边形的边长九等分，并以居中的5段为边长绘制正方形。这些正方形的边在最初八边形的中心构成了一个新八边形。
新八边形的边的延长线与正方形的对角线重合。
将新八边形的边十一等分，之后按照规定图案在正方形网格中选取所需要的线条，就能得到图中的回形纹路（或卐字符）。

昔兰尼遗址中杰森·马格纳斯住宅的两块地砖（利比亚）

圆形、正方形、八边形和回形纹组合

昔兰尼遗址中杰森·马格纳斯住宅的三块地砖（利比亚）

3

1世纪至5世纪

几何图案飞速发展

罗马帝国在公元前5世纪开启了一段快速发展的时期，公元前2世纪到公元2世纪经历了加速发展时期，随后在4世纪时分裂成东罗马帝国和西罗马帝国。根据历史记载，西罗马帝国于公元476年9月4日灭亡，东罗马帝国则继续存在了一千多年。

在罗马帝国最繁盛的时期，疆域从大西洋一度延伸到波斯湾，范围从苏格兰到撒哈拉沙漠，从喀尔巴阡山脉到昔兰尼加，从黑海到苏丹，南北纵横约2500 km，东西横跨6000 km，居民数量约为9000万。整个地中被罗马人的领地包围，这片海洋成了罗马帝国的“内陆河”。

为了统一管理所有公民和文化，罗马人制定了一套非常出色的国家体系，它使得人员、资源和思想能够在国家内自由流通。

罗马艺术是在希腊艺术的基础上产生的，它对整个罗马帝国的不同地区都产生了新的影响，并且统一了文化体系。事实上，每个行省、每个民族都在罗马艺术的基础上加入了独特的传统元素。因此，相比于罗马国家，这些行省为艺术发展贡献了更多的创新力量，然而这些新事物最终都流向罗马，随后被并入官方艺术的范畴。

统治的延续、版图的扩张以及灵感的喷涌都确保了罗马艺术的繁荣发展。

这一时期的艺术作品有很多来自民间和宗教，其中有许多雕塑，少量绘画、陶制品以及金银器。而在装饰领域，许多作品都是用耐久性较好的材料制造的，比如马赛克装饰。

在建筑方面，罗马建筑的数量十分可观：剧院和圆形剧场、竞技场、凯旋门、大教堂、水渠、浴场、市场和神庙。其中神庙的建造并不会随着所在行省的不同而产生较大变化，这是因为这些神庙是统一各省文化的工具，罗马帝国制定了多神论的宗教体系，以崇拜神明和君主为主体。拉丁语“monumentum”就是法语单词“monument”的来源，它最初是指“认知符号”，如今我们使用这个词描绘大型、公有的、有纪念意义的建筑。

谈到纪念性建筑物，就不得不提到私有建筑，尤其是我们之前从未见过的那些奢华的私人住宅。虽然在大多数大型建筑中装饰艺术很少出现，但是在浴场和豪华私人住宅中，装饰艺术则发出了耀眼的光芒。

众所周知，罗马人创作了数量众多的绘画作品，但是现存的这些作品都来自庞贝和赫库兰尼姆，那些壁画都被维苏威火山喷发的火山灰和岩浆掩埋在地下，直到18世纪才重见天日。虽然这些作品的质量和多样性相对较低，但是数量非常可观。无论是从设计还是从效果来看，这些绘画装饰都是一流的。

在罗马艺术作品中，马赛克装饰的数量尤为庞大，这是由于石头和大理石不易变质的特性所导致的。另外，小块的大理石很难利用，除非对石块进行脱蜡铸造。

传统的罗马马赛克装饰中心是一幅神话故事的场景，或者是描绘日常生活、娱乐、季节等的图案……这些绘制在石块上的形象图案被镶嵌在一个或多个植物图形或者几何元素内部。然而，我们也发现了许多只使用植物或几何元素的马赛克装饰。后者对于研究者和历史学家的吸引力明显低于前者。但是，这些作品中的变化与创新是值得重视的。

从这些几何图案装饰中，我们发现罗马的装饰艺术家和布景师远不满足于古希腊时期留下的遗产，他们进行了更多的创新。他们除了娴熟地运用多边形拼接规则，以及使用不同的网格、正方形、六边形和八边形之外，这些装饰艺术家创造出了更多精妙的组合。同时，他们还探寻立体效果、透视效果、视错觉，尤其是“无限循环”效果。他们使用那些简单的几何模型，组合出各种复杂的图案。最后，他们修改了玫瑰花结的样式，在保证玫瑰“绽放”的同时更加便于绘制。总而言之，罗马时期的装饰艺术家奠定了几何艺术的基础，使其在之后的几个世纪中飞速发展。

这些几何结构是否是无中生有创造出来的呢？尤其是那些更为精妙的几何结构，光凭直觉和实验就足够了吗？这个理论也许对于那些最简单的几何元素说得通，比如绘制一个方格网；但是对于那些需要有理论支撑的复杂结构来说并不成立。这些几何装饰图案于公元1世纪出现，当时的数学家已经掌握了大量相关知识，但是艺术家们了解这些原理么？在古代科技的历史中，这个问题是十分微妙的。

苏美尔、巴比伦、埃及、中国和印度在很早以前就发展了基础数学，用于绘制地图、发展农业、开展贸易和建设工程。例如公元前几千年建造的建筑，尤其是埃及建筑就有力地证明了当时人类对几何学的认知和思考，建筑中的完美比例绝不是偶然出现的。

希腊人则进一步进行了推理和论证，奠定了现代数学的基础。公元前5世纪，“数学成为了一门引导人类思考思想本质的学科”。毋庸置疑，虽然数学对科学的进步有着很大的推动作用，但是对手工业来说并没有什么实际、直接的帮助。希腊装饰中的简单几何图案就证明了这一点。

然而罗马人对于数学思辨几乎没有任何兴趣。在这一时期，只有计数员、土地测量员以及建筑工人在数学领域有所进展。

但是，我们发现在公元后的前两个世纪里，几何装饰图案突然开始繁荣发展，一些作品中有使用圆规绘制多边形的痕迹。在这一时期，埃及成为罗马的行省，各领域的复兴为亚历山大学院注入新的活力。学院在公元前4世纪由托勒密王朝创办，成立之初便成为伟大的地中海文化中心，随后由于内部纷争，学院经历了两个世纪的衰落，在此期间学者被纷纷逐出学院。从公元1世纪开始，随着图书馆的翻修，亚历山大学院逐渐恢复了其文化中心的地位。然而在这之后，科技领域新理论的提出相对较少，大多都是对前人工作的编撰、修订和实验。学院更加重视应用数学，因此偏向于技术的发展。

因此，我们推测在科学家和实践者之间存在着一批“知识传递者”。他们的存在使得亚历山大学院的新思想变得不再那么希腊化，而是带有更多罗马色彩。也许这种改变正是克利奥帕特拉艳后所希望的，即恢复托勒密王朝的统治以及她与罗马皇帝的恋情，皇室推动了亚历山大学院的复兴，为几何装饰的应用带来了源源不断的新鲜血液。

亚历山大城同时还是地中海最重要的进出口中心。对于那些为奢侈品和东方产品疯狂的罗马人来说，这座城市拥有从阿拉伯、波斯和印第安进口的货物。罗马需要波斯的奴隶和织物、克什米尔的羊毛、中国的丝绸和毛皮、黎巴嫩的木材、也门的香料，以及印度的香料和宝石。但是罗马人并不是聪明的生意人，他们不懂得和生产商直接沟通，买卖中产生的手续费大幅抬高了商品的价格，导致国家财政被中间商腐蚀。然而罗马出口的用于交换的商品寥寥无几，只有红酒、铅和紫色染料，因此不得不以现金支付进口商品，同时通过不断增加税收、压榨国库的方式获得资本，最终导致国家破产；当无力支付的那一天到来时，国家的命运也就走到了尽头。

6世纪时，基督教蔓延到整个罗马帝国，查士丁尼皇帝认为政权统一的前提是宗教的统一。他颁布了许多冷酷的禁令，尤其针对那些不认同基督教的“异教学院”。这导致学院的学者们动身前往东方的萨桑王朝寻找庇护。

“尼姆戴安神庙的玫瑰图案装饰”是一个非常具有代表性的例子，它展示了高卢罗马人在本时代初期对于几何学的认知和实践水平。这一整块雕刻石板是这座于公元前15年建造的神秘建筑的天花板装饰。整个图案由三角形、正方形、六边形和十二边形组成，并且所有多边形的边长都是相同的。每一朵放置在这些格子中的玫瑰花都是十分考究的，形状与网格完美衔接。

带状装饰

迦太基，乌德纳，埃尔·杰姆，突尼斯

无论是形象图案还是几何图案，马赛克和壁画的中心墙板都要镶嵌在至少一条或者是多条带状装饰中。

下图展示的三幅马赛克装饰图案来自突尼斯，目前被巴尔多博物馆收藏。图案的布局十分简单，色彩与中心墙板十分协调。

回形纹和编织纹装饰

庞贝，意大利；巴勒贝克，黎巴嫩；迦太基，突尼斯；加济安泰普，土耳其

这条布满卐字符和正方形的装饰品来自庞贝古城中一个被称为“神秘”的住宅。在这里可以欣赏到罗马时期最令人震惊的壁画作品。其中有一幅以鲜红色为主色调的壁画，边框是这条朴素的黑白编织纹饰带，后者完美地调和了整体的颜色（插图14：图1）。

建于公元1世纪的巴勒贝克丘比特神庙（黎巴嫩）中有一幅雕刻在白色石灰岩上的装饰图案，这幅编织纹装饰由4股绳索组成，位于建筑的上楣处，是这一地区希腊化的见证（插图14：图2）。

两股绳的编织纹装饰无疑是罗马时期马赛克装饰的主角。在300多年中，整个帝国的装饰家都用同样的手法进行图案制作，很少添加地域特色（插图14：图3）。4股绳编织纹装饰相较前一种样式更加多变一些，但是并不常见，在制作过程中需要更加精细的手法（插图14：图3）。

图3和图4都是经过压印工艺得到的，其中一个是迦太基的马赛克装饰，另一个是存放在加济安泰普博物馆的装饰碎片（土耳其）。

八边形网格中的组合图案

维埃纳，法国；以弗所，土耳其

插图15中的马赛克装饰出自2世纪初的维埃纳，1939年被发掘，尺寸为6.22 m×4.25 m。

插图16中的马赛克装饰规模更大（28 m×9 m）、做工更加精细，出自四个世纪后的以弗所古城。该装饰位于6世纪中期建造的“圣洁、光辉、永恒的圣母玛利亚教堂”的门廊上。

虽然两幅作品在制作年代和地理位置上都相差甚远，但是其中的几何图案组合却有许多相似之处：两者都使用了八边形网格和正方形。其中维埃纳马赛克采用了绘有六叶玫瑰的圆形镶板，以及由不同的几何元素和形象图案组成的方形镶板。在我们所知的马赛克装饰中，这种组合十分特殊。相比之下，以弗所的马赛克装饰则显得更为传统，设计结合了正方形和八角星，这种组合在地中海周边地区并不少见（例如位于法国热尔的圣保罗托伊查）。

回形纹和编织纹装饰

1

图1：这幅布满卐字符和正方形的带状图案建立在23格高度的方形网格中。

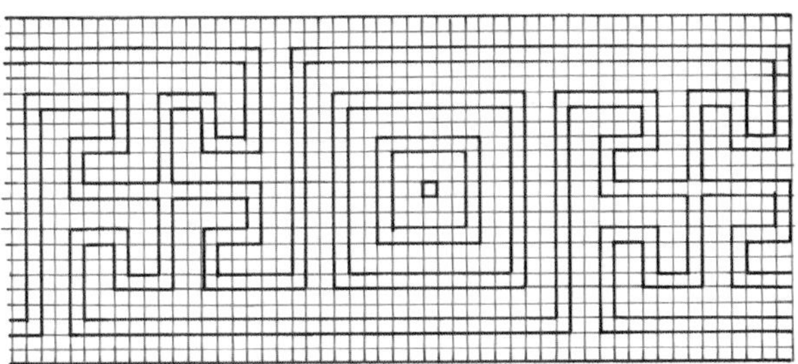

2

图2：这幅编织纹装饰图案需要在高度为3格的方形网格中绘制。将网格的边长等分成6份，取其中5份作为边长画圆。然后选取所需线条即可。

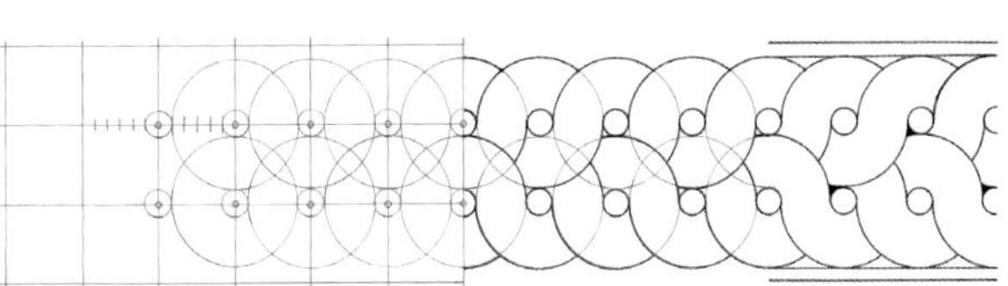

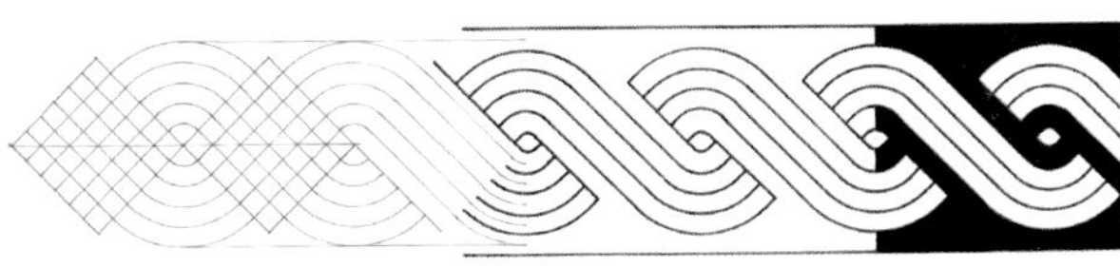

3

图3：这幅图案建立在一组并列的正方形网格中，正方形的对角线与编织图案的纵向中心线平行。将正方形的边长六等分，以相邻正方形的接点为圆心，画出连接正方形边上切点的弧线（红色）。然后根据图案选取所需线条。

图4：4股绳的编织图案的绘制方法和2股绳相似，只需在最初的网格中添加2个正方形。

4

不同的带状、条纹和框架装饰图案，庞贝（意大利）、巴勒贝克（黎巴嫩）、迦太基（突尼斯）；加济安泰普（土耳其）

八边形网格中的组合图案

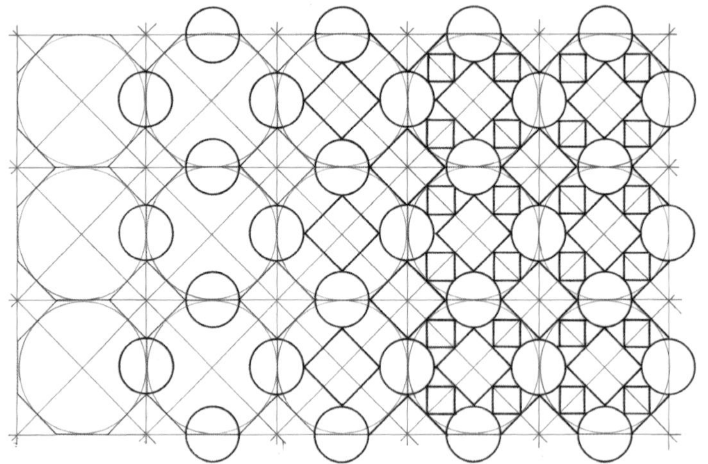

在正方形网格的每个格子中画内切圆，再画出圆的外切八边形。除八边形外的剩余部分为大小相同的正方形。
选取八边形的4条边，以边长为直径画4个圆。
随后在八边形内画一个正方形，正方形的4个顶点分别在上一步绘制的圆上。
最后绘制一组小正方形，每个正方形的顶点分别在2个圆和2个正方形的边上，装饰图案的轮廓就完成了。

马赛克装饰，维埃纳（法国）

八边形网格中的组合图案

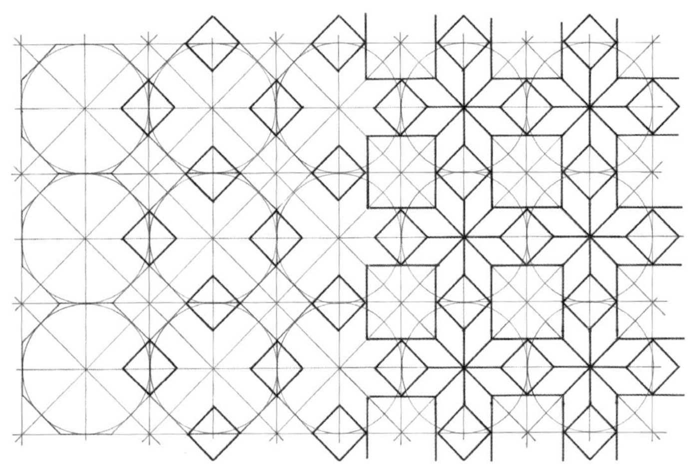

和前一个马赛克的绘制方法相同，首先在正方形网格中绘制八边形。

随后继续重复之前的步骤，选取八边形的4条边，但是这次不再画圆，而是以八边形的边长为对角线绘制4个正方形。

之后再画一组尺寸稍大的正方形，正方形每条边的中点分别是上一步4个小正方形的顶点。

最后将大正方形和小正方形的顶角两两相连。

马赛克装饰，以弗所教堂（土耳其）

网格装饰

圣罗曼恩加尔，法国

在罗纳河两岸的维埃纳古城中，人们找到了大约250个罗马时期的地毯。其中四分之一属于公元1世纪，一半属于公元2世纪，还有四分之一属于公元3世纪初。在法国的圣罗曼恩加尔博物馆和里昂高卢罗马博物馆能够参观到个别作品。

在这一系列地毯中，有一类采用了大型的网格马赛克装饰图案。下图所展示的地毯就是一个非常典型的例子：这件作品于1878年问世，整体尺寸为8.5 m × 6 m，采用黑白两色，摆放在一栋面积超过600 m^2的住宅的餐厅中。

这些由正方形和菱形组成的条纹将边长为75 cm的正方形格子隔开（宽度是条纹的两倍），格子中点缀着许多几何图案装饰。在整个网格中有一块尺寸较大的格子，里面绘制了一个更加精巧的玫瑰花结几何装饰图案。从远处观看这件艺术作品要比站在它面前有趣得多，这也许就是制作这张地毯的初衷。

插图17所示的是一个以同样方式制作的6格马赛克图案装饰，于1773年出土，但不幸被一双“粗鲁、嫉妒、野蛮的双手摧毁”。幸运的是，随后有人制作了一件完美的复制品，作品包含40格精美的几何图案，采用传统的黑白色和明亮的红色。

条纹和方格组成的马赛克装饰品，圣罗曼恩加尔（法国）。

中心图案

维埃纳，法国

里昂高卢罗马博物馆收藏了一件规模宏大的马赛克装饰作品，尺寸为10.5 m×6 m，于1841年在维埃纳被发现。与之前介绍的作品相似，这件马赛克作品也采用了条纹和方格的组合形式，其中方格数量达到了45个，并且只有一个格子嵌入了形象图案：刻画了一个醉酒的大力士形象，吸引了历史学家的注意力。其余44个边长大约为1 m的方格组成了一幅卓越的几何图案大合集。每一幅图案都值得认真复刻，因为它们揭示出那个时代的人们对几何装饰的认知水平（插图18、插图19）。

网格装饰

1、5、6号图案利用方格网的对角线绘制，按照需求选取整个方格或其中一部分。
2号图案的基础网格是由2个等边三角形组成的，按照需求选取整个基础网格或其中的一半。
3、4号建立在方格网中，选取所需线条即可。

马赛克作品，圣罗曼恩加尔（法国）

中心图案

1.这幅图案位于八边形内。首先需要绘制一个八边形，在每条边上画一个正方形（正方形的对角线用蓝色标出）。将正方形的每个顶点与相对的边的中点相连，这些线段的交点就是内部小正方形的4个顶点。最后将小正方形的顶点与大正方形的顶点相连。

1

2

2.这幅图案位于六边形内。首先将六边形的边长八等分，以此建立一个等边三角形的网格。按照图案所需在网格中选取线条或点进行连线。

马赛克作品细节图，维埃纳（法国）

中心图案

3.通过在内部切分六边形得到如下图案。
首先连接每个顶点与其余3个不相邻的顶点，同时连接每条边的中点与其余3条不相邻边的中点，得到图案的基础线条。随后将六边形的一条对角线十六等分，确定一个正三角形模块的尺寸，然后按照这个尺寸绘制相同大小的正三角形，最终完成整个图案的绘制。

3

图案2、图案3远观效果图。

马赛克作品细节图，维埃纳（法国）

菱形网格

庞贝，意大利

位于庞贝古城的“农牧神之家”是规模最大的，也是最著名的古罗马住宅建筑之一，这座房屋建于公元前2世纪，公元前79年维苏威火山喷发，喷出的大量火山灰将其埋在地下，1830年随着考古队的发掘，这座建筑终于重见天日。这座建筑的盛名来源于在室内发现的两件大型马赛克装饰作品，是人类目前所知的最精美的马赛克作品之一。这两件作品目前都收藏于那不勒斯国家考古博物馆中，其中一件描绘了尼罗河谷的植物和动物，另一件则刻画了亚历山大大帝的战争场面。

农牧神之家得名于中庭水池中央立着的一尊农牧神青铜雕像，雕像通高80 cm，被放置在基座上。这座水池虽然不深，但尺寸却不小（3.7 m × 2.75 m），承接从屋檐流下的雨水。池底铺有彩色的大理石，石块排列显然是经过精心策划的，设计者考虑到了水面波澜将会引起的视觉效果（插图20）。

“农牧神之家”中庭复原图，庞贝。

菱形网格

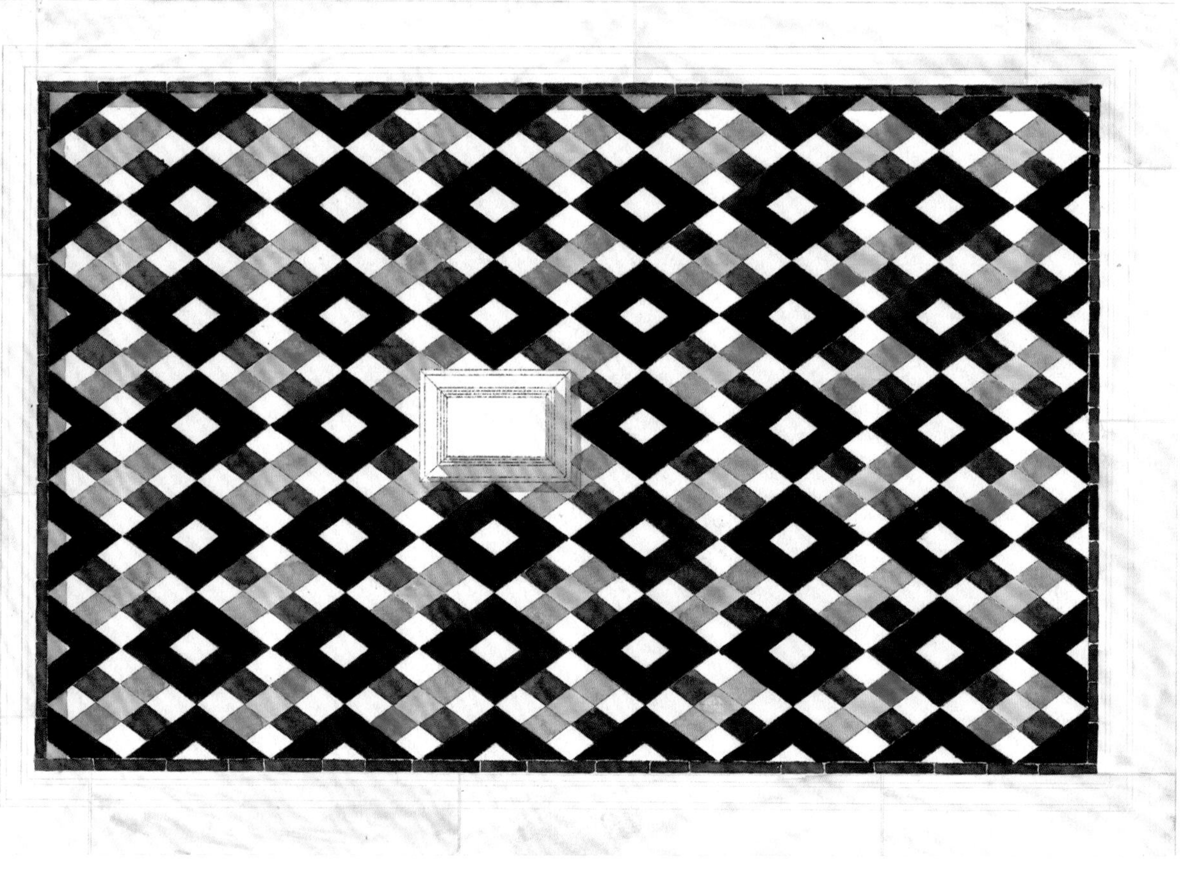

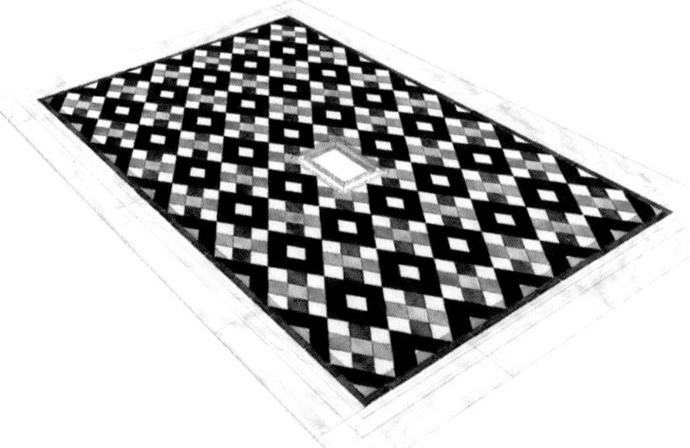

图案建立在矩形网格中，每个矩形网格长宽比为4：3。这些矩形的对角线组成一系列菱形。将菱形的每条边三等分，对边上切点的连线与矩形的对角线平行。

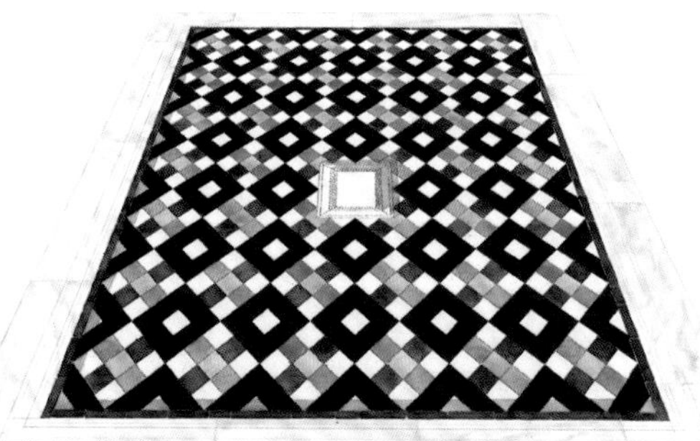

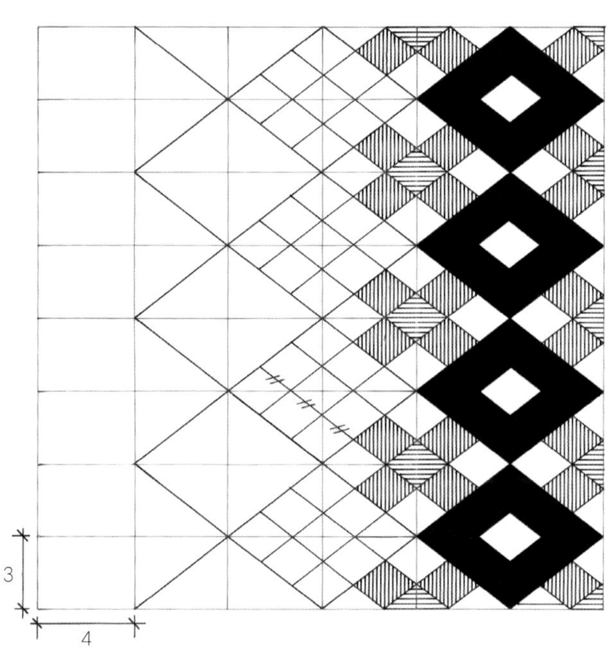

水池底部马赛克装饰，农牧神之家，庞贝（意大利）

正方形与菱形组合网格中的卐字符图案
罗马，意大利

戴克里先浴场建于公元298—308年，占地面积超过10公顷，是目前已知的规模最大的浴场，能够同时接纳超过1600名顾客。浴场主建筑尺寸为250 m×180 m。这座巨大的娱乐场所不仅提供热水、温水和凉水浴池，同时还有健身房、剧院、图书馆、花园和门廊。浴场的中央建筑在15世纪时被米开朗基罗改造为教堂（圣玛利亚天使教堂）。

毋庸置疑，这座规模宏大的浴场展示了建筑史上的一次技术奇迹，每一位皇帝都希望能为"世界中心的城市"添砖加瓦。

在这些巨大的建筑中，虽然只有一处墙壁装饰，但工程却十分浩大。想要用直径为1~2 cm的马赛克砖块铺满整个墙面已十分困难，而短暂的工期使得工程更是难上加难。

设计者利用方格网绘制卐字符，或者说回形纹，而每个方格之间又用菱形隔开。19世纪时，考古队在浴场的热水浴大厅发现了这幅作品。它可以从贴近地面的角度欣赏，如果从正面看的话，甚至能使人联想到20世纪末出现的"奥普艺术"（插图21）。

罗马戴克里先浴场复原图。

正方形与菱形组合网格中的卐字符图案

装饰图案建立在正方形与菱形的组合网格中，其中菱形由2个等边三角形拼接而成。将正方形的边六等分，菱形的对角线五等分，以此来绘制盘绕的卐字符以及中间的菱形内部花纹。

马赛克装饰，戴克里先浴场，罗马（意大利）

八边形、十六边形和三十二边形的组合装饰图案

Lepida Celsa，西班牙；安提阿，土耳其；北卡罗来纳州博物馆，美国；海德拉，突尼斯；科隆，德国

这些作品是3世纪以来大量的马赛克装饰中最具代表性的作品。这些图案的特殊之处在于使用了极为复杂的几何图形。在这些作品中，似乎苛刻的学术追求要优先于装饰效果。

这件马赛克作品来自古罗马时期的农村地区——Lepida Celsa（距离萨拉戈萨50 km），设计者本着“经济节约”的理念进行制作，使用尽可能少的白色大理石碎片镶嵌在陶器底部的碎片上，取代原来的石制镶嵌物（插图22：图1）。

存放在安提阿博物馆（今日的安塔基亚）的这件马赛克装饰证明了古罗马时期的装饰家没有忽视作品的立体效果和透视效果（插图22：图2）。

而这件收藏于北卡罗来纳州美术博物馆的马赛克作品却没有具体的发源地。图案中使用的波浪效果表明它可能被放置在池塘底部（插图22：图3）。

海德拉古城原名阿马达拉，位于今天的突尼斯西部，是该地区重要的城市。公元4世纪开始，人们在海德拉和罗马帝国的其他城市建造大教堂。一对夫妻出资者——坎迪杜斯和阿代奥达托为其中一座教堂捐赠了一幅中堂马赛克装饰作品（尺寸约为7.5 m×5.5 m）。虽然这件装饰品并没能完整地保存下来，但现存的残片已经足以还原其原貌。几何图案将正方形框架并列、交织在一起。马赛克的还原图可以根据矩形网格进行绘制，但是不能按照传统做法，需要事先画好轮廓线，因为如此复杂的马赛克图案并不能够在铺设的砂浆上直接进行制作（插图23：图1）。

科隆博物馆中的马赛克装饰品情况与上述作品相同。设计者交替使用八边形和菱形网格，然后在网格中绘制形象图案。与上一个作品相同，这幅图案中的八边形也是通过两个正方形的重叠得到的。毫无疑问，这些作品见证了交织带状装饰图案的起源，并且这种组合模式在之后的几个世纪中都没有取得如此惊人的成就（插图23：图2）。

海德拉大教堂中庭复原图（突尼斯）。

交替效果的图案

奥斯蒂亚，意大利；安提阿，土耳其；盖达拉，约旦；蒂沃利，意大利

公元2世纪之前，古希腊风格的马赛克石头地毯几乎都铺设在房屋的中央，地毯中心是一幅大型图画的复刻，图画周围会镶嵌一条或几条带状装饰。在这之后，罗马帝国进入社会和平、经济繁荣的时期，为建造业的发展提供了必要条件。住宅中的小屋子被替代了，取而代之的是资产阶级大豪宅中的大庭室。与此同时，建筑装饰也得到了飞速发展：人们不再满足于屋子中央的那一小块地毯，而是覆盖整个地面的大型地板。这种改变就是从地毯到地板的变化过程。从这之后，古罗马的马赛克艺术家要么将同一个几何图案按照水平和垂直方向排列，要么将同一个几何图案以一点为中心向外放射排列，效果与万花筒类似。这两种马赛克装饰可谓风靡一时，在奥斯蒂亚地区尤为火热。直到后来人们开始追求快速和省钱之后，这种方案就被放弃了。

插图24、插图25这两块地板的共同特点在于观看者在不变换位置的情况下就能看到不同的图案。例如插图24所示的奥斯蒂亚的马赛克作品，第一眼看上去好像只是简单的方格图案，但是仔细观察会发现其中包含着八边形线条。而在安提阿和蒂沃利的两件作品中，能分别观察到一个近似的圆形和一组圆形。人们将这种类型的图案称为“交替效果图案”，它并不属于古罗马的大众装饰图案，但也没有将它排除在外。这证明了古罗马艺术家确实进入了光学幻觉的领域。从某种意义上讲，图像中的交替效果就好比语言中的同音异义，这种文字游戏建立在读音相同、意义不同的词语中。

插图24，图1：这件马赛克作品出自奥斯蒂亚遗址中一个名为阿普利乌斯的房子里，位于罗马的台伯河港口。

插图24，图2：这件马赛克作品在安提阿（今日的安塔基亚）被发现，这个地区与罗马和迦太基地区并列，是古罗马三大生产马赛克装饰作品的中心。

插图24，图3：这件马赛克作品出自盖达拉浴场。图3和图2作品当中的几何网格相同，但用法与图2不同。

插图25：这件彩色大理石地板出自哈德良皇帝极致奢华的宫殿中，位于距罗马25 km的蒂沃利，经推测可能用于铺设皇宫中水池的地面。

罗马奥斯蒂亚港的住宅。

交替效果的图案

达芙妮，土耳其；维埃纳，法国

接下来介绍的这两件马赛克装饰作品不仅展现了交替效果与透视效果的力量与变化，同时也是朴素装饰图案的典范。其中之一来自安提阿地区的一栋3世纪或4世纪的大型住宅，另一件出自圣罗曼恩加尔地区。后者包含了45个边长为1 m的方格，这一图案还出现在维埃纳的作品当中（插图26、插图27）。

八边形、十六边形和三十二边形的组合装饰图案

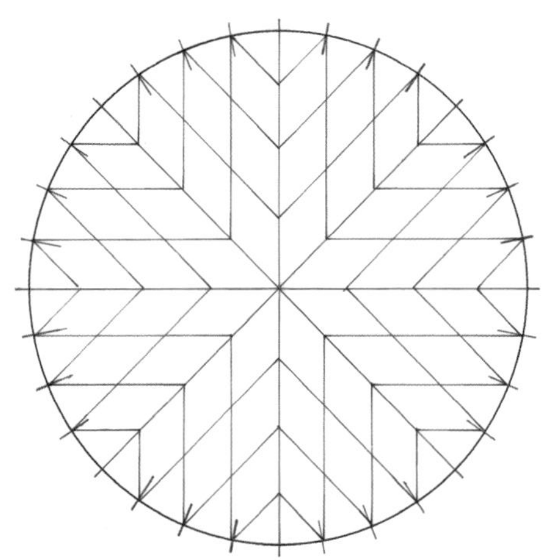

马赛克装饰作品，Lepida Celsa（西班牙）；赤土和大理石

将圆三十二等分，每个分割点根据对称轴连接到与其相对的2个分割点相连。

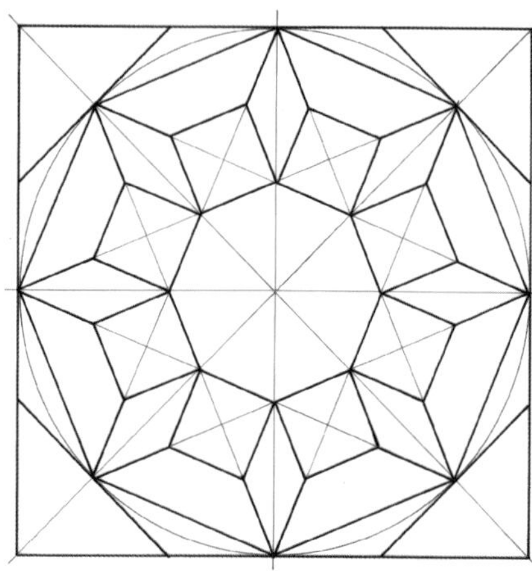

马赛克装饰作品，安塔基亚（土耳其）

先画出大正方形的内切八边形，之后连接八边形边长的中点得到第二个八边形，再将此八边形相对的顶点连接起来，得到中心八边形，最后在中心八边形的边上绘制一组正方形。

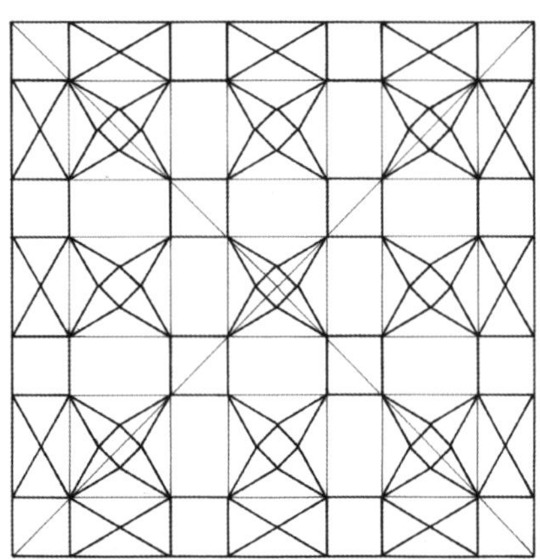

马赛克装饰作品，来源未知（收藏于美国北卡罗来纳州博物馆）

先画四周的正方形再确定中央的几何结构是行不通的，因此这幅图案先画出一组六边形（4个），再添加四周的正方形。

1

2

3

八边形、十六边形的组合装饰图案

基督教大教堂的马赛克装饰，海德拉（突尼斯）

图案建立在一个3×2的正方形网格中。以每个网格的内切圆为基础绘制八边形，再连接对应的顶角。

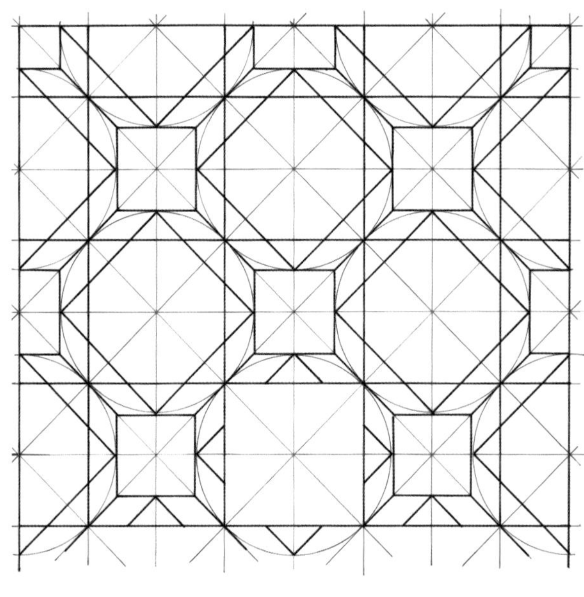

马赛克装饰，来源未知（收藏于德国科隆博物馆）

在方形网格中，画出不相邻网格的外切圆。在此基础上绘制八边形和正方形图案。

交替效果的图案

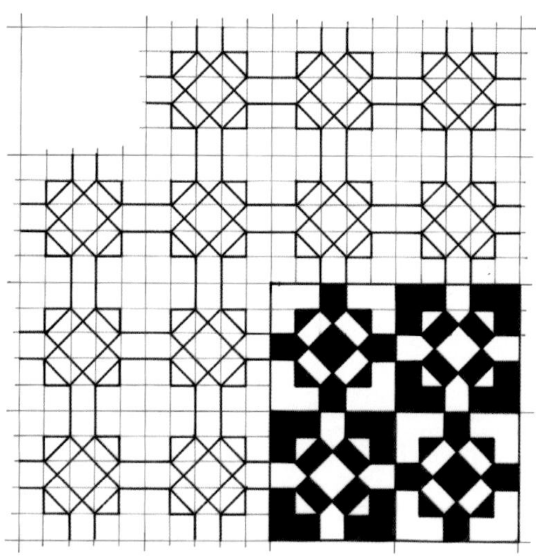

1

住宅马赛克装饰，奥斯蒂亚（意大利）

图案建立在方形网格中（红色）。每个网格的边被五等分，得到第二张网格（蓝色）。取蓝色网格的一部分顶点并将其连接，就得到如图所示的图案了。

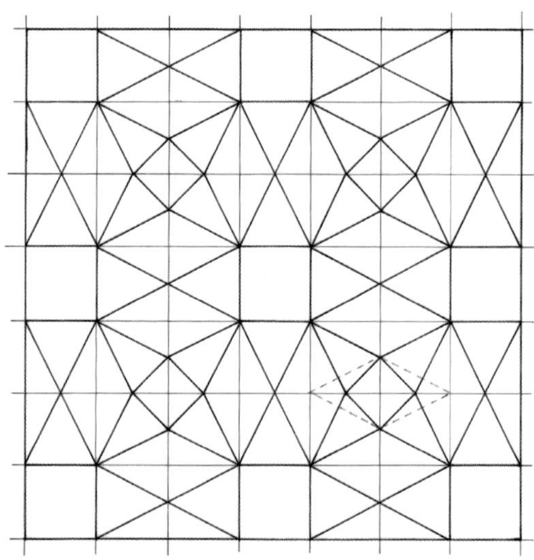

2

马赛克装饰，安提阿博物馆（土耳其）

该图案建立在一个大正方形中，4条边被七等分，得到方形网格。按照图案所示，连接网格中的相应定点。

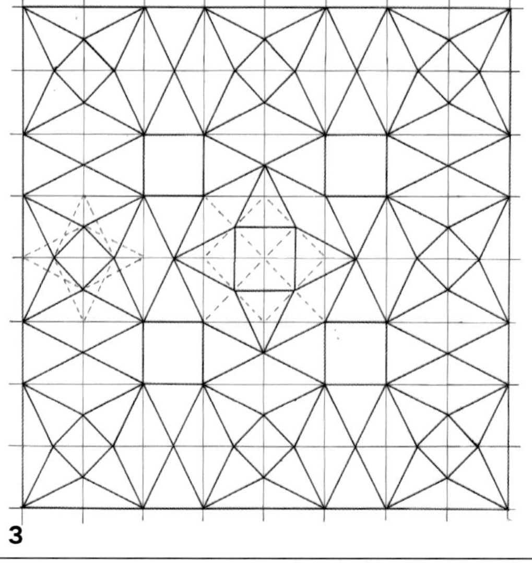

3

马赛克装饰，盖达拉（约旦）

与安提阿装饰作品相同，这幅图案建立在边长被八等分的正方形中。

交替效果的图案

大理石地板，哈德良村，蒂沃利（意大利）

每一个方形网格中都有一个内切八边形，并且其相对的顶点被连接在一起。

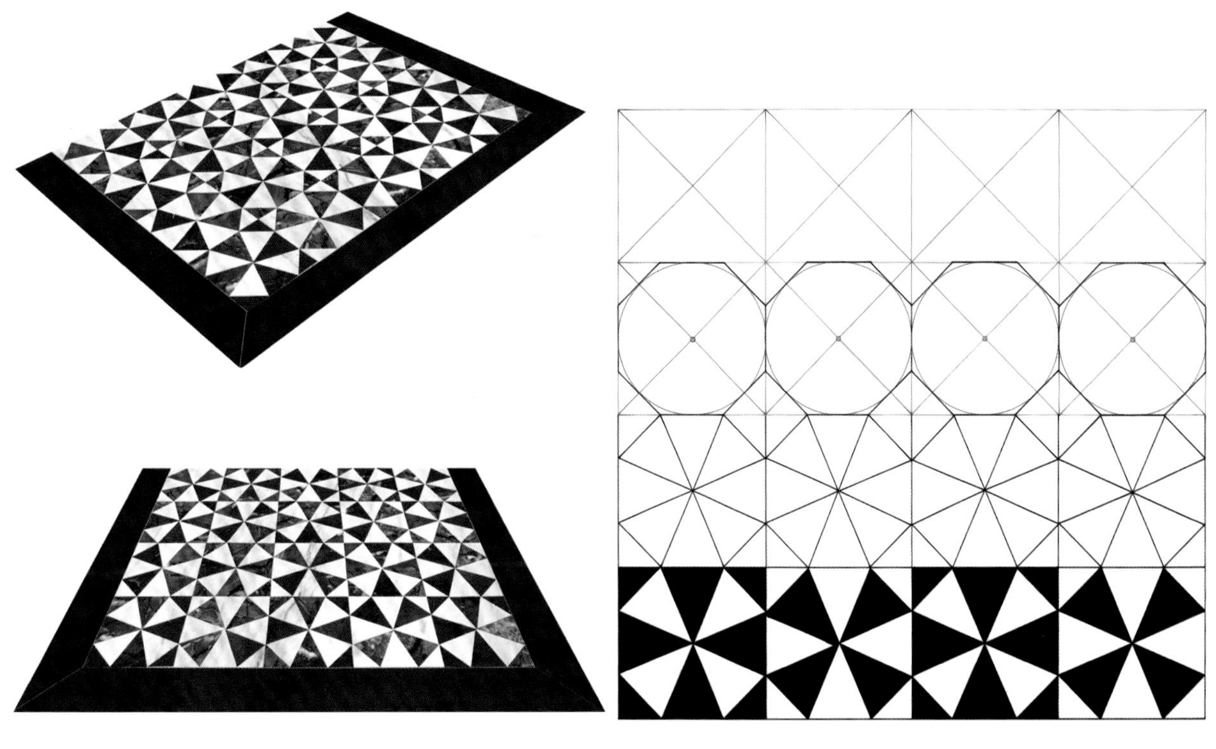

交替效果的图案

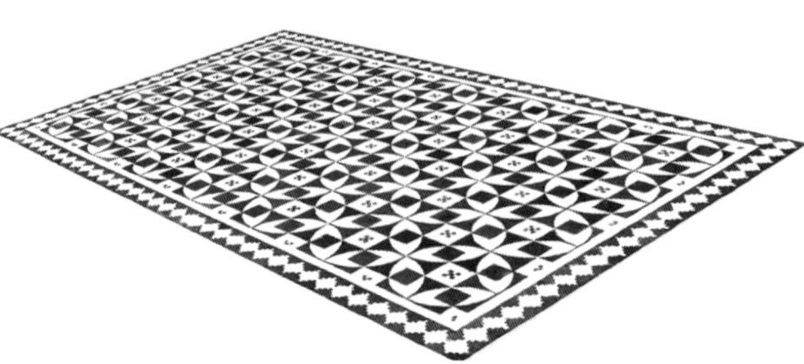

首先，在方格网中绘制四叶玫瑰，之后连接方形网格对角线与玫瑰花结的交点，最后绘制出网格中的阴影部分。

马赛克装饰，达芙妮（土耳其）

交替效果的图案

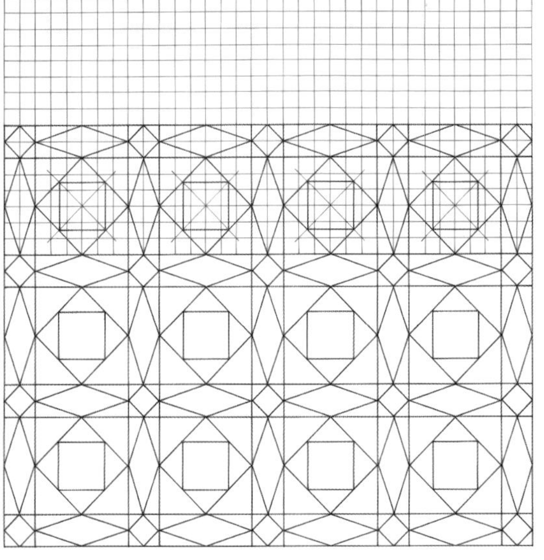

图案建立在方形网格中，如图所示，部分网格的顶点被连接起来。

马赛克装饰，维埃纳（法国）

棕叶和盾形图案

罗马，意大利；帕福斯，塞浦路斯

古罗马时代的装饰艺术家也曾使用过其他的创作手法，不再是在预先建立的框架和画布上构建几何图形。因此，他们尤其青睐于使用简单的设计图形，这类图形可以通过不同方式进行排列，既可以无缝拼接，又可以留出空隙。棕叶图案就是其中的一种，这种装饰可追溯到世界的起源，罗马人则制定了两种标准形式——圆形棕榈和尖头棕榈。而盾形图案也是这类装饰图案之一，并且拥有更多的变化形式（插图28）。

如果沿着对称轴将这两种图案分割，将会得到更多种类的装饰图案。有一些马赛克作品的原材料就是打磨成棕叶形的瓷片，只不过色彩比较单一。在这些作品中，瓷片之间的砂浆就形成了独立的装饰效果。例如来自迦太基安东尼浴场的这件作品（公元2世纪）就是一个很好的例子。再例如1968年之前，巴黎街道的铺路石也以这种方式排列。

在罗马的戴克里先浴场中（见64页图），健身房门前的地面就采用了连续的尖头盾形图案作为装饰。这种大面积的铺设产生了一种有趣的视觉透视效果。

马赛克装饰，迦太基安东尼浴场（突尼斯）。

巴黎街道地砖。

通过不同的排列方式，图案的装饰效果还取决于色彩的运用，在帕福斯的这件作品中就有所体现（插图28）。

在黑白装饰中，盾形和棕叶形都是十分有趣的填充元素。例如塞利维亚博物馆（西班牙）中的这件藏品就采用了这两种图案。

马赛克装饰细节图，塞维利亚博物馆。

一些学者将这种图案命名为“盾牌”，因为他们认为其形状与小亚细亚和亚马逊野蛮人装备的月牙形盾牌十分相似。

如果将黑白两色的半棕叶图案交替排列，就能得到“波浪形”的图案。如果将直线边重合的所有半棕叶图案都涂上相同的颜色，就能得到骨头形的图案。

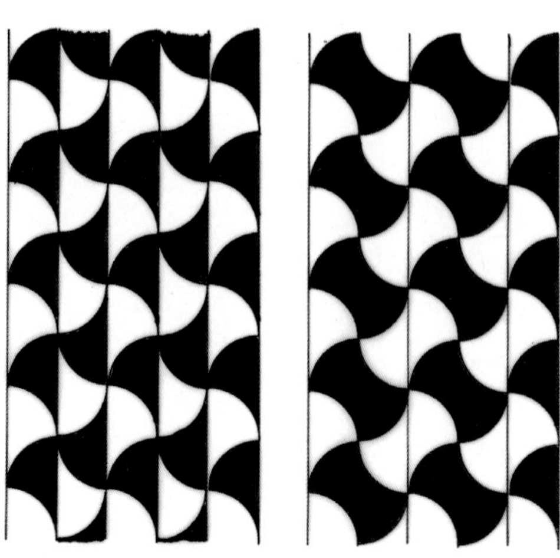

“波浪形”和“骨头形”的半棕叶图案。

棕叶和盾形图案

图案建立在被分成4格的正方形中，以1格边长为半径绘制3条弧。

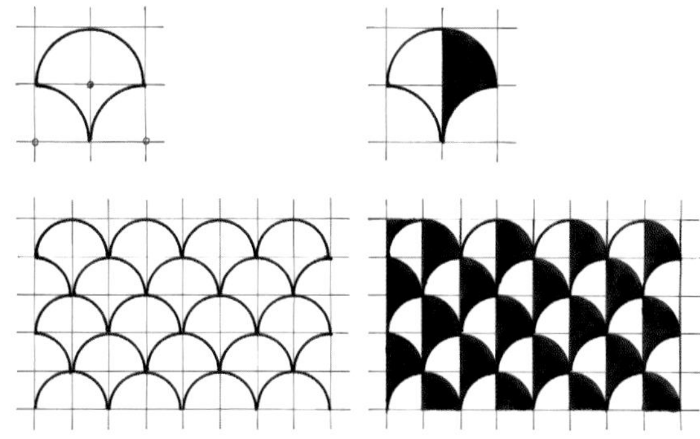

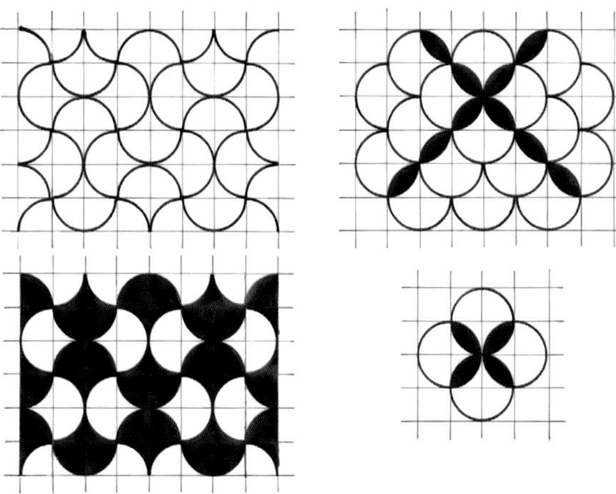

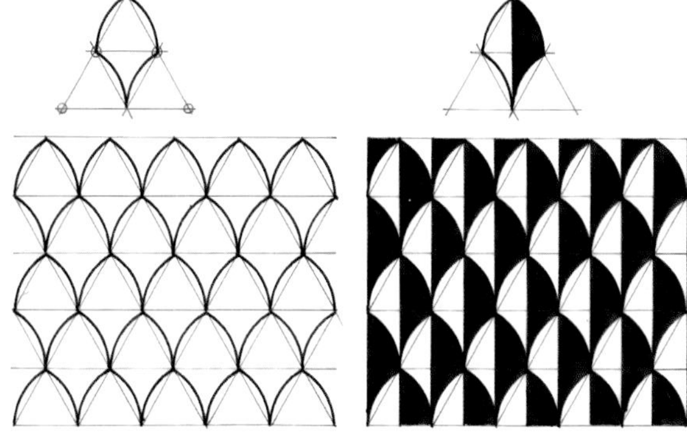

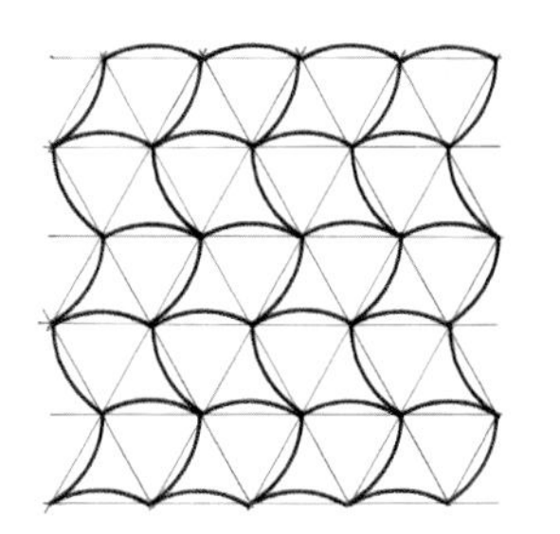

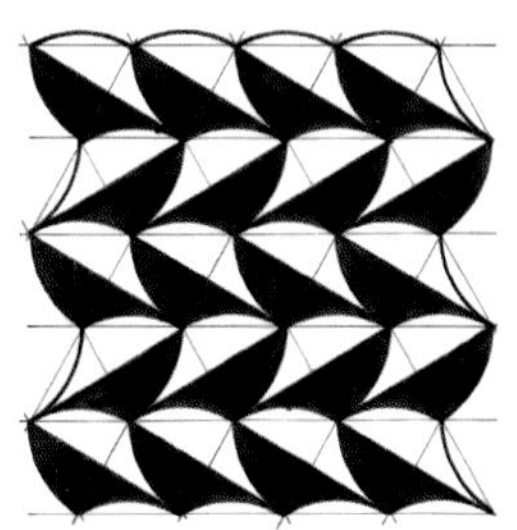

绘制和组合圆形棕叶图案

图案建立在被分成4份的正三角形中。

绘制和组合尖头棕叶图案

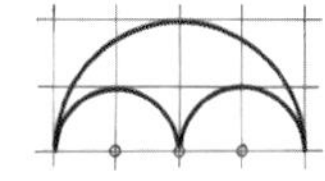

图案建立在2个被分成4格的正方形中。

绘制和组合盾形图案

通过色彩的变化，在同一排列基础上绘制2种不同盾形图案。

马赛克装饰，帕福斯（塞浦路斯）

圆形棕叶组合

罗马，意大利；安提阿，土耳其

罗马的卡拉卡拉浴场在公元193年（塞普蒂米乌斯·塞维鲁皇帝的统治时期）开工建造，于216年（卡拉卡拉统治时期）落成。在后续皇帝下令扩建之前，它一直是当时最豪华的浴场。

罗马人作为“世界的征服者和殖民地的掠夺者”，在修建这栋建筑时极尽奢华，当时杰出的艺术作品都被用作装饰品。主厅墙面砌有彩色大理石，并饰以镀金的青铜;天花板用绘画装饰；地板铺设大理石或马赛克地砖；还有雕塑、烛台、喷泉和座椅点缀其中，材料来源于玄武岩、花岗岩、斑岩或雪花石膏。这些艺术作品从卡拉卡拉浴场的遗迹中被发掘出来，但即使没有这些装饰的点缀，浴场本身的规模也足以令人惊叹。

浴场的主建筑长214 m、宽110 m，还不算圆形热水浴场的面积。在唯一一栋冷水浴场中，地面铺满了四色棕叶马赛克地砖，尺寸达58 m×24 m，约1400 m^2。每一个棕叶图案长约90 cm，而铺满整个大厅大约需要3500个棕叶。按照每一个棕叶图案需要300~400块地砖来看（选用边长约为3 cm的大型砖块），整个工程需要将120万块马赛克地砖一个接一个地摆放整齐（插图29）。

安提阿博物馆中收藏着一件发源地不明的马赛克作品，经推测可能制作于3世纪或4世纪。在这一时期，这种在方形网格上绘制棕叶图案，并且间隔多样的图案十分流行（插图29）。

盾形和四叶玫瑰的组合图案

萨迦拉索斯，土耳其；塞维亚克，法国

萨迦拉索斯是小亚细亚地区的一座古城，坐落在安塔利亚北部100 km处的托罗斯山脉脚下。亚历山大大帝于公元前333年统治了萨迦拉索斯，随后这座城市便进入了快速发展的希腊化时期。从公元2世纪到7世纪，城市在漫长的繁荣时期内一直保持着希腊化的特点。公元2世纪时，一位富有的市民提图斯·弗拉西乌斯·尼翁出资建立了一所大型图书馆，建筑大厅（尺寸约为7 m×10 m）地面上的马赛克装饰则是在4世纪时修建的。马赛克装饰中交替使用了背对背的盾形图案和四叶玫瑰。这些在白色背景上的黑色图案并没有紧密排列，而是彼此分隔，以免使整体色调过于晦暗（插图30）。

1990年后，比利时的一所大学完成了这座图书馆的挖掘和修缮工程，并使其成为一处著名的旅游景点。

塞维亚克的高卢罗马别墅位于法国的蒙雷阿勒·迪热尔镇，于公元4世纪修建，它不仅是一座大型农舍，也是历史上最古老的别墅。在450年的扩建工程之后，这座别墅变身为一座豪华的宫殿，还带有浴池和私人礼拜场所。但是，这座别墅直到19世纪才被发现，挖掘工作也只在1967年和1997年开展了两次。直到今天，人们在这里发现了共计450 m^2的精美马赛克作品，其中有许多采用了几何图案设计，虽然大多数装饰较为传统，但也不乏一些例外。浴场长廊中的马赛克装饰采用了盾形图案，和之前萨迦拉索斯的图书馆相同，每个图案都彼此分隔，使图案整体更为清晰明朗。

圆形棕叶组合

在方形网格中绘制圆形棕叶图案，并以直角旋转。

卡拉卡拉浴场的马赛克装饰，罗马（意大利）

图中的圆形棕叶组成一个个正方形花簇，并通过色彩运用勾勒出正方形的对角线。

马赛克装饰，安提阿（土耳其）

盾形和四叶玫瑰的组合图案

这件马赛克装饰中交替使用了背对背的盾形图案和四叶玫瑰。为了使图案整体更为清晰，设计师扩大了白色部分的面积，方法是在盾形图案上镂空了2个半圆，同时让玫瑰的半径小于方形网格的边长。

萨迦拉索斯图书馆的马赛克装饰（土耳其）

盾形图案组合

马赛克图案在方形网格中绘制，其中盾形图案彼此隔开，间距由设计师自由选择。如图所示，构成每一个盾形图案的3个半圆的中心分别取自方形网格边长的中点和四等分点。

塞维亚克别墅的马赛克装饰（法国）

鳞片状玫瑰花结

巴达洛纳，西班牙；迦太基，突尼斯；科林斯，狄翁；希腊

古罗马时期的中心几何装饰图案并没有衍生出过多的变化形式。设计师大多只借助圆规绘制传统的四叶或六叶玫瑰，并没有借助三角形、六边形或八边形进行过多的创作。

玫瑰花结，或者说鳞片状玫瑰花结，是罗马装饰家广泛使用的一种图案。在2世纪到8世纪之间，这种图案的形式十分单一，几乎没有任何变化，甚至感觉完全被人遗忘。乍一看，人们会觉得这种图案难以绘制，因为花叶的弧度不是圆形的而是螺旋形的。诚然，除了玫瑰花结之外还存在着许多种类的几何螺旋结构，其中有一些在古希腊时期就诞生了，比如著名的“阿基米德螺线”，但是没有任何一种与玫瑰花结相似。最初，这种图案的线条十分简单，只需连接圆上的等分点即可。

出于实用性的考虑，这些由外而内的线条不能延伸到图案的中心，因为中心部分需要按照需求进行特殊处理，嵌入形象、花饰或者几何图案。另外，玫瑰花结本身是建立在方形框架当中的。这种布局可以为方形框架的四个角落留白，并为设计师提供新的装饰空间，最常用的图案是花叶、瓶罐或海豚造型。

巴达洛纳是一座紧邻巴塞罗那的沿海城市，这件以粉色为底、黑色“鳞片玫瑰”为图案的装饰品就来自这座城市（见81页图）。

石灰石骨棺上传统的六叶玫瑰图案，出土于耶路撒冷，制作于公元前1世纪至公元2世纪之间（现收藏于日内瓦艺术与历史博物馆）。

如今，迦太基这三个字总会让人联想到古罗马时期最负盛名的马赛克装饰品系列。在所有突尼斯的马赛克作品中，当地的艺术家展现出了他们对于形象主题和花叶图案无可比拟的天赋，而且在几何图案方面也比其他地区更专业。例如设计精湛的“鳞片玫瑰”图案（见82页图）。

最后介绍的这座小城镇位于奥林匹斯山脚下的狄翁古城，在这里孕育出了更为精致的装饰结构（见83页图）。这些作品中使用了十八、二十四和三十二叶玫瑰花结，并用2种、3种或4种不同的颜色绘制，最后的效果证明了这种设计模式可以获得更多的图案变化。其中有两幅作品的中心嵌入了传统的四叶和六叶玫瑰花结，第三幅则嵌入了一幅形象图案（推测是狄奥尼索斯的形象）。

传统的六叶玫瑰马赛克细节图，安提阿。

鳞片状玫瑰花结

1.首先将圆十六等分。将16个切点每隔3个连接起来，就得到了圆的内切八角星。之后画一个经过所有八角星凹角的圆，模仿上一步骤，将此圆上的16个切点每隔3个连接起来，得到第二个八角星。最后重复该过程数次。

2.效仿图1做法，将圆十六等分，然后将所有切点每隔4个连接起来。

3.重复之前步骤，之后将圆的16份再平分成2部分，也就是将圆三十二等分。在此基础上，画出其一边位于圆的分割半径上的三角形。

4.首先将圆二十等分，随后将20个切点每隔3个连接起来。

5.图中的玫瑰花结是将圆三十等分后，将所有切点每隔8个连接之后得到的。

5

马赛克装饰，巴达洛纳（西班牙）

将圆十八等分，将切点每隔4个连接起来。
马赛克装饰，迦太基（突尼斯）。

将圆三十二等分，将切点每隔8个连接起来。
马赛克装饰，科林斯（希腊）。

将圆二十四等分，将切点每隔6个连接起来。
马赛克装饰，狄翁（希腊）。

将圆三十等分，将切点每隔8个连接起来。
马赛克装饰，圣罗曼恩加尔（法国）。

圆形鳞片玫瑰花结

苏斯，突尼斯；维埃纳，法国；亚历山大，埃及

之前介绍的玫瑰花结都是由多个具有直角边的三角形组成的。而这一时期产生的另一种鳞片状玫瑰花结使用的则是圆形棕叶饰、尖头棕叶饰或盾形图案（见74—75页图）。

盾形玫瑰图案，马赛克装饰，维埃纳（法国）。

例如突尼斯苏斯博物馆中的这件玫瑰花结作品，在白色背景上绘制了红色、绿色和黑色的棕叶图案，使人产生一种幻觉（插图33）。

另一件马赛克作品于1876年出土于法国维埃纳的圣科伦坡地区，保存下来的只有5幅几何图案，其中一个就是用盾形图案绘制的玫瑰花结（见左图）。接下来要说到的亚历山大城是罗马帝国伟大的文化中心和人才培养基地。即使保存下来的遗迹并不丰富，但是在希腊罗马博物馆中，我们仍旧可以欣赏到一些大师级的作品。其中就要提到一件六色棕叶饰玫瑰花结的装饰作品，出土于老城的一座剧院之内，可谓是一件令人惊叹的装饰艺术品（见下图）。

在这三幅图案中，其中一幅图案的中心嵌入了花饰，而另两幅则选用了出自荷马史诗《奥德赛》中的怪物——戈尔贡或者说美杜莎的头像。我们经常会在建筑、钱币、盾牌和石碑上看到蛇发女妖美杜莎的形象，她被人们视作驱逐厄运和恶灵的象征。事实上，她能够通过眼神使坏人恐惧、将人石化或催眠。是这种令人恐惧的力量驱使人们将她与这种玫瑰图案组合吗？

圆形棕叶玫瑰图案，马赛克装饰，亚历山大（埃及）。

圆形鳞片玫瑰花结

将圆按照选定的数量等分（此处分成64份），之后按照选定的间隔连接圆上的2个切点（此处间隔为22）。
这条连线与相邻的2条圆心射线交于2点，根据这2个交点绘制2个同心圆。
再以内侧的同心圆为基础，按照同样的方法操作，最终得到一系列分隔开的同心圆，圆与圆的间距由外向内不断减小。
在这个由同心圆组成的网格中，根据2种不同的小圆绘制方式，就能得到圆形棕叶图案或是尖头棕叶图案。

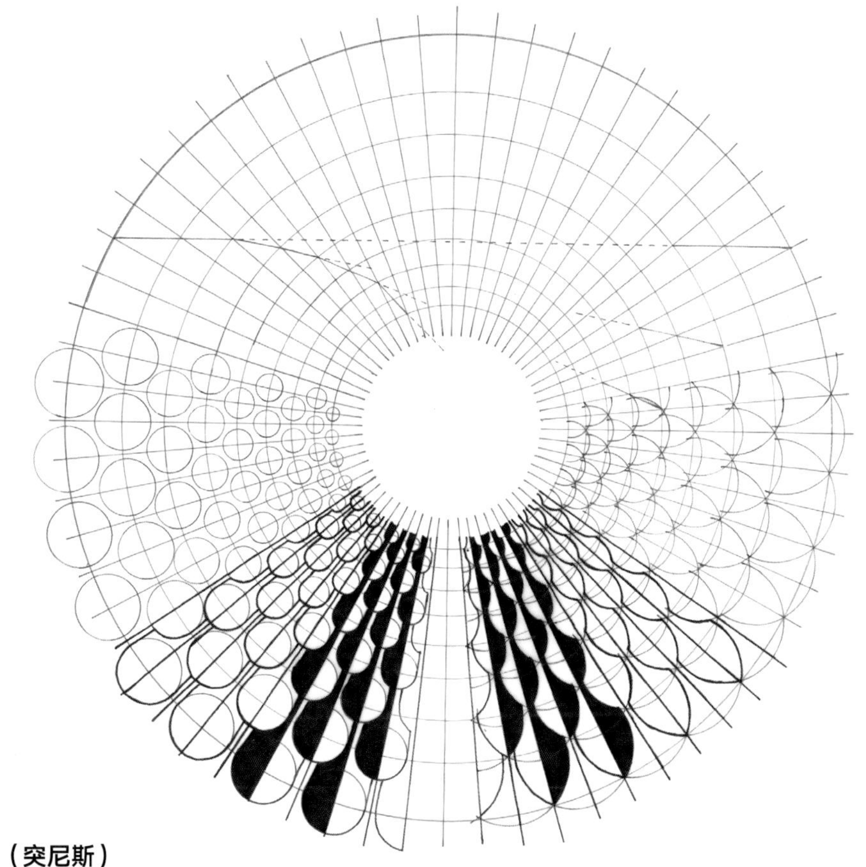

棕叶玫瑰图案，马赛克装饰，苏斯（突尼斯）

半圆形鳞片玫瑰花结

耶利哥，约旦西河岸

这件马赛克作品诞生于公元742—743年，如果仅按照制造年代分类，我们应该在下一章对其进行介绍，但考虑到作品中采用了半圆形鳞片玫瑰花结图案，并且这种图案形式之后再未出现过，所以我们选择在此章进行介绍。

倭马亚王朝时期，大马士革的首领们在叙利亚和约旦的荒漠中修建了众多宫殿或“沙漠城堡”，使他们能够与贝督因的部落大酋长们保持联络。

在距耶利哥城不远的约旦河河谷中，瓦利德·伊本·亚齐德命人修建了一座久负盛名的宫殿。它被称为“希沙姆宫”或“希尔拜图·麦夫杰尔宫”。宫殿中不仅建立了清真寺和土耳其浴室，同时还有一间30 m×30 m的接见大厅。

建筑内的16根支柱支撑着各个拱顶和中央穹顶，整片地板大约被40块镶嵌着不同图案的马赛克地砖覆盖，墙壁上同样也刻有许多装饰图案。前者为拜占庭传统，后者则是受萨桑王朝的影响。建筑的四周分布着一些半圆形后殿。本书第88页和89页展示的半圆形鳞片玫瑰花结装饰就位于其中的一座后殿中。

整栋建筑中最为宏大的马赛克装饰位于大殿中央的穹底之下的玫瑰花结，它由7000多块马赛克地砖组成，四周围绕着一条带状装饰，两侧还有两块对称的棕叶饰装饰，与本书第77页所展示的图案相同。

在这一时期，圣像破坏运动在东罗马帝国如火如荼地进行。希沙姆宫和倭马亚清真寺中的马赛克装饰品一方面展现了当时装饰家的艺术造诣，另一方面也印证了这些作品都是为皇室服务。

今天，人们只能通过20世纪初拍摄的黑白照片来了解这座宫殿和这些精美的装饰品。通过这些照片，我们可以一窥这些马赛克装饰品种类和质量，同时可以看出这些作品都处于良好的保存条件下。

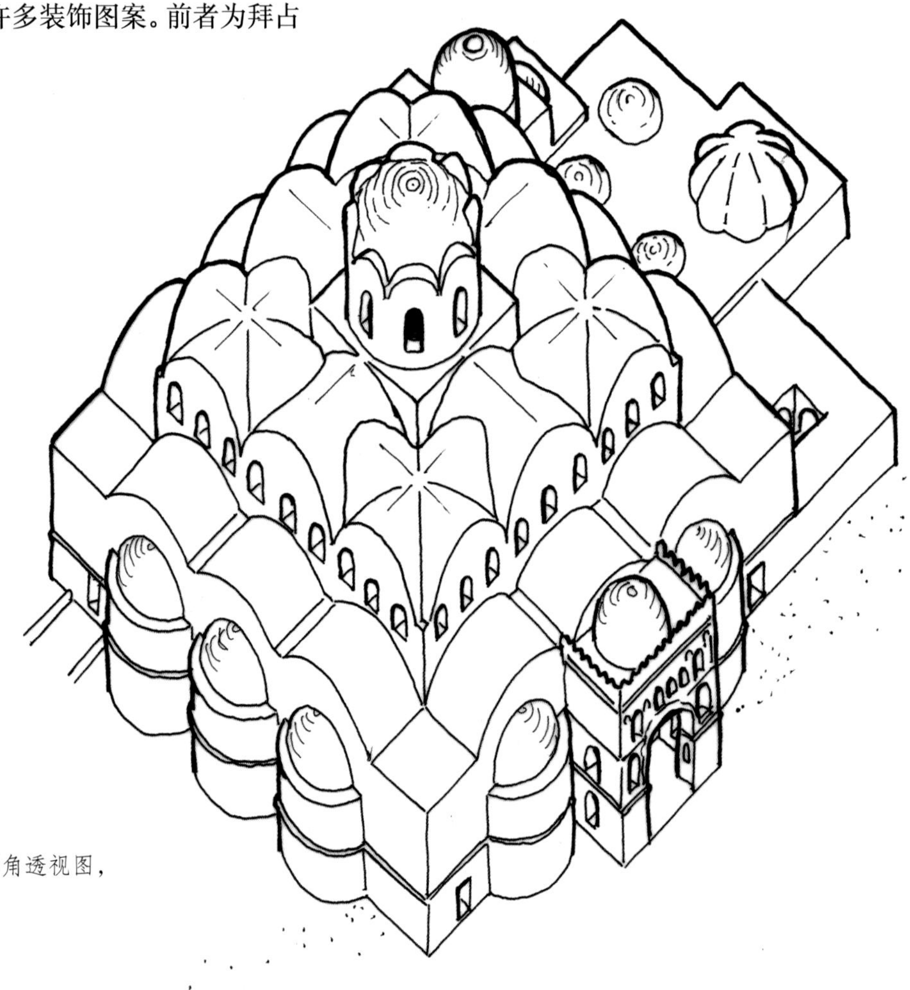

接见大厅和土耳其浴室的等角透视图，希沙姆宫（耶利哥）。

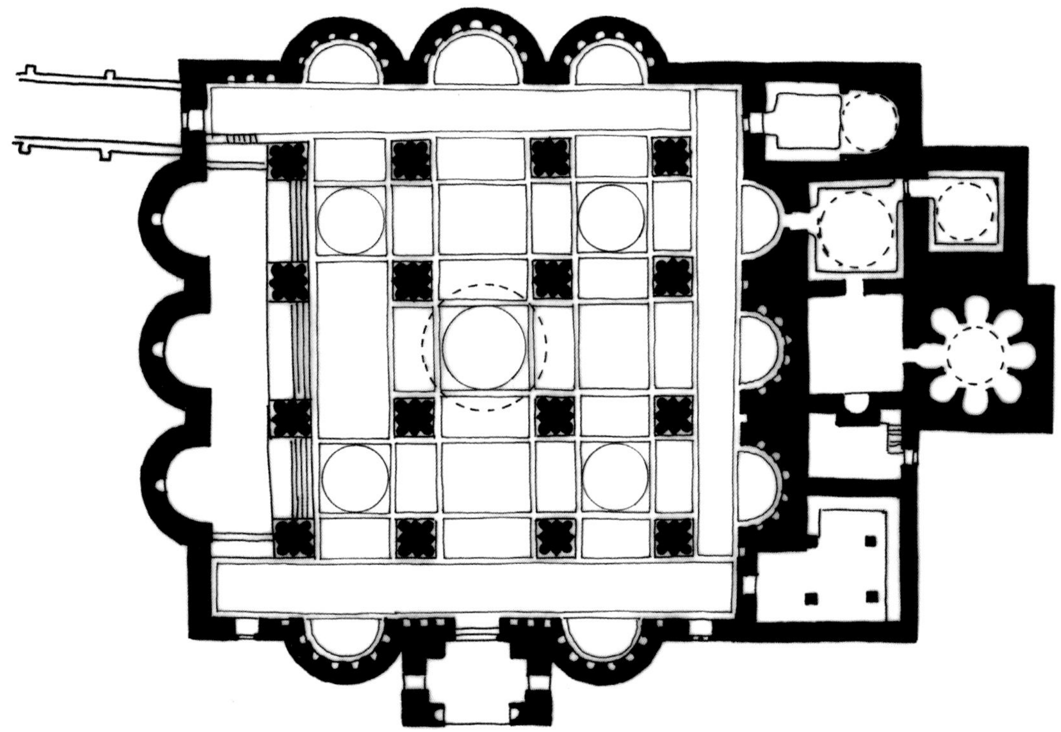

接见大厅和土耳其浴室的平面图，希沙姆宫（耶利哥）。

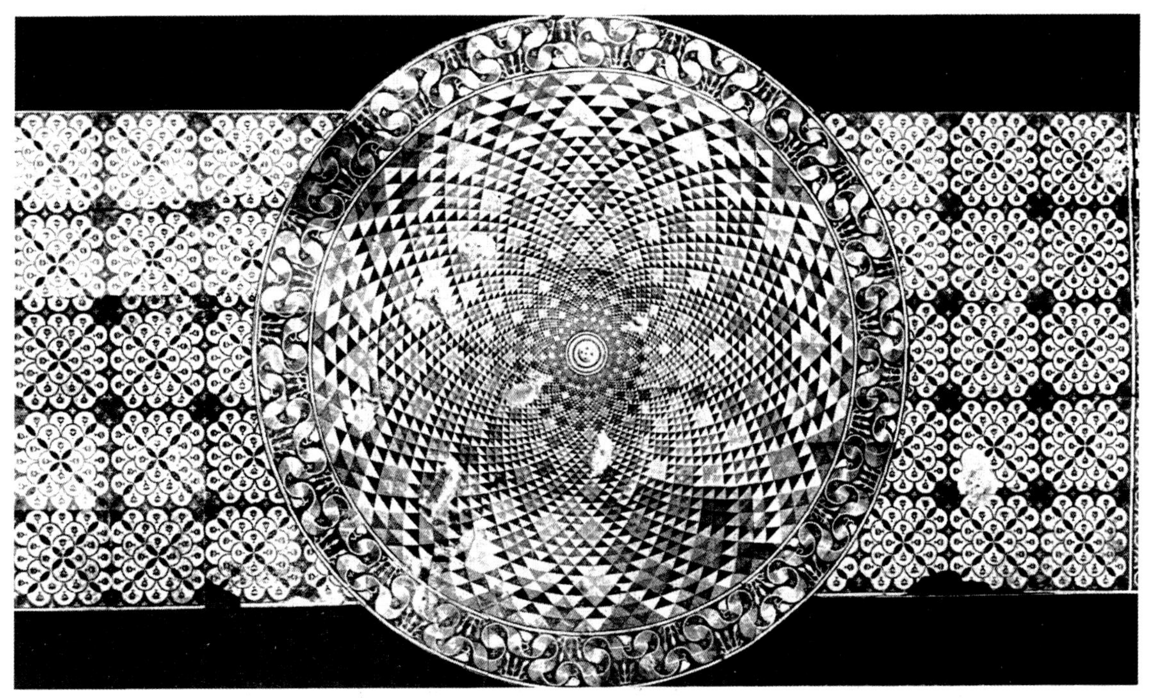

接见大厅地面上的中心图案，希沙姆宫（耶利哥）。

半圆形鳞片玫瑰花结，希沙姆宫马赛克装饰，耶利哥（约旦西河岸）。

4

5世纪至10世纪

图案装饰的蜕变

公元5世纪至10世纪，欧洲和亚洲兴建了大量精美绝伦的建筑物。建筑师不仅采用了新的修建技术，还在建筑内部布置了异常奢华的新装饰品。但是，这一时期人们对几何装饰的关注度却比前一时期有所减弱。直到公元10世纪，几何装饰才重新步入发展的道路。

几何装饰的"失宠"可能是由于当时的亚历山大学院在科技领域灵感的枯竭，随后研究方向逐渐转向哲学和神学领域所导致的。直到10世纪，巴格达大学建成，这所真正的科学学院使几何装饰得以复苏。

尽管这个时代的几何装饰作品数量并不丰富，但与之前相比，装饰图案不再是简单的重复，而展现出一些创新特色。在那些远离大都市的地区，出现了创新的萌芽，这些创意随后在西罗马帝国和东罗马帝国都得到了很好的发展。而对于几何艺术来说，这是一次蜕变和转型的过程。

西罗马帝国曾经阻碍和抑制东部国家文化的发展，因为这种文化与西罗马帝国模式很难融合。在西罗马帝国灭亡后，一种新的东方文明随之诞生了，无数新的艺术创作相继迸发。

6世纪前夕，"野蛮人"开始入侵高卢、西班牙和意大利。在5世纪末，他们在罗马制定了法律，并且试图在这座曾经光芒四射的城市中添加一些东方元素，然而最后只不过是一些废墟罢了。此前，康斯坦丁在其统治时期（306—337年）建立了"第二个罗马帝国"，起名为君士坦丁堡（今伊斯坦布尔）。这座城市位于博斯普鲁斯海峡岸边的拜占庭遗址上，是东、西罗马帝国的战略要地。

在6世纪至10世纪前期，只有东罗马帝国，或者说拜占庭帝国得以延续，其首都为君士坦丁堡，国教为基督教。大约在公元600年，东罗马帝国的国土覆盖了现在的土耳其、新月沃土国家、埃及、昔兰尼加、马格里布、意大利南部及西西里、亚得里亚海沿岸和希腊。统治阶级使用希腊语，信奉东正教。而各地区人民根据宗教不同，使用多种阿拉伯方言、阿拉米语、科普特语或者拉丁语。

波斯萨桑王朝位于拜占庭帝国的东部，3世纪时取代阿契美尼德帝国，并在6世纪时发展到顶峰。萨桑王朝的国教为琐罗亚斯德教，这一宗教对犹太教和基督教都有着不可磨灭的影响。拜占庭帝国与萨桑王朝之间展开了一场漫长的战争，最终结果是两败俱伤。

7世纪初，阿拉伯的政治和军事首领穆罕默德在当地进行伊斯兰教的布道，这一新教随着战事的蔓延得到了迅速扩张。直到公元632年，穆罕默德去世，他的继承者开启了一系列新的征途：他们首先征服了叙利亚，随后是埃及、的黎波里塔尼亚、伊拉克、伊朗，到7世纪末、8世纪初征服了马格里布和西班牙，最终于732年征服普瓦提埃，并停止了扩张的脚步。这些领土部分属于拜占庭帝国、部分属于萨桑王朝。

第一批领导人中的一位随着伊斯兰教的扩张来到了帝国的首都大马士革，并在这里建立了倭马亚王朝。该王朝于748年被阿拔斯王朝取代，其势力转移到安达卢西亚地区，此时巴格达成为了新帝国的首都。然而，仅仅在两个世纪之后，这个伊斯兰帝国就分裂成一个个独立的小国家。10世纪末，有三位哈里发声称自己拥有最高的宗教权威，他们分别是巴格达的阿拔斯、科尔多瓦的倭马亚，以及开罗的法蒂玛。

拜占庭帝国在最初也提出要创造一个强有力的思想、文化和政治的机器，来复兴地中海沿岸的古罗马帝国，却最终不得不放弃。在外部侵略肆虐和内部争端四起的折磨中，拜占庭帝国仍然顽强地延续了千年之久。它的影响和遗产同时具有希腊、罗马、基督教和东部国家的特点，但最鲜明的还是西部国家的特色。

在征服开始之前，阿拉伯半岛上的游牧民族和沙漠商队在诗歌中对科技和艺术产生了兴趣。正是由于他们的好奇心，以及他们向被征服者学习的知识，使得阿拉伯迅速拥有了极高的文明程度。他们从埃及和美索不达米亚地区最有经验的农民那里学习耕作技术和灌溉技术，并把它带到其他国家。他们完善了叙利亚和波斯的古代工业，并把工业制品带往国境内经销。他们从萨桑的人们那里学习建造技术，用来修建不同样式的拱顶、拱门和穹顶，特别是错层拱顶以及珐琅彩技艺。他们还汇集并宣传了萨桑王朝的科技遗产，丰富了自己的技术经验。除了这些之外，他们还从希腊和波斯学院中学习了艺术知识。

与此同时，拜占庭帝国也在发展着自己的艺术。在这一领域，拜占庭人的荣耀集中在一些大教堂中。在这些建筑中，君士坦丁堡的圣索菲亚大教堂以及威尼斯的圣马可大教堂都是拜占庭风格建筑的集大成之作，并且也是今日极负盛名的古迹。然而，比建筑本身更精妙，更能真正展现拜占庭帝国艺术的精华所在，是建筑内部墙壁和拱顶上的装饰作品，它们或是壁画，或是马赛克，使用彩色瓷砖或者镶金玻璃。这些华丽的装饰作品都不尽相同，并且大部分都采用了形象图案。它们或是出于宗教意图，比如像拉文纳城中的装饰品；或是为了描绘历史场景；又或是临摹萨桑人民的狩猎景象、埃及人的画像，或是科普特人的艺术作品；再或是花叶、花园和森林。

伊斯兰时代初期，人们仿照拜占庭时期的艺术在首领宫殿中进行装饰，内容多是植物形象。耶路撒冷的岩石圆顶寺和大马士革的倭马亚清真寺都是如此（伊斯兰教禁止崇拜偶像，因此描绘神职人员的画像是无论如何都不合适的）。

伊斯兰早期清真寺的装饰风格十分冷清。装饰通常会在壁龛（米哈拉布）内部和教长座位处（清真寺的讲坛），前者指明伊斯兰教圣地麦加的克尔白的方向，后者则为传教者（伊玛目）专用。

总而言之，这一时代的政治精英和人民都被宗教教义主宰，这些宗教间竞争激烈、争端频繁，并伴随着内部分裂。但在这些宗教中，对神、对信众甚至是世界万物的教义都秉承着一神论：一旦承认了“信仰”和神的超验性，就会产生“圣像问题”，而那些教会的圣师就会通过禁令、教唆甚至破坏圣像的方式来巩固自己的权力（不论是在法老时代、宗教改革时期，还是1996年摧毁巴米扬大佛，“拜占庭式时期”的辩论一直持续到今天）。

在这种情况下，为了填补形象装饰的空缺、缓和图案选择的争执，一直处于弱势的几何装饰在这一时期显得出乎意料，甚至不合常理。但事实上，对于形象图案的论战并没有立刻推动几何装饰的发展，甚至除了圣像破坏较为严重的几个时期之外，形象图案和花叶图案都不及这一时期辉煌，无论是宗教建筑、民间宫殿、基督教区还是伊斯兰教区。

装饰工艺在这一时期出现了三大革新，分别是砖砌装饰、灰泥雕饰和木质装饰。在古代，这些原材料大都在建造过程中使用，没有明确的装饰用途。因为这些材料相较于石块、大理石或者马赛克瓷砖来说色泽灰暗，而且保质时间较短。然而，还是有些能工巧匠将它们运用到一些房屋和宫殿的装饰中，这些建筑的所有者喜欢变幻莫测的时尚感，并且希望通过较低的成本改变室内装潢。

从原则上讲，陶土的稳定性较强，但是砂浆接缝处较为脆弱，如果长时间受潮或者被太阳直射就会瓦解。因此，建筑表面的砖块被设计成凹凸不一的造型，不仅能构成一幅装饰图案，同时能够让接缝处不受雨水和光照的侵袭。为了完成砖砌装饰，这些波斯艺术家做的远不止如此。首先，他们烧制黏土，随后在黏土还处于柔软状态下对其进行切割和塑形，这样一来就增加了装饰的变化。这种建造和装饰手法最早出现在9世纪建立的萨曼皇陵中，位于乌兹别克斯坦的布哈拉。在之后的几个世纪中，此类装饰在伊朗和阿富汗大量涌现，展现出多变和复杂的装饰艺术。

灰泥是一种风干石灰和“填料”（沙子、大理石灰等）的混合物，起到保护内墙和外墙的作用。这种材

萨曼皇陵，布哈拉（乌兹别克斯坦），公元9世纪。

料不仅轻薄，并且易于更换。与笨重难用的石膏相比，灰泥更加柔韧，并且不易产生裂纹，同时对于湿度的变化也有更好的耐性。

灰泥的使用在波斯地区得到了证实，至少从古希腊和帕提亚时代之后，人们就开始使用这种材料涂抹粗糙的墙面和地板。其中规模最大的一处灰泥装饰位于萨迈拉城中。这座城市位于巴格达北部125km处的底格里斯河畔，公元834年由哈鲁恩·艾尔·拉希德的儿子选为阿拔斯王朝的第一个首都。然而自公元892年之后，他的继承者们将首都迁往巴格达，萨迈拉城随之结束了几十年的繁荣。这件出土于萨迈拉城的灰泥雕饰使用了两种不同的工艺：其中一种是在未干的灰泥上雕刻图案，另一种则是直接按照模具制作而成。随着伊斯兰教的扩张，无论是雕刻还是使用模具制作的灰泥雕饰都在伊斯兰国家广泛分布，并且在很长一段时间内作为基础装饰品。在摩洛哥，灰泥雕饰仍然出现在许多现代装饰品中。

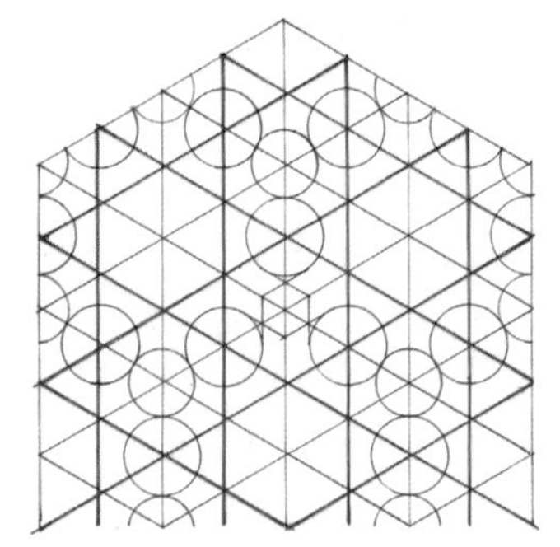

灰泥雕饰镂空壁板，西海尔堡（叙利亚），7世纪。

灰泥雕饰壁板，萨迈拉（伊拉克），9世纪。

最后要介绍的这些木制品，尤其是这些精致木器，都出自富饶的美索不达米亚地区：桃木、桑木、杏木等。这些木材不能用来制作大型木板，然而这并不是一个缺点，因为这一地区的气候较为潮湿，原木在使用前必须经过干燥处理，如果木材面积较大，则会给干燥过程带来一些问题。因此，最好的方法就是用零碎的小件木料制作装饰品。例如埃及的遮窗格栅、带有镶嵌图案的门板，以及藻井平顶都是通过这种方式修建的。

突尼斯的凯鲁万城保存着一座珍贵而又古老的精致木制讲坛，制作于公元9世纪。该讲坛属于一座阿拔斯时代的清真寺，由从印度进口的柚木建成。讲坛的台阶共有15级，宽4 m。两侧各有80幅雕刻木板，上面或是花饰或是几何图案，种类繁多，令人称奇。

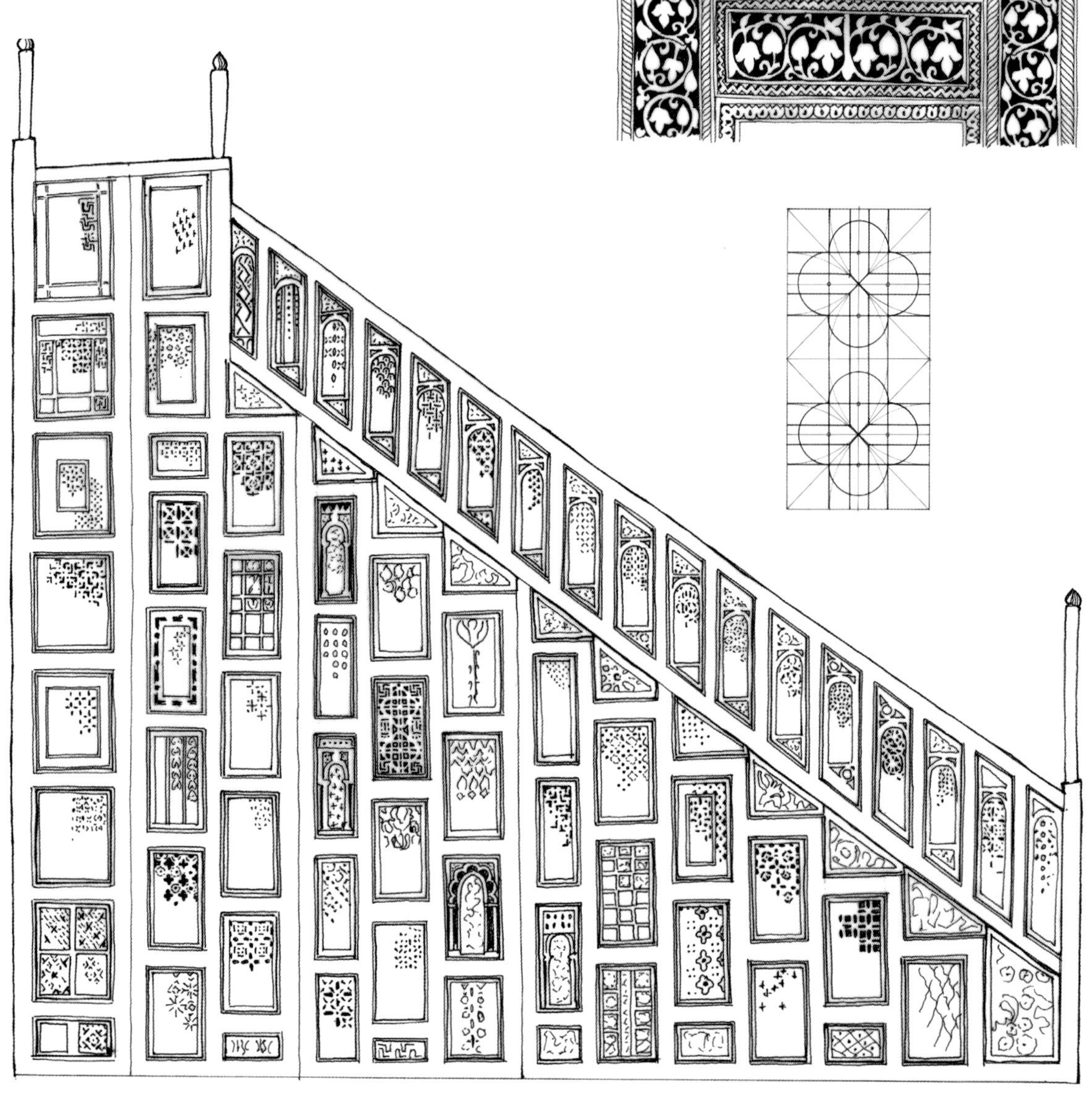

清真寺讲坛，凯鲁万城（突尼斯），总图以及一块木雕的细节图，9世纪。

正八边形和不规则八边形网格

拜占庭教堂，阿帕米亚，叙利亚

阿帕米亚城建于古希腊时代，位于叙利亚地区，4世纪开始成为重要的总教区。在5世纪和6世纪期间，许多教堂拔地而起，直到638年伊斯兰教征服此地才告一段落。在十字军东征时期，阿帕米亚成了安提阿法兰克王国的桥头堡（罗杰·德·福克斯东征归来后用自己的名字命名了这座帕米尔小镇，位于法国的阿里埃日省）。

在一座拜占庭教堂的废墟中，有一处地面仿佛被“切割”一般，上面的几何图案十分有趣，是由石灰石板以及大理石碎片组成。它表明了在500年左右的时间里，大理石的用途发生了变化。在古罗马时期人们使用整块的大理石，而之后则使用切割成小块的石料进行装饰（插图34）。

地毯装饰

摩普绥提亚，土耳其

摩普绥提亚位于土耳其东部，临近阿达纳省，在拜占庭时期地位十分重要。在一些建于5世纪和6世纪的教堂中，人们发现了许多马赛克地板，其中的几何图案令人想起类似的地毯装饰（插图35）。

圆形条纹装饰

摩普绥提亚，土耳其；阿尔马佳离，巴勒斯坦

在摩普绥提亚和阿尔马佳离遗址中，许多马赛克装饰都出自这两个地区的拜占庭教堂和希沙姆宫，装饰中的几何图案十分引人注目。图案中的圆形和弧形是这个带状装饰的独特之处，这些看似使用“圆规和角尺”绘制的图形蕴含着极高的工艺水平和复杂的设计思路，这些都是前人所不曾达到的。在古罗马时期，特别是迦太基时期，出现了许多由圆圈组成的马赛克装饰作品，然而那时的图案结构仍然比较简单。在摩普绥提亚和阿尔马佳离发现的圆形带状装饰作品分别制作于5、6世纪和8世纪初，使用的是同样的工艺。这两件作品是拜占庭时代初期人们对“几何线条”的探索成果，相比于之前的简洁和优雅，设计师更迫切地追求图案的复杂性（插图36、插图37）。

最古老的圆形组合装饰作品是一件科普特刺绣，现保存于巴黎卢浮宫。这件作品制作于4世纪或5世纪，出自埃及的基督教团之手。

从历史的角度来看，这些作品的有趣之处在于它们在接下来的几个世纪中得以延续。事实上，在六七百年的岁月中，这种圆形带状装饰品在所有西方国家的几何图案作品中都占据着显赫的地位，并在13世纪的哥特式教堂的花窗中达到顶峰。

而东方国家则没有显示出对这种几何图案的偏好，直到倭马亚王朝末期，发展了另一种类型的几何装饰。这种图案同样十分考究，然而与圆形带状装饰不同，它是由多边形组合而成的。

科普特刺绣，4世纪或5世纪，卢浮宫（巴黎）。

绳结装饰

爱尔兰

起源于东方的修道主义在西方得到了迅速的发展，并在爱尔兰起到了十分特殊的作用。事实上，由于远离罗马教廷的束缚和愚昧的思想，爱尔兰在5世纪和6世纪成了西方的修行庇护所。也正是由于这种相对的宗教独立，使得修道院和图书馆得以在此建立。

这里的修道士更加精通色彩艺术，也就是说那些来自书中的“启示”。

凯尔斯书著于公元800年左右，是爱尔兰和苏格兰修道院在6世纪和9世纪之间代表作合集的手抄本，其中就包括《达罗书》（7世纪）、《达勒姆福音》和《林迪斯福音》（8世纪）。在这些作品中，人们插入了许多彩色装饰和小型装饰绘画，甚至一整页都是装饰图案。其中纯粹的几何图案较少，但总而言之，创作的自由度还是非常之高的。并且我们通常都会找到设计者必须绘制的底层几何轮廓。

这些图案是圆形条纹装饰发展的里程碑，秉承之前的传统，并一直发展到文艺复兴时期。达·芬奇（1452—1519年）和同一时代的阿尔布雷希特·丢勒（1471—1528年）对当时的工匠提出了一些不同的样式（插图38、插图39）。

达·芬奇和阿尔布雷希特·丢勒的条纹装饰，16世纪。

正八边形和不规则八边形网格

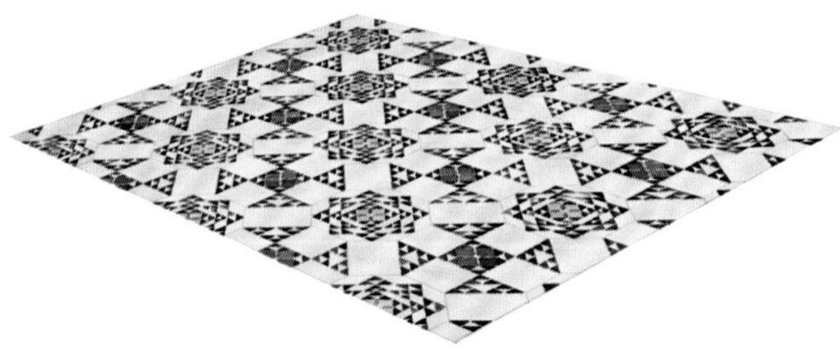

图案建立在一张由正八边形和不规则八边形组成的网格中。这两种图形中间的空隙部分为矩形，其边长就是正八边形的边长。连接不规则八边形相对的顶点。

将之前分割不规则八边形得到的直角三角形和正方形再次分割。同时连接正八边形各边的中点，并一直重复此操作。

阿帕米亚拜占庭教堂的地面（叙利亚）

地毯装饰

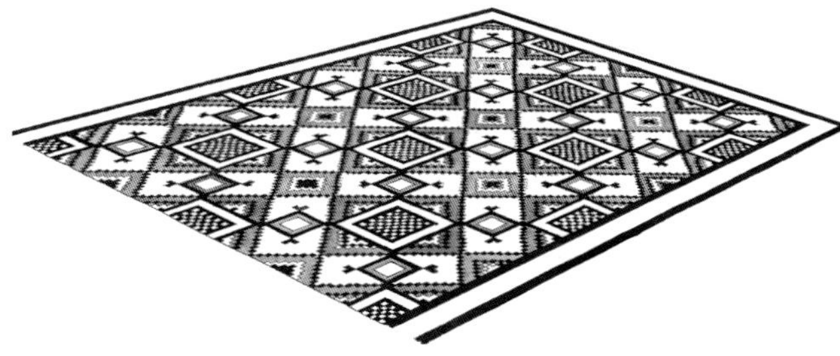

在一张方形网格中（红色）按照要求选取线条，并连接相应顶点。

在线条上布满黑色的点，然后在不同的网格内绘制棋盘格图案，就能得到这样一幅马赛克装饰图案。

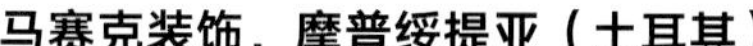

马赛克装饰，摩普绥提亚（土耳其）

圆形条纹装饰

图案建立在一个正方形内部。

首先将正方形内的圆十六等分，之后从圆心出发画16条射线（红色）。

将射线与圆的交点每隔5个相连，就能得到一个八角星（蓝色）。

绘制一个八边形，其边经过八角星外部交点，再画出此八边形的外切圆（蓝色）。

以八边形内部的小八角星的外部交点为圆心，画8个与大圆等分线相切的小圆（红色）。

以小八角形顶点为圆心，同等半径再画8个圆（红色）。

每2个圆之间的空隙部分呈杏仁形或“椭圆形”：其中心是八边形外切圆与大八角形边的交点。

再画出与大圆等分线相切的圆弧（红色）。

以圆弧交点为圆心，再绘制8个相同半径的圆（红色）。

最后按照要求选取相应的弧线。

马赛克装饰，摩普绥提亚（土耳其）

圆形条纹装饰

将外围的圆（圆1，黑色）十六等分并画出等分线（红色）。
选取圆1半径的三等分点，画出半径的垂线并延长，直到2条垂线相交。用此方法画出一个八边形，其边长为圆1半径的垂线，并绘制此八边形的外切圆（红色）。
以八边形顶点为圆心，绘制8个内切于圆1的圆形，同时，这些圆（圆2，蓝色）与圆1的等分线相切。
以圆2和圆1等分线的交点为圆心，画8个同样与等分线相切的圆（圆3，蓝色）。
以八边形外切圆与圆1等分线的交点为圆心画圆（圆4），与圆3相切。
以八边形顶角为圆心画8个小圆（圆5），与圆3、圆4同时相切。
按图案所示，以圆4和圆1等分线交点为圆心，以圆2半径为半径画弧。
最后绘制中心的星形图案。
为了得到最终的图案，首先将所有圆的半径都以相同的比例缩小，以便在圆与圆的切点处绘制小圆环，并保证其宽度与圆圈宽度相同。

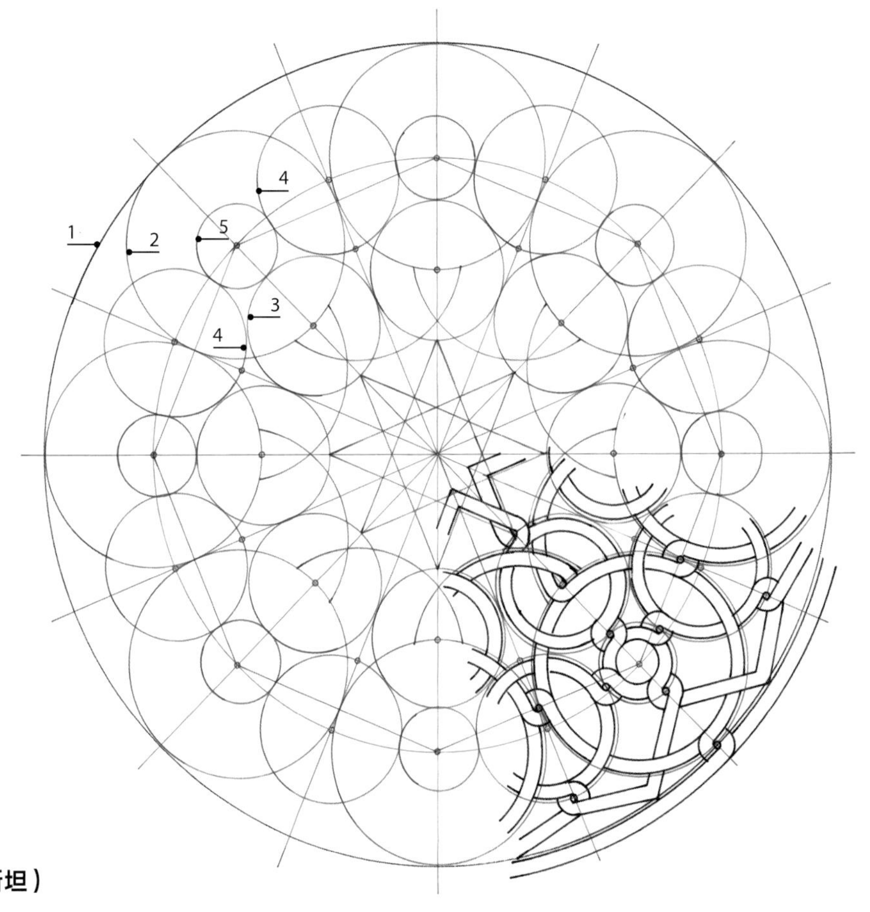

马赛克装饰，阿尔马佳离（巴勒斯坦）

绳结装饰

图1、图2：爱尔兰石碑。

图3、图4：凯尔斯书。

彩色装饰和凯尔特石碑（爱尔兰）

绳结装饰

图5：《达罗书》（手稿192页装饰图案；背面）。

5

这些图案都是在几何网格中绘制的，如二十四等分的圆、八角星、正三角形、结构复杂的圆形、六边形，这些绳结装饰是通过连接几何网格上的点或者在这些点上“打结”，或者直接沿着几何网格的轮廓绘制而成的。

图4细节：

蓝色部分建立在一个正方形的内切圆中。首先以圆的水平线和垂直半径的中点为圆心画4个圆，其半径为大圆半径的一半。

红色部分：以正方形顶点为中心画4条弧线，其半径与正方形内切圆半径相同。

绘制一个与这4条弧线相切的圆，并画出圆的外切正方形。

以小正方的顶点为中心画圆，这些圆与最初的大圆相切，同时与大圆的横纵半径相切。

最后以小正方形的上下两边为直径画2个圆。

按照第二张图示选择需要的线条，并参照第三张图适当加粗线条。

彩色装饰和凯尔特石碑（爱尔兰）

环状装饰

圣索菲亚大教堂，伊兹尼克，土耳其

位于安纳托利亚的伊兹尼克市因14世纪至17世纪制作的精美陶瓷而闻名，同时也因两次“尼西亚会议”而闻名，第一次于325年召开，第二次于787年举行。第一场会议讨论基督父子“同质还是异质”的问题，第二场会议讨论的是“破坏圣像”问题，此次会议于6世纪建立的圣索菲亚大教堂召开（索菲亚代表智慧），其建筑模仿了君士坦丁堡的圣索菲亚大教堂。教堂地面上铺有极其精美的马赛克地板，但在之后的扩建工程中被掩埋，于1955年重新发现。

装饰中央的图案是大理石质地的环状条纹装饰，环形图案的周围布满了简单而多样的几何图案，而圆环内部则由斑岩和蛇纹岩填充（插图40、插图41、插图42）。

斑岩产自埃及的偏远地区，是一种质地紧密的火山岩，呈暗红色，并混有一些白色小颗粒晶体；而蛇纹岩则呈墨绿色，产于希腊斯巴达附近，是拜占庭建筑中装饰品的首选原料之一。这两种颜色十分协调，人们经常一起使用。斑岩有卓越的硬度和色彩，再加上皇家的青睐，在罗马时代之后它就蒙上了一层神话色彩，拜占庭时期甚至将斑岩矿场开采殆尽，来满足难以想象的建造需求。斑岩的魅力从未消失。在古代和中世纪的遗迹中就有大量使用斑岩的证据。而今天，我们在许多地方都能找到它的身影，无论是文艺复兴时期的意大利教堂，还是巴黎的拿破仑墓，又或者是其他时代的作品。卢浮宫为这些物品提供了整整一间展馆。

玫瑰花结装饰

叙利亚，埃及，突尼斯，土耳其

在幼发拉底河沿途的丝绸之路上，连通河流和地中海的最短线路需要经过阿勒颇和安提阿（今天的安塔基亚）。今天，这两座古城所在的地区人口稀少，没有道路连通。然而在1世纪到7世纪期间，这里曾经有700多座村庄，这里的住宅、旅馆、浴场、教堂、女子修道院和隐修院（圣西蒙曾经在这里从一根柱子旁走过）组成了一组风格简单、令人惊叹的建筑群。然而建筑中的装潢和布景十分有限，通常只出现在宗教建筑的门楣和拱形结构处。其中，几何图案造型十分简单，通常为基督名字（或符号）的花体字，或者是变化多样的小玫瑰图案。

在其他基督教地区也出现过类似的玫瑰花结装饰，比如说4世纪时的高加索南部地区。同样还有土耳其东北部的阿尔特温地区，这座城市靠近如今的格鲁吉亚，城中的一座中世纪教堂中有许多不同的几何装饰，其中就有一幅雕刻而成的玫瑰花结图案。图案中绘有交织的折线，整个图案布局较为复杂（插图43、插图44）。

在门楣上雕刻玫瑰花结的传统一直延续到16世纪的开罗、17世纪的突尼斯和18世纪的大马士革。人们对于这种图案的喜爱一直延续到今天：互联网上有许多专门介绍这种图案的网页。

刻有玫瑰花结浮雕的拱廊，Kafr Nabo镇的教堂，叙利亚，6世纪。

环状装饰

圣索菲亚大教堂地板，伊兹尼克（土耳其），细节图

环状装饰

伊兹尼克圣索菲亚大教堂地板的整体设计布局，插图40为细节图。

如插图41所示，圣索菲亚大教堂地板的整体设计布局具有鲜明的拜占庭风格。图案构建在几何图形的网格中。这些几何线条的作用并不是为了划分不同区域，而是以线条的交点为圆心画圆。这些圆的排列方式最终组成一幅条纹装饰图案。

确切地说，这幅来自伊兹尼克的装饰图案建立在一个正方形内部（黑色），并标记出对角线、垂直平分线、4条边的中点连线以及内切圆。圆的4条切线与正方形的边长组成一个八边形，其顶点两两相连。所有这些线条组成了一个几何图形网格（蓝色）。

图案中心的8个圆（红色）与网格相切，圆心位于网格的交点上。另外4个半径相同的圆位于四角。最后在这些圆的间隙处插入一些小圆，以绘制连接这些圆的环状图案。

圣索菲亚大教堂，伊兹尼克（土耳其）

环状图案间的填充

在插图42中，宽大的白色大理石带组成了条纹装饰图案，同时还限定了周围的区域，其中填充了一些几何图案。除了绿色蛇纹岩四周红黑相间的网格之外，装饰中用到的其他几何图案为如下几种。

1.画出一个圆的内切和外切正方形（图形中央），随后将2个正方形的边延长，我们就可以确定第一个正交网格的水平和垂直带宽度（红色）。2条带的相交处形成了一个小正方形，其对角线确定了第二个正交网格（蓝色）。由于第二张网格相较于第一张倾斜了45°，因此带宽要更长一些。

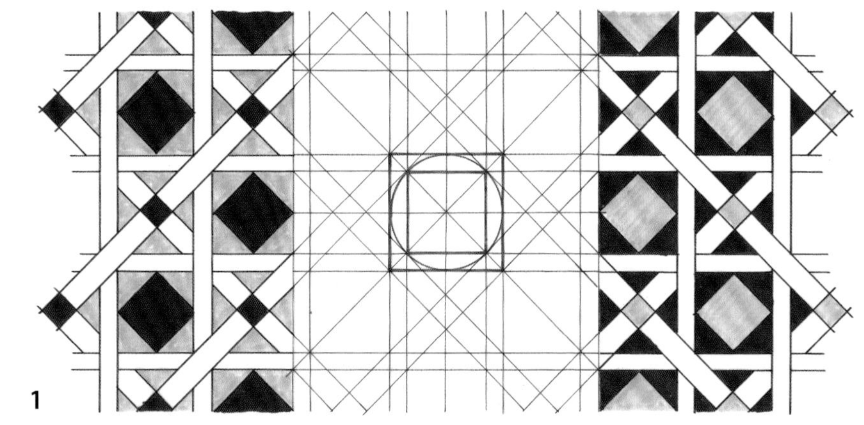

1

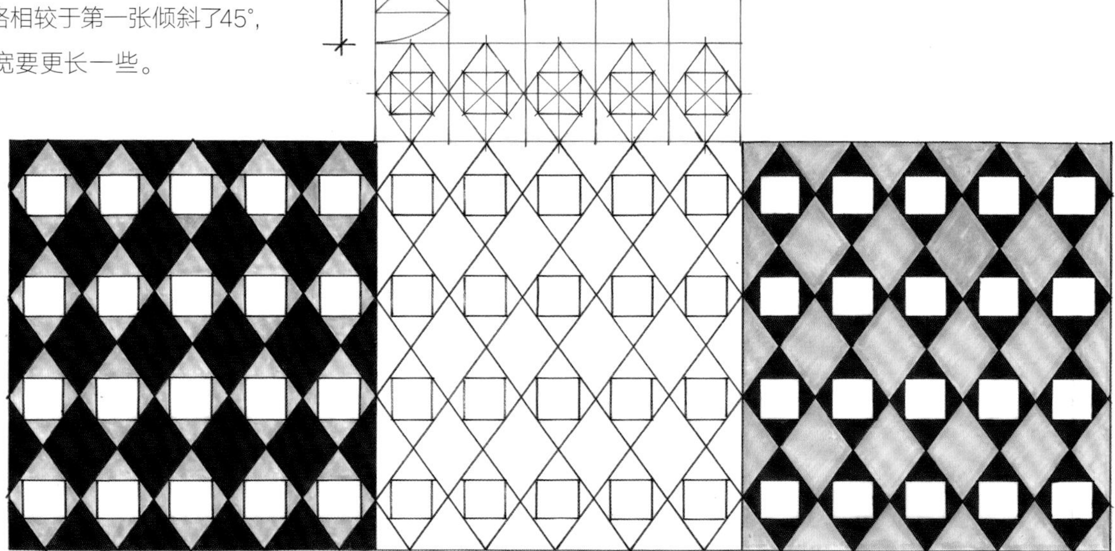

2

2.第二幅图案建立在一张矩形网格中，网格的长宽比为5:7或7:10。这个比例是取其长建立一个正方形网格，随后取网格对角线长度为宽后得到的。

连接网格边上的中点，得到一个菱形网格。之后在网格中绘制正方形。

和上一个图案相同，这幅装饰图案中的图形也是重复的，只是用颜色区分开。通过这种方法，我们就得到了两种看起来不同但又非常协调的图案。

3.第三个填充装饰图案十分传统，采用了四叶玫瑰花结：在正方形方格中，以正方形部分顶点为圆心，边长为半径的圆确定了最终的玫瑰花结图案。空隙部分由一组小正方形填充。

3

圣索菲亚大教堂，伊兹尼克（土耳其）

玫瑰花结图案

门梁上的雕刻玫瑰图案

图1——叙利亚（5—6世纪）

外围的圆被等分成需要的部分，此处为48份。以切点为圆心、大圆半径为半径画圆弧，最后只取大圆圆心到圆上的部分。

图2——叙利亚（5—6世纪）

结构和上一个图案相同，只不过圆弧是从两个方向绘制的。

图3——叙利亚（5—6世纪）

内圆的半径是外圆的一半。

两圆之间的部分被二十等分。

将外圆上的切点每隔4个连接起来，内圆同理，但只绘制连线向外延伸的部分。

随后将内圆十六等分，将圆上的切点每隔4个连接起来。

图4——开罗（16世纪）

将圆十二等分。

绘制出圆的内切八角形，随后以其凹顶点为圆心，画出内切于分割线的圆弧。

带的宽度是圆弧与大圆之间距离的一半。

图5——突尼斯（17世纪）

将圆二十四等分。

将圆上的一半切点每隔9个连接起来，另一半每隔8个连接起来。

浮雕玫瑰花结装饰：叙利亚、埃及、突尼斯

玫瑰花结图案

红色部分：将外圆八等分，将圆上切点每隔2个连接起来，得到一个正八角星。

蓝色部分：将之前的8个部分再平分成2份，此时圆被十六等分。

将其余8个切点每隔4个相连，得到第二个八角星，其形状与第一个不同。

在圆的水平和垂直直径，取圆心到第二个八角星凹顶点的线段，并将其七等分。

由此得到整个图案中带的宽度和绳结的中心。

教堂墙面上的玫瑰花结浮雕，阿尔特温（土耳其）

八角星网格中的条纹装饰图案

九穹顶清真寺，巴尔赫，阿富汗

今天，在阿富汗北部的绿洲中，靠近马扎里沙里夫的地方坐落着一个小镇，名为巴尔赫。以前，这里曾是知识的中心和文明的温室。公元6世纪时，罗亚斯德曾来此布道；公元329年，亚历山大大帝与罗克珊公主成婚；古希腊的后代在这里皈依佛教；这一时期有中国人来到此地朝圣；公元663年，阿拉伯人成为这里的霸主；1207年，伊斯兰最伟大的神秘主义诗人贾拉尔丁·鲁米在这里出生。巴尔赫于1210年莫高尔王朝时期被摧毁，随后，马可波罗和摩洛哥旅行家伊本·白图泰分别于1275年和1333年到访此地，古城早已是一片废墟。

九穹顶清真寺在9世纪时建立。寺庙的平面图呈正方形（20 m×20 m），采用砖块搭建，建筑包括九个穹顶，每个穹顶都由直径为1.5 m的石柱支撑。石柱和屋顶之间的拱梁虽然已经坍塌，但是上面变化多样的精美浮雕仍旧可见。大多数装饰都由几何网格和植物图案组成，是拜占庭装饰风格的延续。然而，其中一些装饰图，如插图45和插图46所示，以几何条纹装饰图案为主，而花叶造型仅仅是为了填补图案中的空缺部分。

随后，这种图案的运用更加普遍，直到成为几何装饰图案的重要分支，并且克服、解决了几何构造的许多难题。

这座建筑中的装饰图案已经没有了颜料的痕迹。但有许多证据显示这一时代的灰泥雕饰使用了红色和蓝色颜料，其中萨迈拉和尼沙布尔的建筑尤为典型。如今，许多欧洲和美洲的博物馆都收藏了这种类型的装饰作品，并且人们还发现这两种颜色早在古希腊时期的建筑中就已经被使用了。

上楣处的红蓝灰泥雕饰，尼沙布尔，10世纪（残片收藏于巴黎卢浮宫）。

九穹顶清真寺中殿透视图，巴尔赫（阿富汗），9世纪。

正方形和三角形组合网格中的装饰图案

伊本图伦清真寺，埃及开罗

伊本图伦清真寺是埃及最古老的伊斯兰教建筑，同时也是开罗最古老、最大的清真寺，并且保持着最初的样貌。公元9世纪末，埃及的一位哈里发（伊斯兰阿拉伯政权元首的称谓）艾哈迈德·本·图伦下令修建这座清真寺。根据记载，清真寺于伊斯兰历265年修建完成，相当于公元879年。建筑内部有一圈围墙，内部的花园中央是一座小型陵墓。陵墓的其中三面为门廊，第四面为祈祷室。清真寺宏伟的规模和简约的设计给人留下了深刻的印象。建筑内唯一的装饰位于拱腹面，按照阿拔斯的习俗，这些装饰采用灰泥雕刻和凿刻的方式制作。拜占庭图案、曲线图案与新的直线图案交织在一起（插图47、插图48）。

伊本图伦清真寺，门廊内径。

站在这样一座建筑当中，一种庄严肃穆的感觉油然而生，很难想象如果这些墙壁被染上红色和蓝色之后会是怎样一番景象。然而，我们可以借助科技进行重建，以完成这种设想。

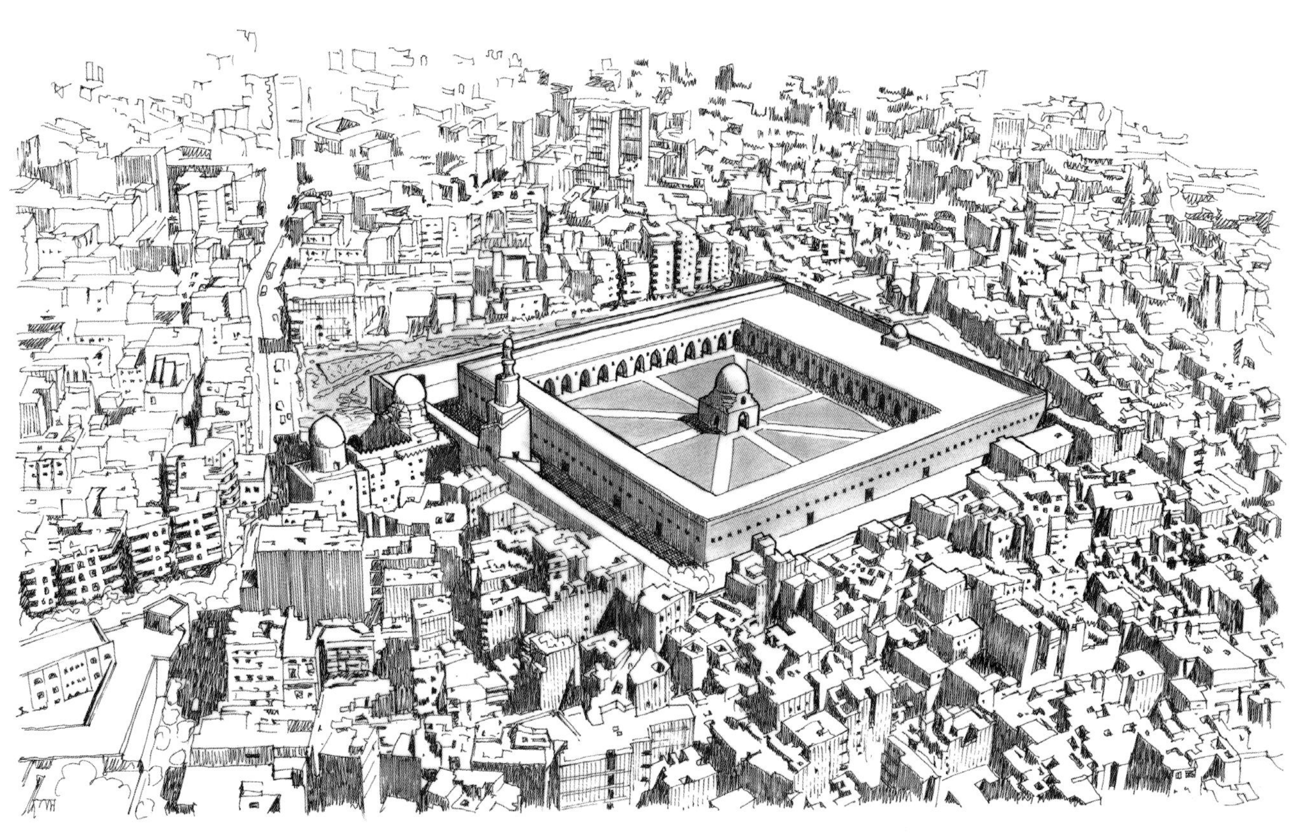

伊本图伦清真寺及周围的城市面貌，开罗（埃及），9世纪。

八角星条纹装饰

彩色装饰还原图

八角星中花叶图案的变化

这幅装饰图案建立在八角星网格当中，每2个八角星交于一点。每4个八角星中间留有一块十字空间，包含4个顶角。

我们可以在正方形网格中绘制这幅图案（红色）。

以网格定点为中心、边长的一半为半径画弧。弧与网格的交点穿过黑色的线条，这些线条与水平线的夹角为45°。

最后按照图案所示选择相应的线条。

拱腹面的灰泥雕刻图案，巴尔赫（阿富汗），9世纪

八角星条纹装饰

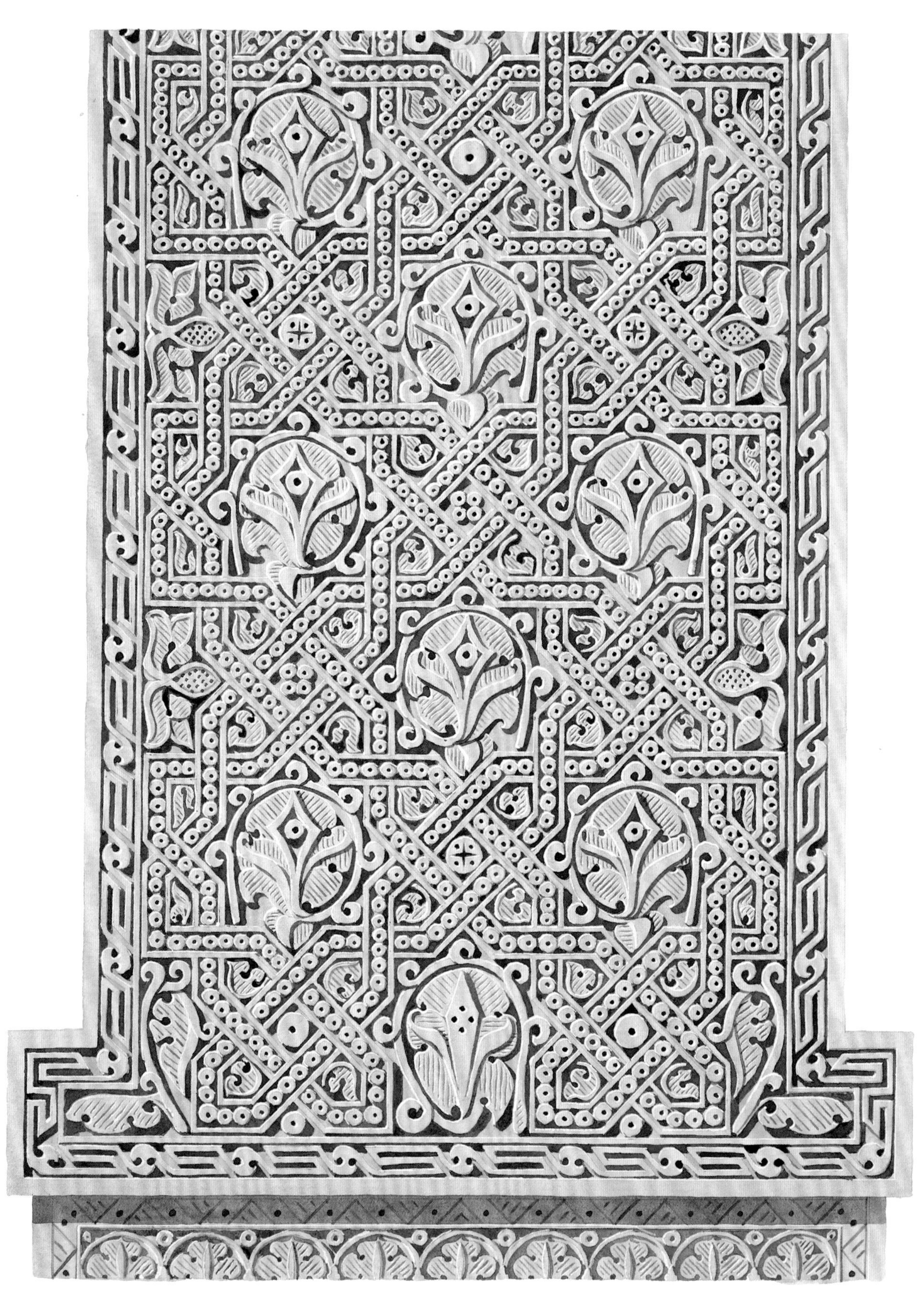

拱腹面的灰泥雕刻图案，巴尔赫（阿富汗），9世纪

正方形和三角形组合网格中的装饰图案

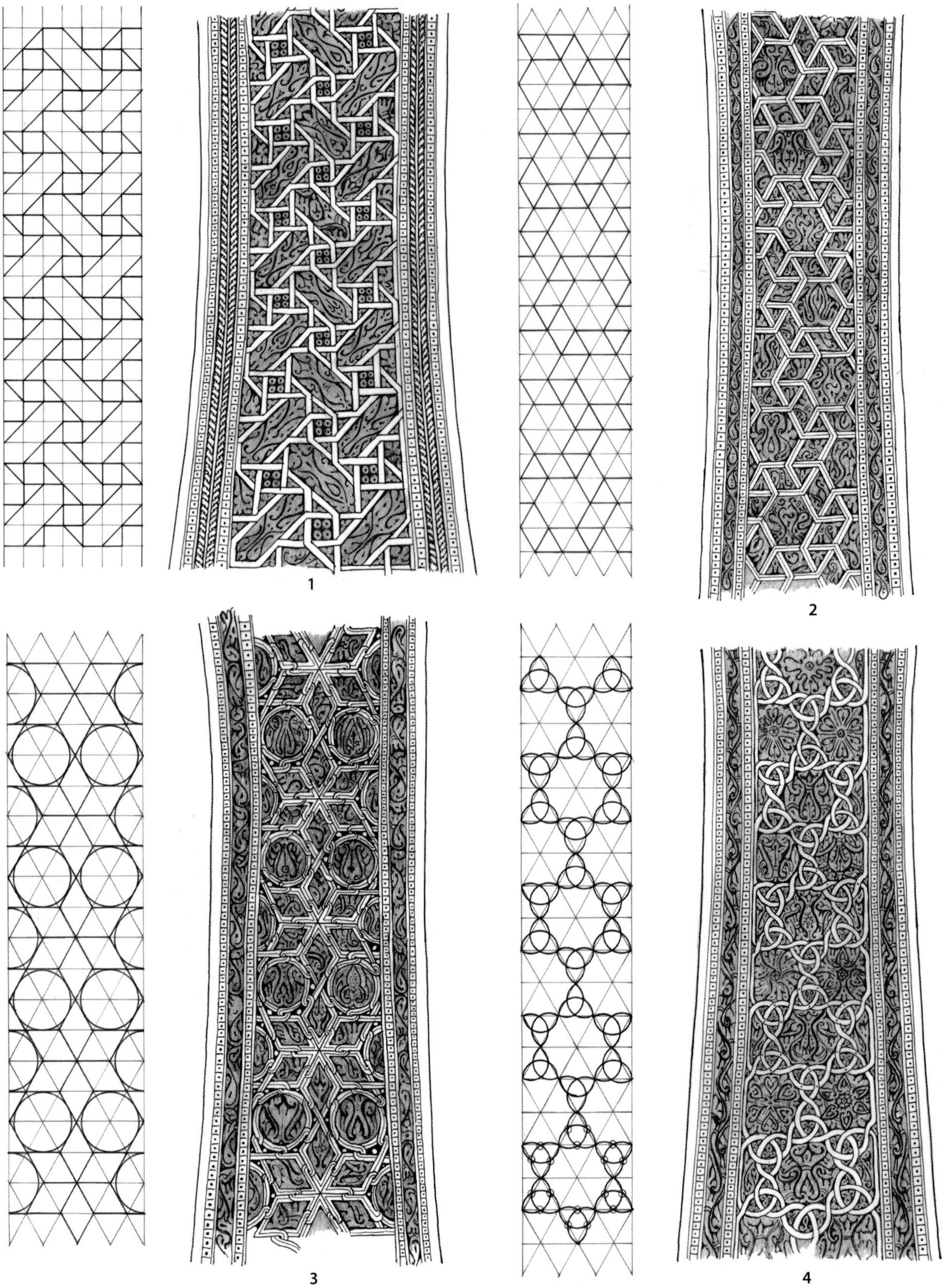

1

2

3

4

图1: 图案建立在正方形网格中, 取部分网格的对角线作为图案线条。

图2、图3、图4: 图案建立在正三角形网格中; 图4中, 弧的中心为三角形边长的中点。

拱腹面的灰泥雕刻图案，巴尔赫（阿富汗），9世纪

正方形和三角形组合网格中的装饰图案

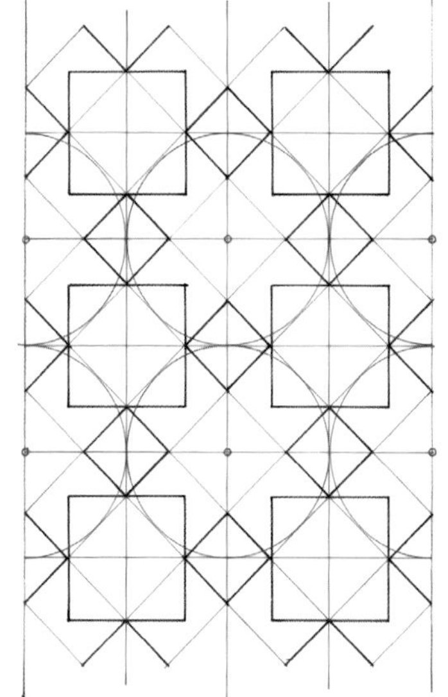

图案建立在正方形网格中，图中圆形的半径为网格边长（红色）。

这些圆的切线构成一组小正方形（蓝色），同时也确定了大正方形的位置（黑色）。

拱腹面的灰泥雕刻图案，巴尔赫（阿富汗），9世纪

5

11世纪至14世纪

几何装饰百花齐放

几何装饰在公元5世纪前一直被广泛使用，在随后的500年内经历了一段低迷期，随后在10世纪复苏并飞速发展，到15世纪走向鼎盛。在这一时期，几何图案的变化更加多样，西欧、地中海沿岸以及中亚都有作品产出。

从10世纪的作品中，人们发现几何装饰的两大分支出现：一种为“圆规几何图案”，在君士坦丁堡周边发展；另一种为“角尺几何图案”，在巴格达、开罗和科尔多瓦附近兴盛。11世纪至13世纪期间，这两种装饰类型都得到了惊人的发展。第一种拜占庭类型的装饰图案在13世纪和14世纪修建的哥特式建筑中达到鼎盛，随后在文艺复兴时期销声匿迹。第二种西方类型的装饰图案经受住了文艺复兴的考验，在爆炸式的艺术革命时期留存了下来。在此期间，在一些东部地区，几何装饰的主题和图案在很长一段时间内被系统化、固定化、重复化束缚。然而在另一方，例如马格里布、埃及和波斯地区，几何装饰图案保持着发展的活力，并且在极为复杂的图案基础上不断追求规模的扩大，同时还具有鲜明的地域特色，最终于15世纪至17世纪达到顶峰。

这一时期，几何艺术分为两大派别，人们尝试用东方和西方对其进行区分，而更传统的说法是将其分为基督教派和伊斯兰教派，即使13世纪的伊斯兰世界中大多数人并不是伊斯兰教徒。

不言而喻，这两股潮流并非以完全孤立和独立的方式发展。它们以或激烈或温和的方式进行了几次碰撞或接触：分别由西班牙的雷孔基斯塔教区、诺曼底王朝统治下的西西里、朝圣和十字军东征发起，也可能由威尼斯商人或者由丝绸之路上的商贸队发起。这一时期的丝绸之路比以往延伸得更远，从地中海地区一直到印度和中国。从地理角度看，地中海为“陆间海”，因此船只的航线都是从一个港口到另一个港口，并且向着由草原组成的第二片“海洋”向东航行。穿越这片海洋需要依靠沙漠驼队和驿站，它们就如同海洋中的船只和港口。由于商贸往来频繁，丝绸之路沿线的驿站和小客栈不足以满足需求，修建真正的旅馆设施成了必要。

在中国和西班牙地域广阔、竞争激烈的商贸网络周边，出现了五种文明：西方基督教文明、拜占庭帝国文明、伊斯兰教文明、印度文明和中国文明。

11世纪的拜占庭帝国在经济、政治和军事方面都十分衰弱。国王拒绝服从罗马教皇，导致1054年天主教教会与东正教教会分裂。但直到十字军于1204年占领君士坦丁堡并掠夺财宝之前，拜占庭帝国的社会环境一直非常利于知识、科技和艺术的发展。

这一时期的伊斯兰世界仍处于分裂状态，由许多王朝统治：塞尔柱帝国、法蒂玛帝国和阿尔莫拉维德帝国。

塞尔柱帝国起源于咸海地区的一个土耳其部落，10世纪时开始信奉伊斯兰教，并于1055年征服巴格达，为阿拔斯王朝的统治画上了句号。11世纪末，塞尔柱帝国的疆域延伸到波斯湾和地中海沿岸，包括土耳其、叙利亚、伊拉克、伊朗和今天的土库曼斯坦。国王设立伊斯法罕为首都，使用波斯语进行统治，资助文学领域的发展，同时还保护巴格达大学（bayt al-Hickma，意为“智慧馆”），这所大学由哈里发马蒙于9世纪建立，随后于1254年被入侵的蒙古大军摧毁。学校由一些杰出人士管理，成了当时科技、教育、翻译和出版的中心，其影响力不亚于亚历山大学院。

法蒂玛人来自阿尔及利亚的卡比利亚地区，他们先建立了阿拔斯政权，随后于10世纪末征服埃及，并建设了开罗。帝国扩张的脚步一直延伸到叙利亚、马耳他和西西里。法蒂玛帝国的政府成员中有归顺的伊斯兰教徒、犹太教徒和基督教徒。他们在开罗建立了另一座“智慧馆”。最终，在法兰克王国的铁蹄下，法蒂玛帝国于公元12世纪灭亡。

第三个帝国也位于西班牙的科尔多瓦，于10世纪获得独立。第一位领导者，也就是“信徒的指挥官”，拥有绝对的权力和力量，他赞助并聚集了大量艺术家和学者，他们的作品使皇家庭院更加熠熠生辉。多语言人才和民族融合推动了国家文化的发展。然而帝国在11世纪初分裂，基督教国王卡斯蒂耶于1085年征服托莱多。他保留了一座声誉极佳的翻译中心，同时将这座城市建立成了三大宗教的集会场所。阿尔莫拉维德人起源于摩洛哥南部的一个部落，曾统治过马格里布的一部分地区，其首都为特莱姆森；他们也曾寻求西班牙的阿拉伯王子的帮助，共同征服了伊斯兰统治下的伊比利亚半岛（安达卢西亚）。阿尔莫拉维德王朝于1145年被阿尔莫哈德王朝取代（词源上是“赞美上帝独特性的那些人”），其权力具有救世和军事性质。然而帝国的官员却人才辈出，比如伊本·路世德，他的拉丁名字阿威罗伊更为人熟知。

13世纪时，整个伊斯兰世界的东部地区被成吉思汗及其继承者纳入蒙古帝国的版图：在统治了大半个中国之后，蒙古帝国在1220年又征服了撒马尔罕、布哈拉，以及一部分伊朗国土，1238年征服莫斯科，1241年抵达维也纳附近，1243年统治安纳托利亚，1258年征服巴格达，1260年征服阿勒颇和大马士革。战争对于被打败的人是残酷的，但是蒙古人十分关照这些战败国家的人民。这些人民服从命令，并且在很长一段时间内维持了殖民地的和平。蒙古帝国统治的时代同时也是科技的大发现时代，领导者致力于发展大众文化而不是精英文化，艺术领域也重新回到历史的舞台。

拉丁世界和伊斯兰世界都在这一时期分裂，前者由或大或小的国家组成，例如法兰西王国和卡斯蒂利亚王国，甚至是威尼斯共和国这样的城市。在基督教教会的领导下，教皇希望所有教徒都归顺，其中也包括国王。

公元1095年，拜占庭帝国寻求拉丁人的帮助，以夺回被塞尔柱人占领的东部领土。他们只是寻求简单的军事支持，丝毫不涉及宗教层面。十字军于1099年占领耶路撒冷。在此之前，这座城市几经易主：629年由拜占庭统治，638年成为阿拉伯领地，1071年由塞尔柱人统治，1098年又成为法蒂玛帝国的领土。1187年萨拉丁从十字军手中夺走耶路撒冷的统治权，1229年交由神圣罗马帝国统治，1516年又成为土耳其人的领土。

诺曼人是维京人的后裔，来自斯堪的纳维亚半岛。该部落于9世纪时攻占了法国的沿海地区，10世纪和11世纪一直居住在法国诺曼底，随后于1066年征服英格兰。在整个11世纪，诺曼人陆续迁往意大利南部。在12世纪初，这些维京人的后裔又从撒拉逊人手中夺取了西西里和马耳他的统治权。他们在此建立了一种原始的行政管理模式：在这个国家当中人们享有极大的宗教自由，行政机构当中天主教徒、东正教徒、伊斯兰教徒和犹太教徒并存，与诺曼贵族共同治理国家。一些诺曼人参与了“收复”西班牙的战争，另一些人参与了十字军圣战，我们甚至在拜占庭疆域的边界都能找到诺曼人雇佣兵的身影。诺曼人的西西里帝国先后与神圣罗马帝国的霍恩斯陶芬以及安茹伯爵缔结条约，最终被并入阿拉贡帝国。西西里王国推动了不同文化的发展，是历史文明的瑰宝，能与之相提并论的恐怕只有安达卢西亚了。

西西里和西班牙作为两大知识中心，在西方的发展中扮演了非常重要的地位。受到12世纪民主、经济和政治空前繁荣以及教会改革的影响，中世纪的文化领域开启了一次真正意义上的复兴时期。修道院重新变为冥想和修炼的中心，城市中的非宗教学校繁荣发展，尤其是在巴黎、沙特尔和波伦亚这三座城市。在这些地方，新的科学想法不断迸发，尤其是在算数、几何和天文领域发展迅速。同时，罗曼风格的艺术和建筑在这一时期达到顶峰，哥特式风格也开始崭露头角。这种建筑风格的演变开始于12世纪的法兰西岛，随后于13世纪在整个欧洲北部蔓延开来。这一演变带来了一种全新的建筑工艺，其中对几何图案的使用可谓无处不在。这一阶段的几何艺术发展建立在对数学知识的探索和传播，与另一历史时期十分相似，达到的水平也是之后难以企及的。

从技术角度来看，10世纪到15世纪这一阶段中，人们仍然能够找到拜占庭风格影响下的马赛克装饰品，之后出现的罗曼式和哥特式装饰元素大多为石头、玻璃和颜料。不同地区的发展方向也不尽相同，波斯人继续沿用灰泥雕饰，而埃及和叙利亚则转而发展细木工艺和木雕艺术。

技艺精湛的砖砌装饰是塞尔柱帝国的特征之一，也出现在一些陶瓷文物的表面。这种工艺十分古老，甚至可以追溯到公元前6世纪的巴比伦地区，随后在经历了1500多年的沉寂之后，再次出现是在13世纪的安纳托利亚地区。最初，这些砖块只被嵌入陶瓷表面的局部区域，随后不断扩大，直到覆盖整个墙面。

塞尔柱清真寺塔尖的砖砌装饰细节图，摩索尔（伊拉克），建于1172年（高45m）。

分支为直线的四叶玫瑰花结

圣马可大教堂，威尼斯，意大利

虽然环礁湖已经给威尼斯提供了良好的天然屏障，但是威尼斯总督仍然想为这座城市寻找一位强大的守护者，用来取代无法与罗马守护神彼得竞争的圣西奥多。于是，两位威尼斯商人于828年设法前往埃及亚历山大的一个小鱼港（此地是圣马可的殉难地），偷走了圣马可的圣体。圣马可大教堂设计独特、规模宏大，用来收藏这些圣物。

从11世纪开始，教堂的墙壁上陆续覆盖了4000m^2的镀金玻璃装饰，地面也铺上了几何图案的马赛克地砖。教堂的修建从12世纪一直延续到18世纪，19世纪又开展了修缮工程。也就是说，人们很难弄清插图49中的这幅马赛克作品是何时完成的（但值得肯定的是，这一重要的历史时刻一定会得到澄清）。

半圆网格与六叶玫瑰花结的组合

圣玛丽亚·阿苏塔主教堂，托尔切洛岛，意大利

托尔切洛岛位于威尼斯的环礁湖中，在7世纪和10世纪之间曾是周围群岛的重要贸易站，也是威尼斯帝国的起源地（10世纪时岛上人口达到1万人，而如今只有60人）。

这座岛上最引人注目的建筑是建于639年的圣玛丽亚·阿苏塔主教堂。海明威将这座教堂称为威尼斯人最伟大的成就。12世纪修建在墙面上的马赛克装饰异常奢华，使人无法将注意力转到11世纪铺设的地板上。

从插图50和插图51这两幅地砖细节图中，我们可以看出设计师为了突出色彩的对比，使用了非常简单的几何图案、网格和六叶玫瑰花结。彩色的大理石使黑色背景更为突出，指明了设计师的匠心所在。

圣玛丽亚·阿苏塔主教堂，托尔切洛岛（意大利）。

分支为直线的四叶玫瑰花结

这幅图案其实是传统的曲线四叶玫瑰花结的变型，只不过分支变为了直线。

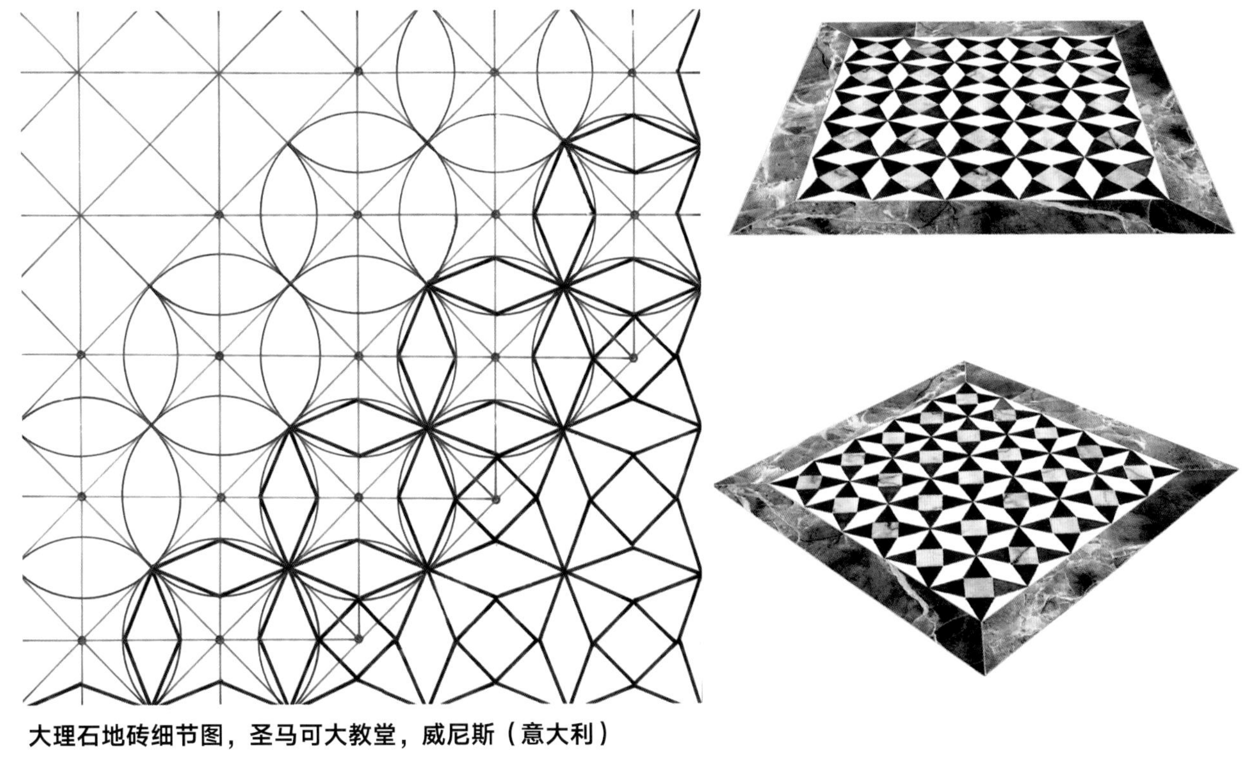

大理石地砖细节图，圣马可大教堂，威尼斯（意大利）

网格中的半圆形组合

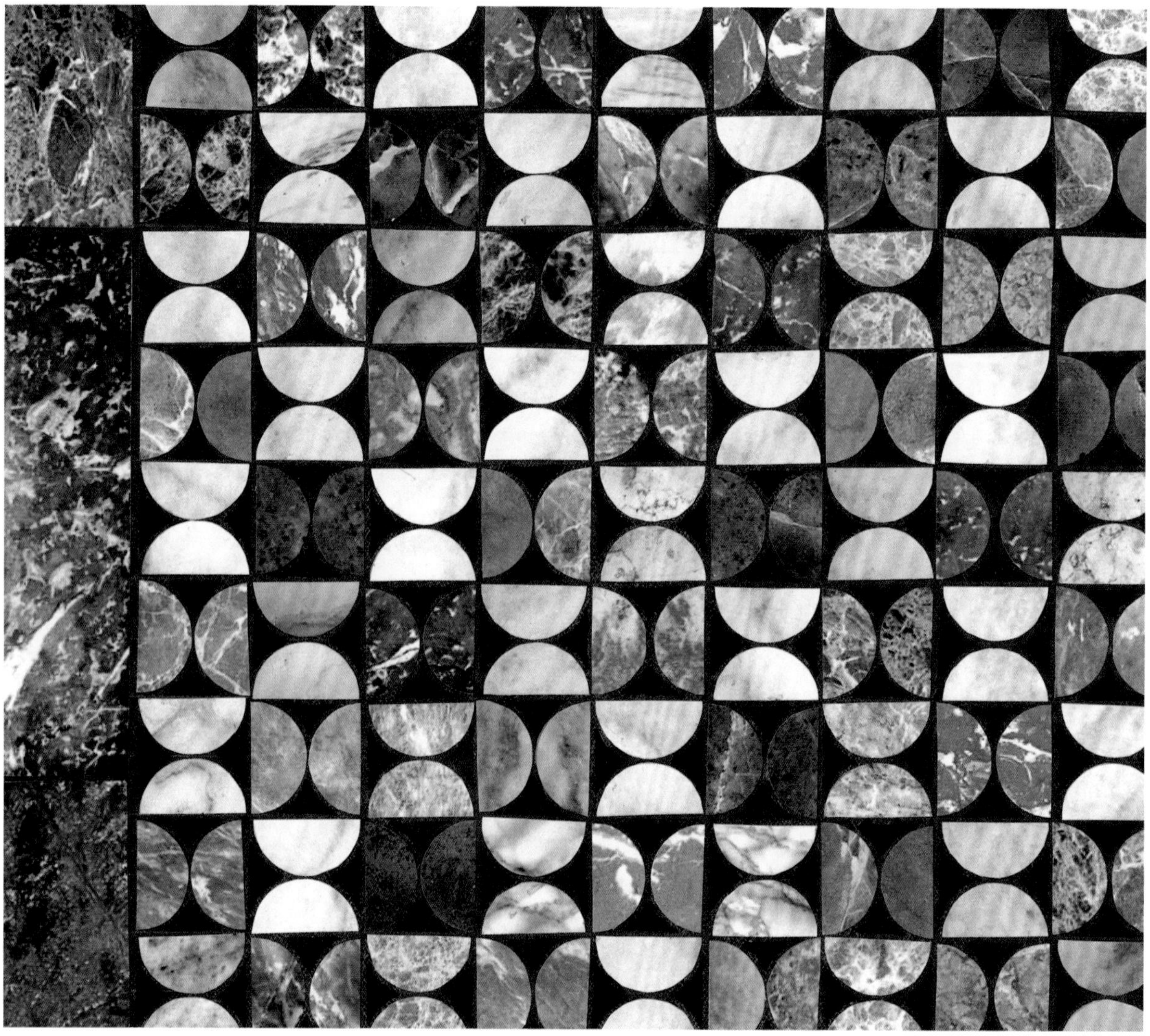

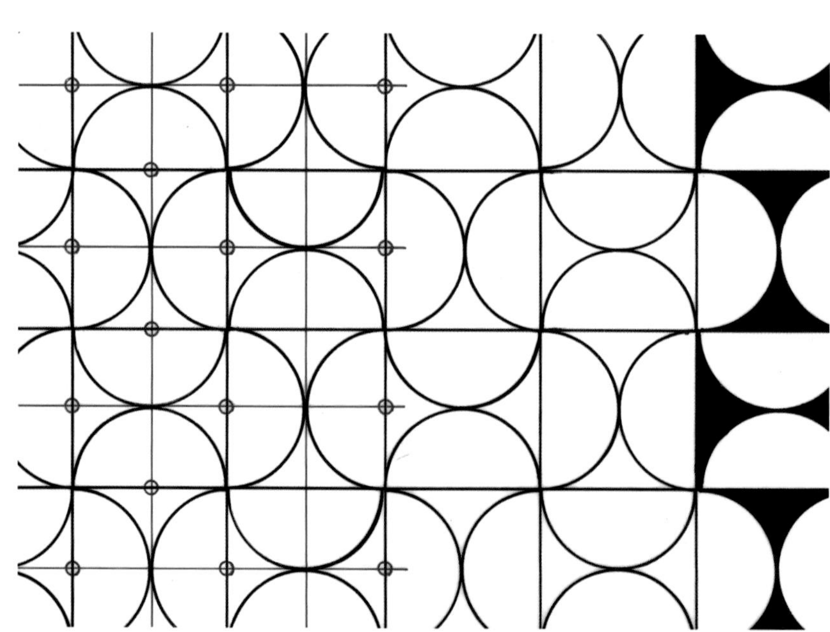

半圆的圆心是正方形网格边长的中点。

大理石地砖细节图，圣玛丽亚·阿苏塔主教堂，托尔切洛岛（意大利），11世纪

分支为直线的六叶玫瑰花结组合

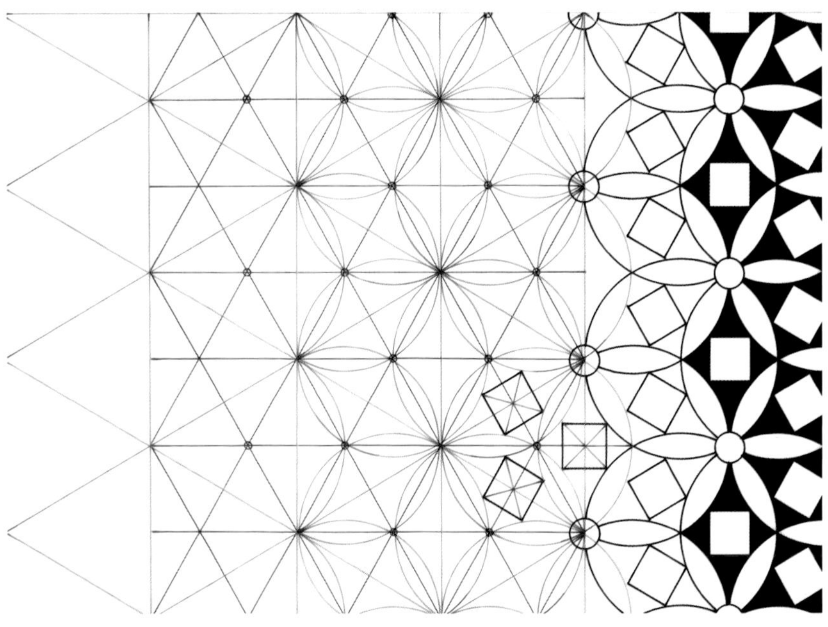

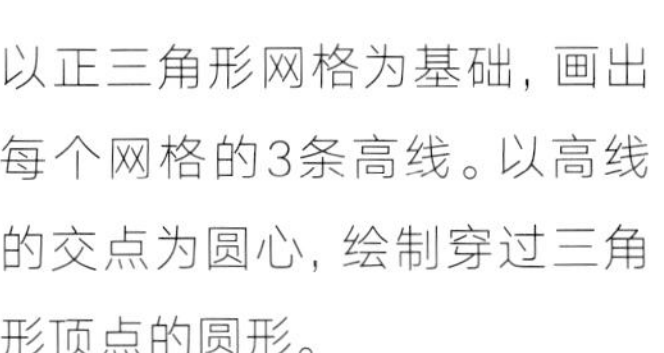

以正三角形网格为基础，画出每个网格的3条高线。以高线的交点为圆心，绘制穿过三角形顶点的圆形。
随后绘制一组正方形，使其顶点在玫瑰花结的4个分支上。

大理石地砖细节图，圣玛丽亚·阿苏塔主教堂，托尔切洛岛（意大利），11世纪

六叶玫瑰花结

阿纳尼大教堂，意大利

法国国王菲利浦四世（1285—1314年）希望提高神职人员的纳税额，面对这一无理的要求，教皇卜尼法斯八世将国王逐出了教会。这一举措的结果并不重要，值得一提的是这一命令是在教皇夏季居住的阿纳尼大教堂公布的（位于罗马南部50 km处）。这座罗马教堂建于1072年至1104年，后来在13世纪得到翻修，建筑真正的精华是那些装饰品：例如地下室的墙壁和拱顶上精美的壁画，教堂和地下室的地面上由雅格布和卢卡·柯斯马蒂完成的令人赞赏的地砖。

在12世纪到13世纪之间，柯斯马蒂家族为罗马贡献了许多建筑师、雕塑家和马赛克设计师。这类人才的特点是依据数量有限的几何图案，在宽大的白色大理石带之间填充小块碎石，尤其是斑岩和蛇纹石。总而言之，他们重振了6世纪以来使用的拜占庭风格装饰，这些图案很可能来自拉文纳和西西里。柯斯马蒂家族的大部分作品都被用在罗马教堂当中（拉特朗大殿、科斯美汀圣母教堂和罗马圣母大堂等）。人们还在英国的威斯敏斯特大教堂中找到了这一家族的装饰作品。

分形是当代数学的一个分支，虽然看起来很难理解，然而最近却因为它所带来的特殊艺术效果而获得了关注。人们从20世纪初开始研究分形几何学，1915年，一位名为瓦西罗·谢尔宾斯基的波兰数学家绘制出了一个“分形三角形”，而这个图形正是插图52中的阿纳尼大教堂的玫瑰花结装饰图案。

阿纳尼大教堂地下室（意大利）。

六叶玫瑰花结

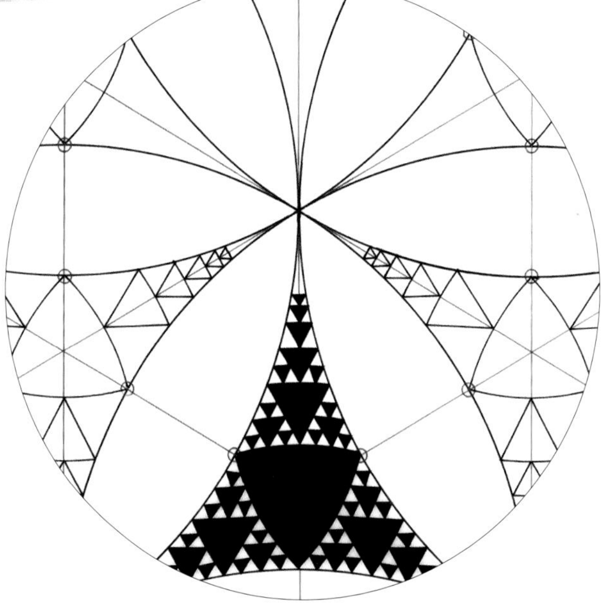

这幅装饰图案采用了非常传统的六叶玫瑰花结。
空隙部分由曲边（或直边）正三角形填充。

阿纳尼大教堂地砖细节图（意大利）

阿纳尼大教堂地下室地砖细节图（意大利）。

用于填充大理石带之间空隙的柯斯马蒂家族装饰图案。

网格中的六角星组合图案

拉特兰圣约翰大教堂，罗马，意大利

拉特兰圣约翰大教堂（拉丁语为San Giovanni in Laterano）位于罗马，其官方名称为“神圣的救世主大教堂”，当时的法兰西共和国领导人不仅是王位的继承人，同时还是一位荣誉司铎。这座教堂由建筑师弗朗西斯科·博罗米尼设计，是17世纪的一座颇为华丽的建筑。然而教堂内院早在13世纪就已经存在，并使用了柯斯马蒂家族的装饰风格。如今此处设立了一个小型宝石博物馆，我们可以在这里看到由迪奥达·迪·柯斯马制作的彩色玻璃马赛克板，它们曾经是哥特式建筑中三连拱廊上的装饰品。插图53展示了主装饰图案，插图54、插图55则是连拱处镶嵌的图案。其中一些甚至与18世纪大马士革住宅内部的装饰完全相同。

镶嵌在哥特式连拱处的柯斯马蒂马赛克玻璃板，拉特兰圣约翰大教堂，罗马（意大利）。

六角星组合图案

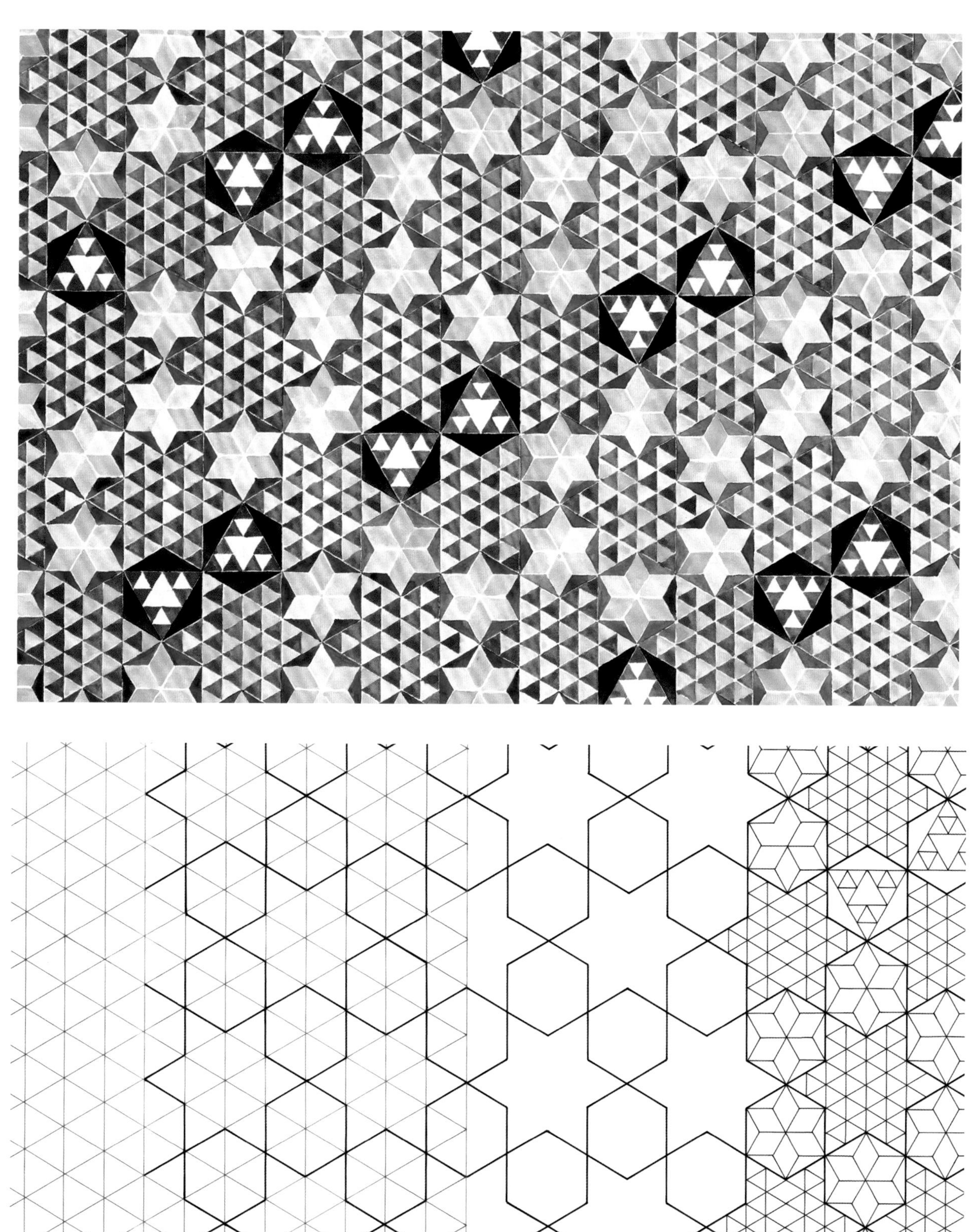

我们通过正三角形网格确立一张由六角星和正六边形组合的网格。其中六角星被分割成小正三角形，六边形则被嵌入小六角星。

马赛克玻璃板，拉特兰圣约翰大教堂，罗马（意大利）

棋盘网格和三角形网格组合

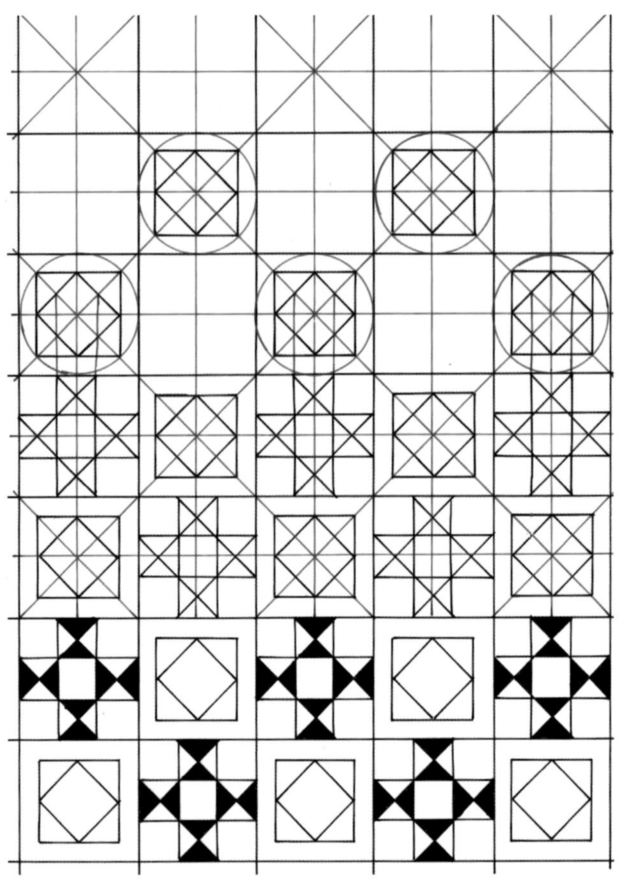

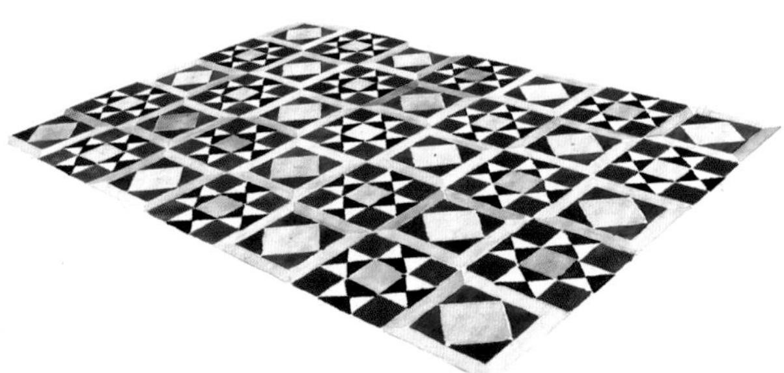

1.正方形网格：在一半的网格中绘制内切圆，再画出内切圆的内切正方形，最后画出内切正方形的45°倾斜的内切正方形。

将另一半网格的边长三等分，共得到9个小正方形，画出其中4个小正方形的对角线。

2.三角形网格：在每一个网格中绘制一个内切六边形，然后画出六边形的内切六角星。选择最初三角形网格的一半，用小三角形填充。

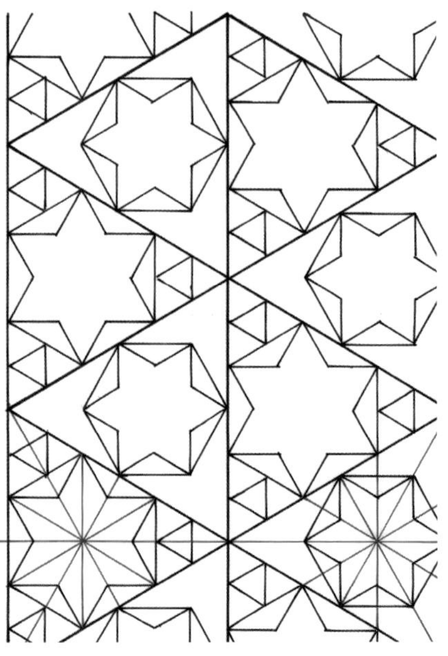

马赛克玻璃板，拉特兰圣约翰大教堂，罗马（意大利）

棋盘网格和三角形网格上的图案

1.将圆十二等分。在圆内画一个内切六边形和一个内切正三角形。在三角形内再绘制一个内切六边形和一个内切六角星。

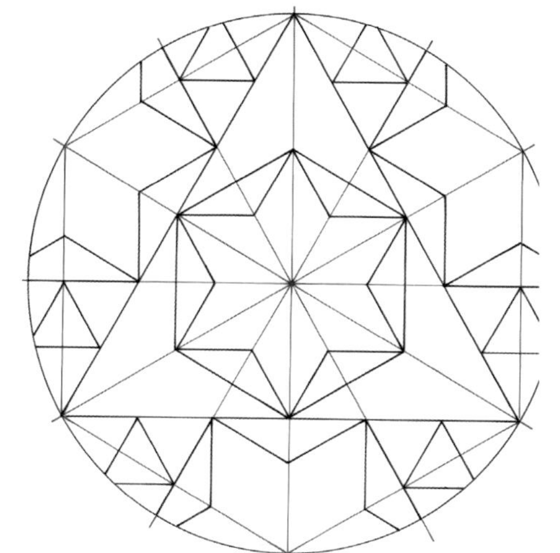

2.将圆十二等分。在圆内画一个内切六边形，随后画出该六边形的内切六角星。在图案中央的六边形内画出另一个六角星。

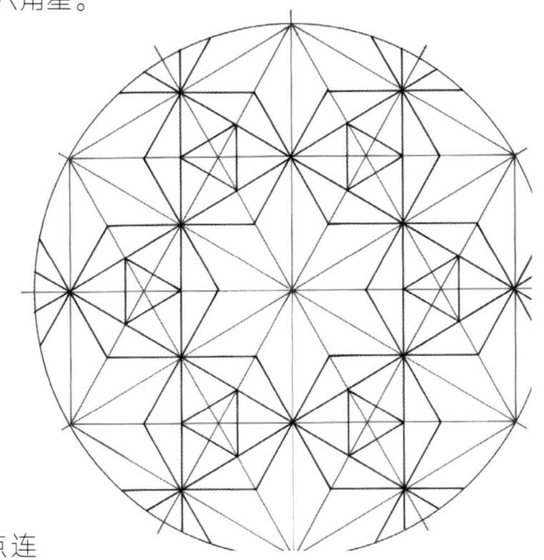

3.图案建立在一个正方形网格中，将一部分网格边长的中点连接。将另一部分网格的边长三等分，在得到的9个小正方形中，画出其中4个小正方形的对角线。

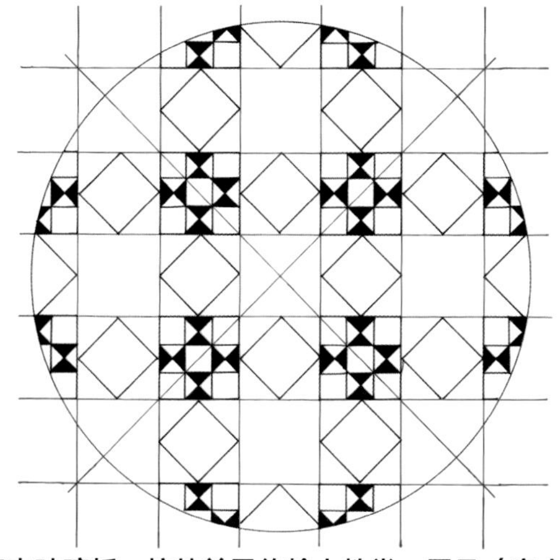

马赛克玻璃板，拉特兰圣约翰大教堂，罗马（意大利）

六边形条纹装饰图案

帕拉提那礼拜堂，巴勒莫，意大利

在帕拉提那礼拜堂中，国王罗杰的宝座被放置在一个加高的讲坛上，其背后的三角楣饰下方铺设了一面巨大的大理石壁板。装饰中多样的条纹装饰图案和复杂的几何图形组合在一起，使其更加精致，同时黑、白、红、蓝、金几种颜色相得益彰，使整幅图案具有很强的视觉冲击力（插图56、插图57、插图58）。

国王罗杰的宝座，帕拉提那礼拜堂，巴勒莫（意大利），12世纪。

八叶玫瑰花结和十六叶玫瑰花结的条纹装饰图案

在正方形网格的每一格中画一个内切圆，并将这些圆十六等分，随后将切点每隔5个连接起来。绠带的宽度由图案大小决定。将十六叶玫瑰花结的中心处和其他空隙处按照要求填充图案。

国王宝座上的图案，帕拉提那礼拜堂，巴勒莫（意大利）

六边形条纹装饰图案

在三角形网格中连接相应的点构成六角星，使其之间的部分呈现六边形形状（蓝色）。按照图中所示连接六边形各边的中点（红色）。同样通过连接六边形各边的中点，画出其内切六角星（黑色）。最后按照要求选择需要的线段。

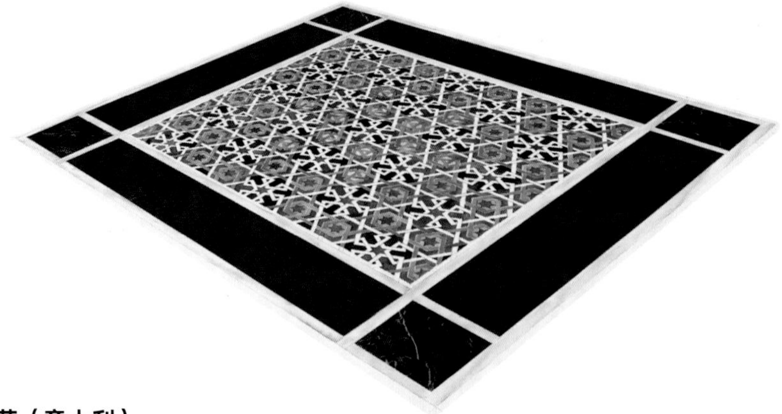

马赛克壁板，帕拉提那礼拜堂，巴勒莫（意大利）

六边形条纹装饰图案

马赛克壁板，帕拉提那礼拜堂，巴勒莫（意大利）

六边形和八角形图案

帕拉提那礼拜堂，巴勒莫，意大利

19世纪末时，莫泊桑发表了他在西西里岛的游记，其中就包括了对巴勒莫诺曼底王宫的描写：

"这座小教堂美丽而宁静、令人无法抗拒，它是人类能想到的最杰出的艺术作品。当你伫立在墙面之前，巨大镶金马赛克壁画投射出柔和的光线，使整个建筑沐浴在宁静的氛围中，使人联想到《圣经》当中的那些场景……"帕拉提那礼拜堂由国王罗杰二世于1132年建造，建筑整体为哥特式风格，是一座仅拥有三个殿堂的小教堂。教堂只有33m长，13m宽，因此更像是一个精美的物件或是珍宝。两排颜色不同的大理石柱优雅地矗立在穹顶之下，站在这里你可以看到巨大的耶稣像，周围环绕着张开翅膀的天使。所有赏心悦目的景观全部得益于大理石和马赛克装饰的布局和衬托，这也是这座教堂的特色所在。教堂内部的所有墙面都以白色为底色，仅绘制或是雕刻一些小型图案，用这种简约衬托出穹顶装饰的恢弘与多彩。

除了墙面、穹顶和地面的装饰之外，教堂中的其他细节，例如祭坛围栏、讲坛和两个王座（分别属于国王和主教）上的装饰同样十分出彩。

插图59再现了一面正方形的马赛克壁板（边长约1.5m），该装饰由白色大理石、斑岩、蛇纹岩和镶金玻璃板制作而成。这些材料使整个教堂内部沉浸在半明半暗的光线中。

帕拉提那礼拜堂的侧殿和中殿，巴勒莫（意大利），12世纪。

六边形和八角形图案

侧殿中大理石和镶金玻璃制成的马赛克壁板，帕拉提那礼拜堂，巴勒莫（意大利）

十二叶和二十四叶玫瑰花结

巴黎圣母院、兰斯大教堂，法国

文艺复兴时期的意大利人由于误解和不屑，把哥特式建筑称为francigenum opus，意为“法国人的作品”或是“法国艺术”，因为这种艺术发源于12世纪的沙特尔和苏瓦松两地。在这一时期，法国北部教区的竞争非常激烈，每一位主教都想要一个更大、更漂亮的教堂。然而，罗马式建筑的拱顶巨大而沉重，需要很厚的承重墙的扶壁来支撑，因此具有一定的局限性。在很短的时间内，大概只用了一代人的时间，人们找到了这种将穹顶建得更高、更大并且更透光的建造工艺。为了达到这种效果，人们采用了已经存在多时，但一直没有发挥作用的尖拱拱肋。

事实上，拱肋和拱扶垛的结合使得拱顶的压力和整个建筑的重量不再集中于墙体上，而是分摊到各个石柱上。这样一来，就有可能使用玻璃建造侧墙。然而，当时人们只有小型的玻璃板。而且在施工过程中必须先在窗口处安插中梃和石条网，然后再安装玻璃板，一些小空隙还需要用铅来连接小块的玻璃。这些修建在教堂侧墙或是玫瑰窗上的石条网成了哥特式建筑的重要装饰元素。

插图60至插图63展示了两幅出现于12世纪末的相对简单的几何玫瑰花结装饰，分别位于巴黎圣母院教堂和兰斯大教堂。自13世纪开始，装饰图案革新的步伐不断加快，玫瑰花结图案变得越来越复杂，越来越令人惊叹。13—14世纪的玫瑰花结装饰已经不再拥有12世纪玫瑰窗的特点。维优雷·勒·杜克表示，在所有哥特式玫瑰花结装饰中，巴黎圣母院上的玫瑰窗是同等大小的花窗中石条比例最小的。但是时间证明这并不会使花窗结构变得脆弱，因为历史上从未有人修缮过这扇玫瑰窗。

兰斯大教堂北耳堂（法国）。

六叶玫瑰花结，尖拱拱肋

帕拉提那礼拜堂，巴勒莫，意大利

插图64中的第一幅画是亚眠大教堂侧墙高处的玫瑰窗图案。这扇花窗修建于13世纪，其图案是构建在一个正三角形的网格中的曲边六角星，其中每个格子里都有一片四叶草作为装饰。

第二幅画是欧塞尔大教堂窗户上的图案，从几何角度来看同样很有趣。设计者利用了勾股定理（边长为整数），这样一来这些拱形线条的中心就落在弦上，而弦本身被八等分。

插图65中所展示的是桑利斯大教堂窗口处的石条网。其中弧线和石条网的线条都是在一张几何网格中构建的，将窗口的空间分割开来。

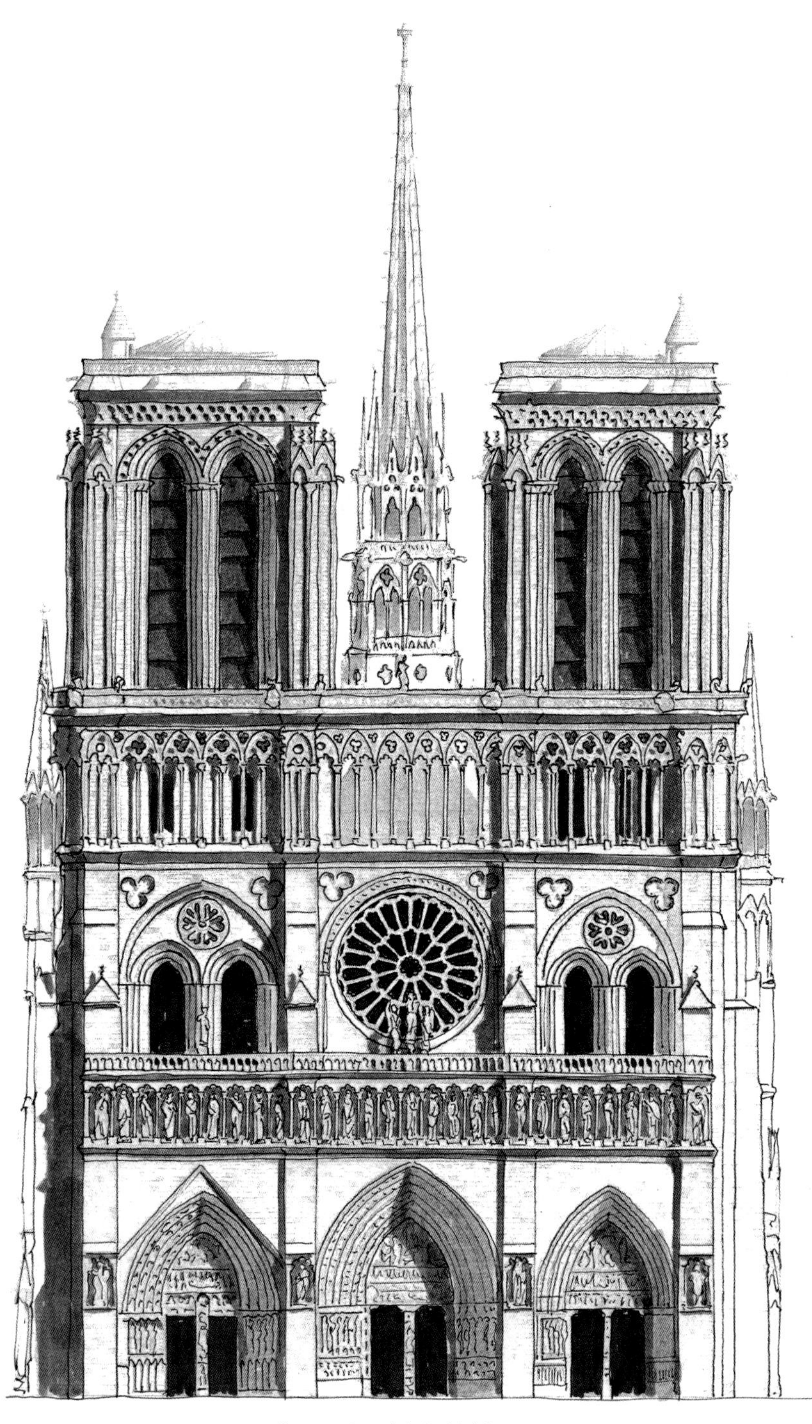

巴黎圣母院西侧（法国）。

二十四叶玫瑰花结

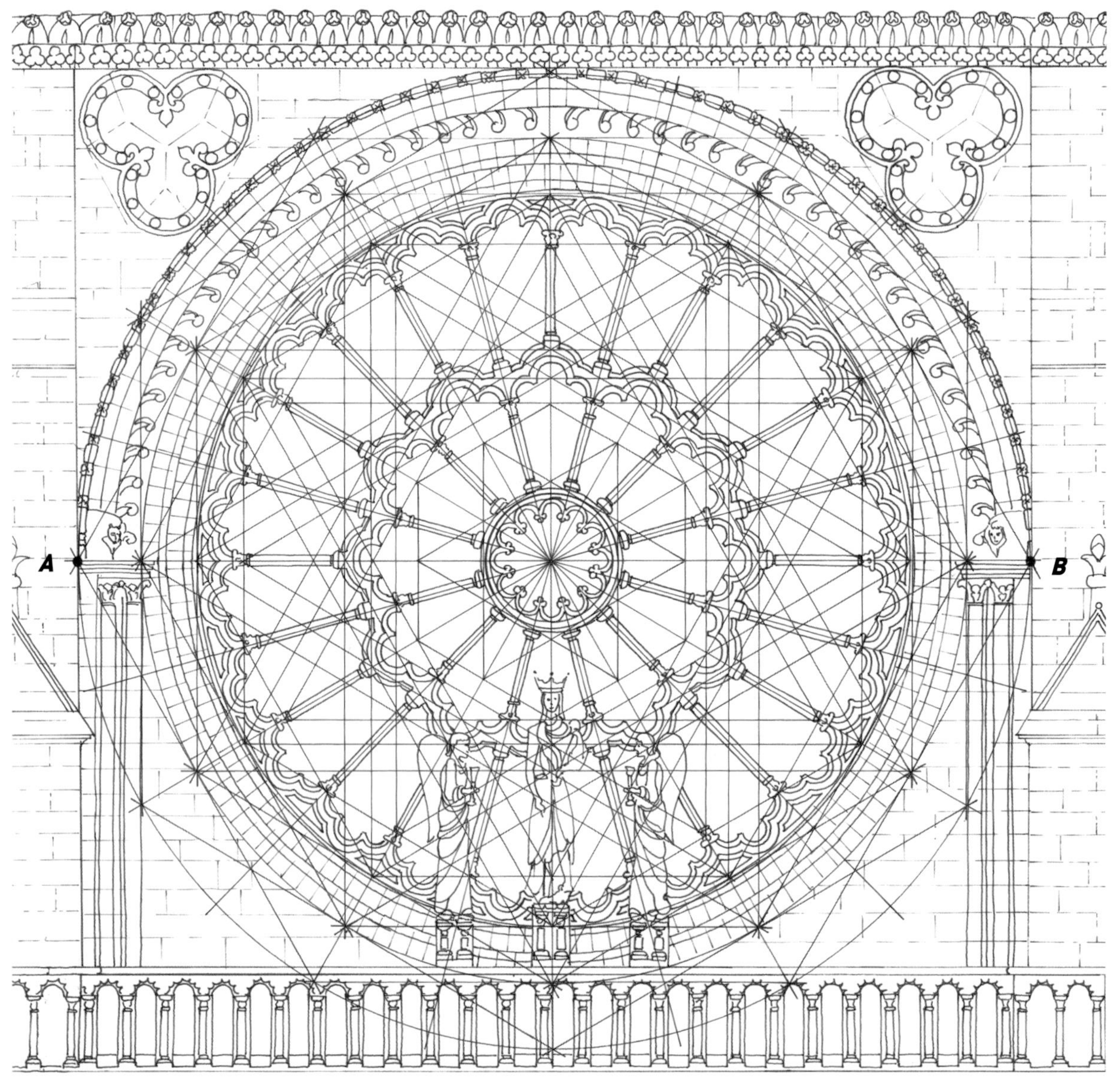

玫瑰花结直径*AB*的长度是左右两堵扶墙间的宽度。

圆心周围的空间被等分成24份。将圆上的切点每隔3个相连，得到第二个圆。

将第二个圆上的切点先每隔3个相连，再每隔7个相连，就能够确定第三个圆的位置，该圆划定了花窗的不同部分。

同样地，将第三个圆上的切点相连。结合之前所画的线条，就得到一个位于图案中心的小圆。

这幅草图中包含了所有绘制玫瑰花结所需的基本点：放射形花瓣的轴线、每片花瓣中柱头的位置，以及中心和外围花边所需的点。

巴黎圣母院西侧玫瑰花窗（法国），内部视角

二十四叶玫瑰花结

巴黎圣母院西侧玫瑰花窗（法国），内部视角

十二叶玫瑰花结

设线段*AB*是顶点为*S*的拱形开口，点*C*是*AB*的三等分点。

取*AD*=*BE*=1/8*AB*，则*D*、*E*和*S*是同一等边三角形的3个顶点。

以*DE*为直径的圆划定了玻璃窗的边界。其中心位置的小圆的直径是*DE*的1/3。

小圆周围的空间被等分为24份，在此基础上画出外围的12个半圆，并得到放射形花瓣的轮廓。

将圆上的切点每隔7个连接，就能得到这些花瓣上柱头的位置。

兰斯大教堂北耳堂的玫瑰窗（法国）

十二叶玫瑰花结

兰斯大教堂北耳堂的玫瑰窗（法国）

六叶玫瑰花结，尖拱拱肋结构

图案构建在一张正三角形网格中，并在网格中按照图中所示绘制圆弧，得到一些菱形和曲边三角形。最后在菱形内部加入四叶草图案，在四周的三角形内加入“火舌”的图形。

亚眠大教堂的花窗（法国）

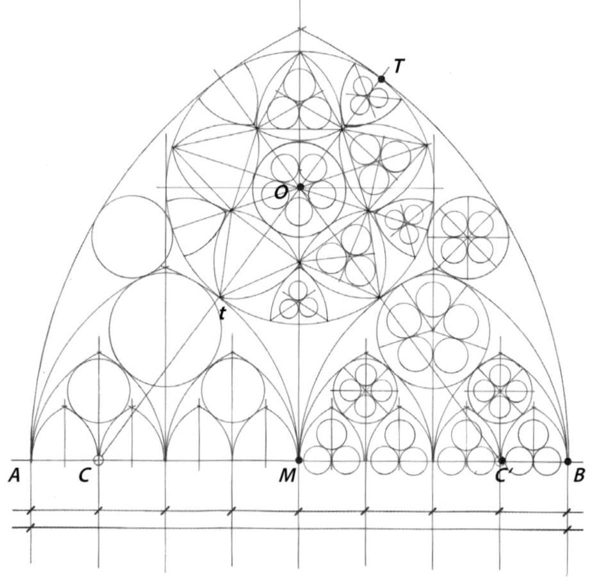

设线段AB为尖拱拱肋的开口边，其中点为M，并被等分成8份。圆弧的中心点为C和C'，$MC = MC' = 3$。圆弧的半径$R = CB = C'A = 7$。圆c内切于尖拱拱肋，其圆心O在拱肋的中垂线上，$MO=4$。其半径$r=2$。直角三角形CMO的边$CM=3$，$MO=4$，因此$CO=5$（根据勾股定理）。CO的延长线交圆c于点T，$CT=CO+r=5+2=7$。CT与拱肋的半径R相等，点T也是拱肋与圆c的切点。

点t是圆c与CO的交点，$CO=5$，$TO=2$，得出$Ct=3$。线段Ct在AB上的投影为CM。由此画出弦为AB和MB的两个拱形，这2个拱形与圆c相切；同理画出图案中的其他拱形。

通过把圆十等分，得出$\angle MOC=36°87$，非常接近36°。在这些条件下，非常适合在圆c内嵌入一个五角星，其中一个顶点与点t几乎重合。圆c内的五角星是由5个顶点位于圆c上的曲边正三角形组成的。图案其余部分的处理如图所示，设计师在空隙部分插入了一些三叶、四叶和五叶草图案。

欧塞尔大教堂窗体上的尖拱拱肋（法国）

尖拱拱肋结构

设线段*AB*为尖拱拱肋的开口边，其中点为*M*。以*A*、*B*、*M*为原点，在其下方画出夹角为45°的线，得到点*p*。

以*M*为圆心，*Mp*为半径画圆，分别交*AB*于点*C*、*C'*。整个拱形图案的中心点也位于其中垂线上，以中心点为圆心、*Mp*为半径的圆同时与拱肋和*AB*相切。

正方形*DEFG*中的边长*DE*确定了另外2个小圆的圆心位置。图案中的其他曲线轨迹非常自由。

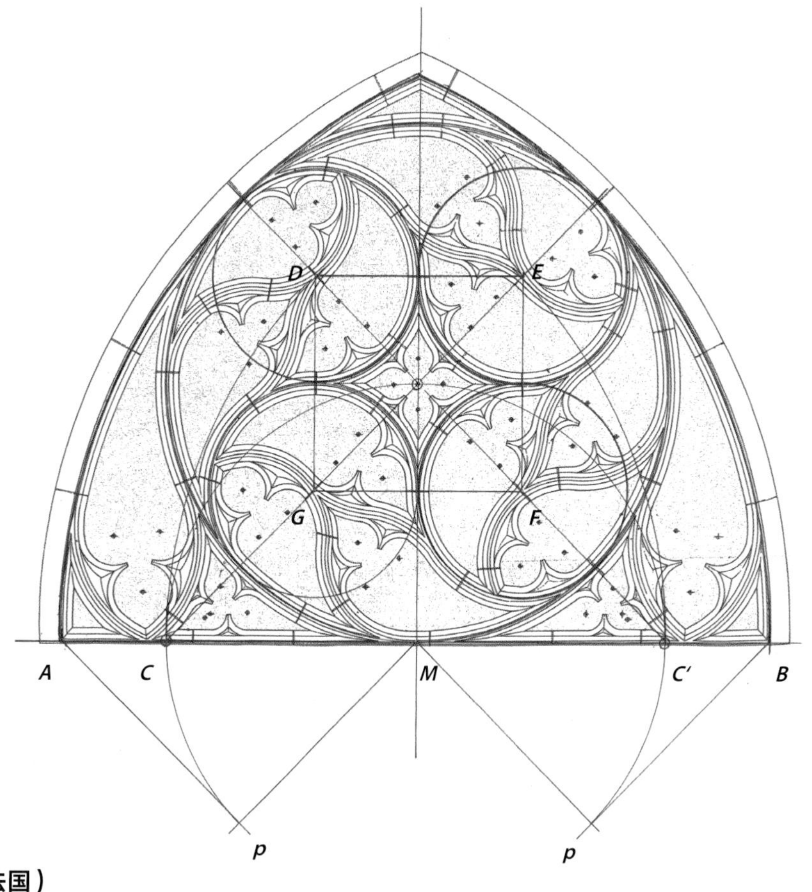

桑利斯大教堂窗体上的尖拱拱肋（法国）

八边形和八角星的组合图案

德黑兰，伊朗

在德黑兰的古代艺术博物馆中收藏着一件宽约60 cm的灰泥装饰壁板，出自公元11世纪的拉伊城（或Ravy城，位于现在的德黑兰郊区）。作品中采用了连续的细带图案，被这些带子分隔开的区域填充了用模具制成或者镶嵌而成的板块。设计师还在图案与带子中间留了一条阴影，使得白色的带状图案更加鲜明。

这件装饰品历史悠久，是见证10世纪伊朗地区灰泥装饰发展的珍贵证据。这种装饰艺术在伊朗持续发展到19世纪，并带有独特的地域特色。

通过图案中明暗区域的对比，灰泥装饰工艺可以衍生出无穷的变换。另外，这种装饰图案还会随着光线的变化而变化。比如在正午光照强烈的时候，整个图案就会呈现白色。其他时间就像山上的雪和晾衣绳上的床单一样，会呈现出图案直接或间接接受的光线的颜色。在室内，图案可能是灯光的颜色，而在室外，清晨可能是淡紫色，傍晚变为橙黄色，深夜则呈现蓝色。再加上季节更替和天气变幻，图案将呈现出无数种变化（插图66）。

三角形网格中八边形和六边形的组合图案

拜厄济德·巴斯塔米陵墓，巴斯塔姆，伊朗

在拜厄济德·巴斯塔米陵墓位于伊朗北部的巴斯塔姆市，874年，神秘的苦行僧巴亚斯德·巴斯塔米埋葬于此，他被认为是第一批伊斯兰教的伟大传教士之一。这座陵墓于公元1299年，也就是伊斯兰教历纪元699年得到修缮。此次工程为该陵墓制作了一件精美绝伦的灰泥雕饰，正如插图67所示。图案与留白的对比在这件作品中被运用到极致。

墙上的灰泥雕饰图案，巴斯塔姆（伊朗）。

三角形网格中的六边形组合图案

开罗，埃及

在开罗城的制高点穆卡坦山丘上，矗立着埃及最古老的伊斯兰建筑之一。这座建筑是由一位哈里发穆斯坦绥尔的大臣修建的，名为Badral-Jamali。然而人们并不知道这究竟是一座陵墓还是一座清真寺（学术上仍旧存在一些争议）。这座建筑中的灰泥装饰十分引人注目，位于室内的壁龛处。在这幅装饰作品中，建造者使用了巨大的植物漩涡图案。漩涡中央的部分被几何图案覆盖（插图68）。

这种图案与其他埃及作品相比更具有伊朗的风格。除此之外，人们在巴斯塔姆陵墓中还发现了使用同样工艺制作的叶片装饰。

八边形和八角星的组合图案

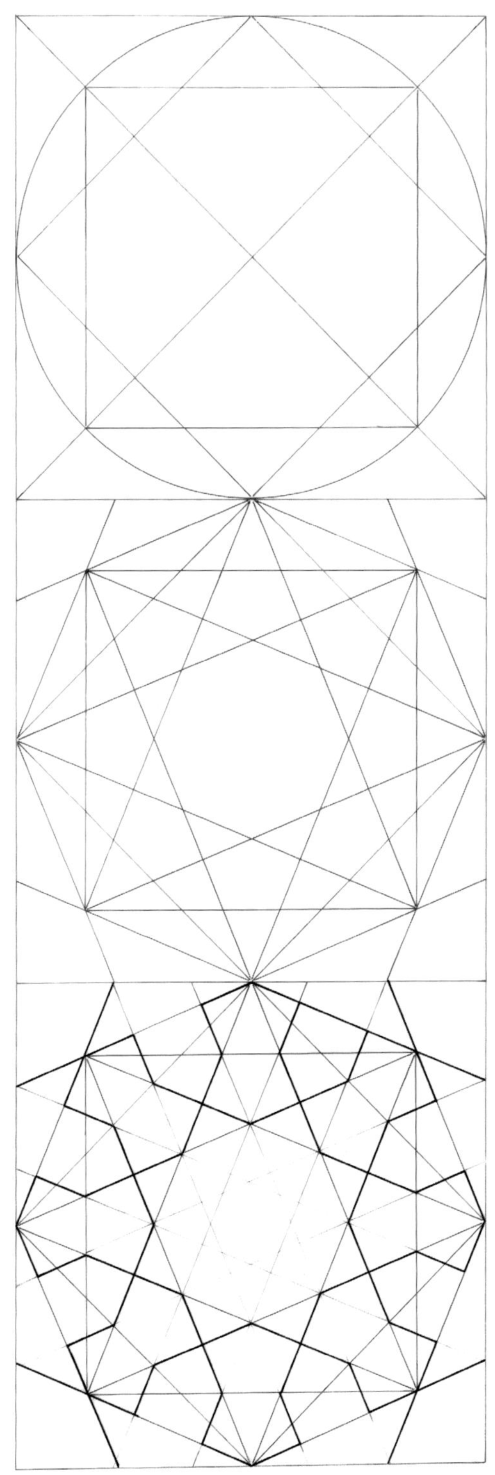

这些重复图案的基础是这个正方形的对角线和内切圆。随后在内切圆中绘制2个正方形，从而得到一个八边形。延长八边形的边长，直到与外部的正方形相交。根据这些交点画出八边形边长的平行线。最后如图所示选择需要的线条。

灰泥雕饰壁板，德黑兰古代艺术博物馆（伊朗）

三角形网格中八边形和六边形的组合图案

画出每个正方形网格的内切圆，并将其八等分（红色）。

将这些圆的切点每隔2个相连，得到一个八角星。

将相邻的切点相连，得到一个八边形。再将该八边形的边长三等分。

画出经过这些切点的垂线，得到一组轴线。

以这些轴线绘制的带子的宽度可自由选择。

最后在空隙处加入菱形和三叶草图案，即可得到图中的装饰效果。

在一张正三角形的网格中绘制出2组六边形网格：其中一组呈蜂窝状（红色）；另一组六边形面积较大，并且它们之间的部分为六角星（蓝色）。而整个装饰图案就是通过这2个六边形网格的重叠得到的。

最后在那些“小隔间”中加入三角形和三叶、四叶以及六叶草图案。

墙上的灰泥雕饰图案，巴斯塔姆（伊朗）

三角形网格中的六边形组合图案

墙上的灰泥雕饰图案，开罗（埃及）

矩形和切割砖砌装饰

乌兹根，吉尔吉斯斯坦

乌兹根地处吉尔吉斯斯坦，临近乌兹别克斯坦的边疆。从9世纪到13世纪，乌兹根由喀喇汗王朝（Karakhanides，在土耳其语中，kara意为黑色，khan意为首领）统治。该王朝拥有广阔的中亚领土，其中就包括乌兹根，这座城市还在古代丝绸之路上，位于喀什和塔什两座城市之间，在11世纪时是王国的都城。

1012年，王朝的统治者在这座城市中建立了第一座陵墓，很显然是为了安葬喀喇汗王朝的奠基人。随后，陵墓分别于1152年和1186年得到了扩建。事实上，这座陵墓是喀喇汗王朝在其领土上建造的一系列建筑中的一座，采用了样式多变、风格奢华的砖砌装饰。在乌兹根陵墓中，砖砌装饰简单而独特，设计者通过堆砌方砖或者说组装切割后的砖块得到相应的装饰图案（插图69）。在雪花石膏上切割出的花叶图案填补了几何图案的空缺部分，称得上是中亚最珍贵的建筑装饰。

令人惊叹的是，这座陵墓没有被成吉思汗大军的铁蹄摧毁，还勉强支撑到了20世纪（在第二次世界大战中，苏联士兵在陵墓中看到了卐形装饰图案，使他们联想到纳粹的卐字标志，于是就用十字镐将其拆毁）。近期，这座陵墓得到了修缮。

乌兹根的三重陵墓（吉尔吉斯斯坦），12世纪。

乌兹根陵墓的砖砌装饰（吉尔吉斯斯坦）。

切割砖砌装饰

图1：图案建立在一个正方形模具中，将正方形的边长和垂直平分线十二等分。按照图中所示连接切点，并选择需要的连线。草图还给出了条纹的宽度。

随后按照对称原理绘制图形。得到正方形顶点处的半个八边形，以及边长中点处的不规则七边形。

图2：图案构建在一张正三角形网格中。

1

2

乌兹根陵墓的砖砌装饰（吉尔吉斯斯坦）

切割砖砌装饰

卡拉干的陵墓，伊朗

在德黑兰西部，加兹温和哈马丹之间，卡拉干平原中部植被稀少的土地上，有两座陵墓。陵墓内有两处十分典型的塞尔柱风格的砖砌装饰，其建筑结构与中亚游牧民族的蒙古包十分相似。这两座陵墓的主人尚未可知，但是它们的建筑师却十分出名：ibn Makki al-Zanjani父子。

两座陵墓分别建于1063年和1093年，全部由砖块砌成。建筑的平面图为正八边形，每个顶角处都有一个柱子，顶部覆盖着一个高15 m的双层圆顶（这是第一座使用这种设计手法的建筑）。每两个石柱中间的墙面都刻有一扇拱门，上面的图案被三个小巧的三叶拱门分成上下两个部分。包括支柱在内的所有建筑表面都有专属的砖砌图案（插图70）。

这两座建筑直到20世纪末仍然保存完好，然而在首次修缮工程结束后就遭遇了一场大地震。这次地震发生于2002年6月，是900年以来震感最为强烈的一次地震，对这两座陵墓造成了毁灭性的打击。目前修复工程正在重新展开。

卡拉干的两座陵墓（伊朗），11世纪。

切割砖砌装饰

卡拉干陵墓中砖砌装饰的细节图（伊朗），11世纪

砖砌装饰图案

布哈拉阿塔里清真寺，乌兹别克斯坦；拉巴特萨累驿站，伊朗

阿塔里清真寺是布哈拉地区古老的建筑之一（意为卖香料的人）。这座清真寺建于11世纪，建筑表面呈现出华丽优雅的喀喇汗时期风格，这一时期也是雕刻和抛光砖砌装饰的黄金时代。值得一提的是，装饰表面的砖块是由交替的正方形、双正方形和三角形组合而成，视觉效果异常美丽。这些装饰是在1930年进行的修缮工程中被发现的，由于在很长的一段时间内建筑都被埋在4、5 m深的废墟下，所以保存相对完好。

在伊朗北部，临近土库曼斯坦的霍拉桑省中，有一座建于1115年的拉巴特萨累驿站。这座驿站是经商路途中，尤其是丝绸之路上所有大型驿站中的典范。在中亚和西亚地区，人们把这种驿站称为可汗或是里巴特，作用相当于欧洲的邮局。这些驿站接待那些过路的沙漠商队，一些游客或朝圣者为了安全起见也会加入这些商队。

这些驿站筑有防御工事，同时也是能够提供多种服务的“综合式酒店”：客房、通铺、马厩、仓库……凭借特殊的建筑布局和大量的砖砌装饰，这座位于马什哈德、尼沙普尔和梅尔夫交通要道上的拉巴特萨累驿站拥有极高的地位。

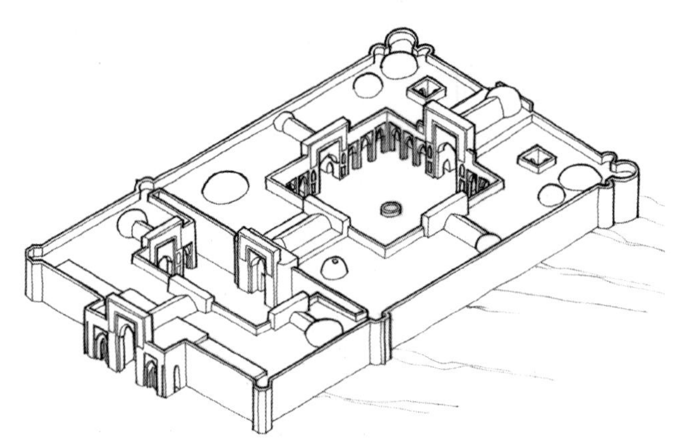

拉巴特萨累驿站（伊朗），1115年。

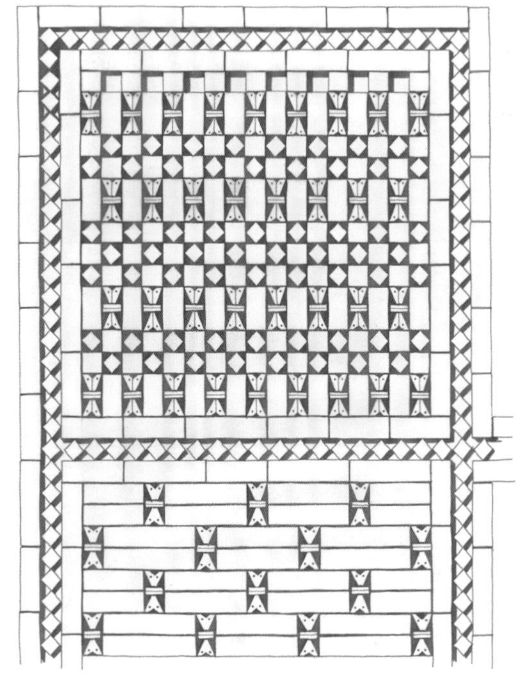

门框处砖砌装饰细节图，布哈拉阿塔里清真寺（乌兹别克斯坦），11世纪。

入口处砖砌装饰细节图，拉巴特萨累驿站（伊朗），建于1115年。

十叶玫瑰花结和五角星的条纹装饰

拉什卡尔加，阿富汗

10世纪到12世纪间，加兹尼王朝的统治范围从里海一直延伸到旁遮普地区。公元976年，国王在拉什卡尔加地区建立了夏季行宫，位于现在的阿富汗南部。如今，拉什卡尔加地区除了一些城堡的残垣断壁之外，就只剩下一座建于1149年的巨大拱门。该拱门使用砖块砌成，约25 m高，没人知道这扇拱门的用途。拱门腹面约1.5 m宽，上面刻有十叶玫瑰花结的条纹装饰图案，图案的空隙处嵌有雕花灰泥板，板上的几何图案与之前的花朵图案形成鲜明的对比（插图71）。

拉什卡尔加拱门（阿富汗），1149年。

在阿富汗发现的这件装饰以及插图66所展示的在伊朗发现的装饰是迄今为止古老的证据之一。它们证明了在那个时代，那些作为装饰原型的复杂几何图案不是刚刚成型，而是已经得到了传播。

下一页列出了几个相对复杂的几何图形，它们是许多装饰图案的基础框架，分布地区从马格里布一直延伸到中亚地区。

在这些几何图案中，有一种图案在当时十分流行，从开罗的撒马尔罕到德里的伊斯坦布尔都有它的身影，并且种类多样。这一图案就是十二边形。下面所示的草图只是其中的一种排列方式，出自撒马尔罕。

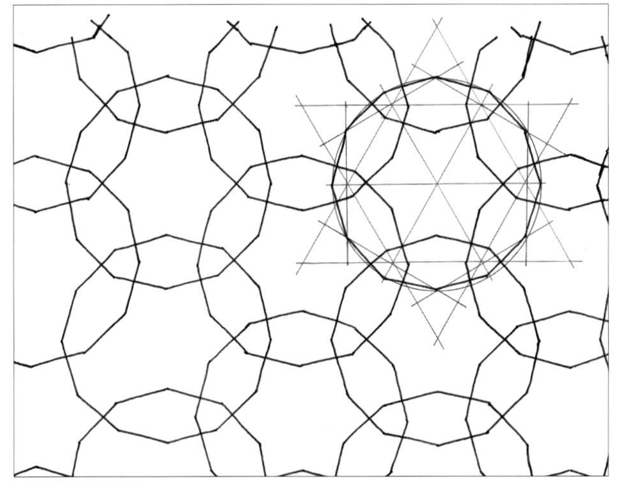

以十二边形网格为基础的图案装饰，撒马尔罕，14世纪。

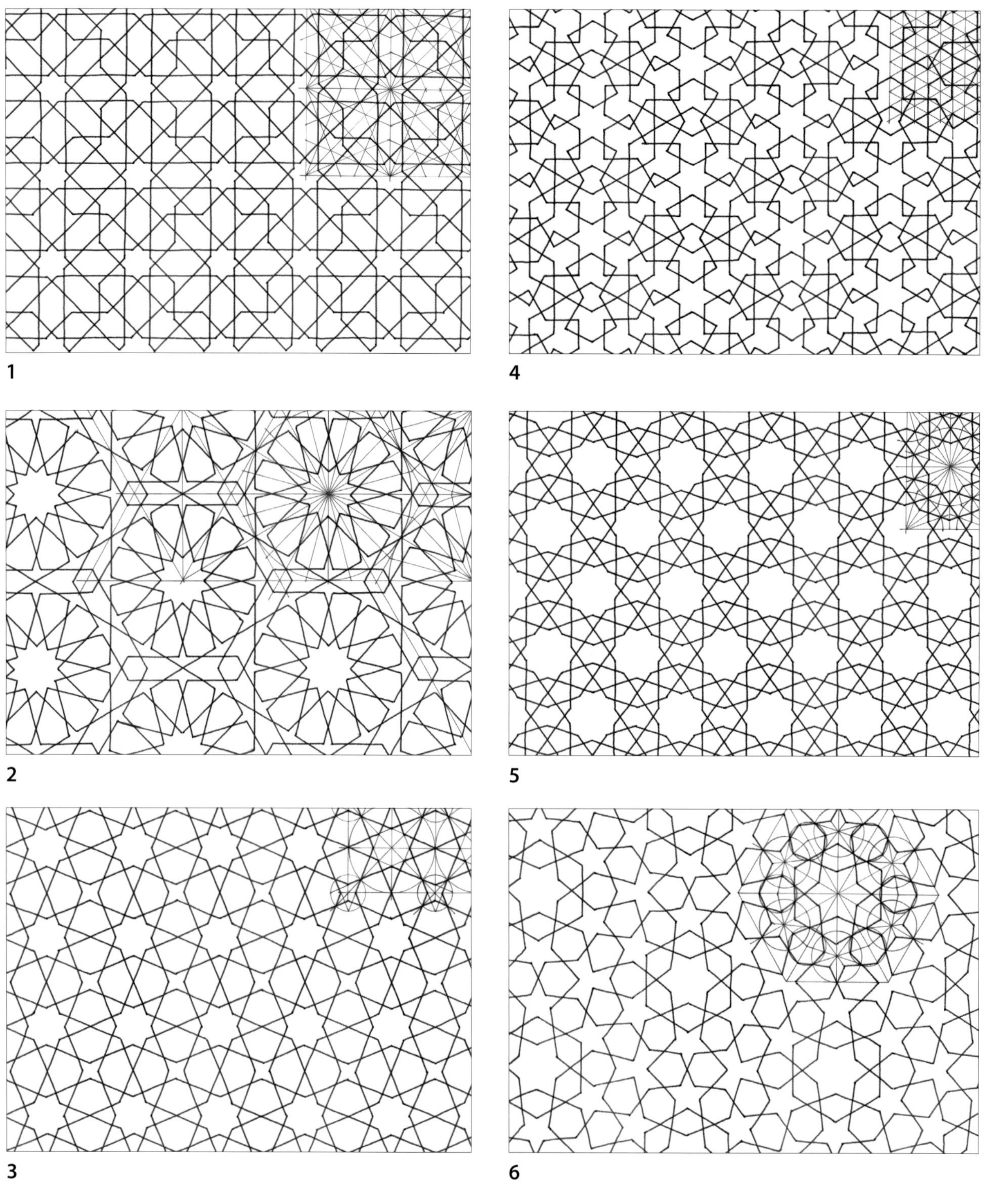

马格里布到中亚地区内传统的几何框架和基础模型（《阿拉伯艺术元素——交织的线条》中的草图，J. Bourgoin，1879）：
图1、图2：三角形网格中的条纹装饰；
图3、图4：八角星条纹装饰；
图5：五边形和十边形网格中的条纹装饰；
图6：六边形、五角星和七边形网格中的条纹装饰。

十叶玫瑰花结和五角星的条纹装饰

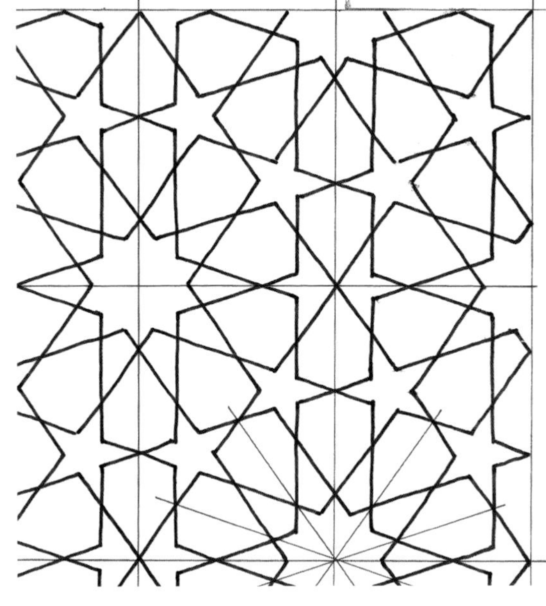

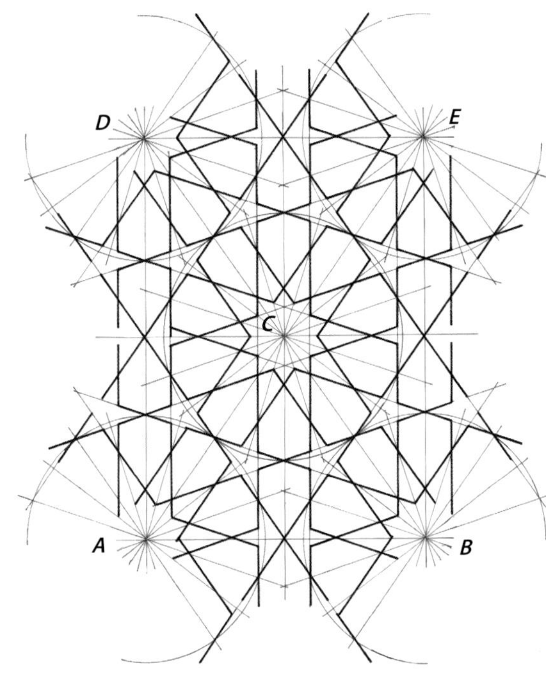

图案构建在一张含有十叶玫瑰花结的网格中，玫瑰花结间的空间为正五角星。

设*AB*为相同水平线上2个相邻玫瑰花结中心之间的距离。

作过*A*、*B*两点的垂线，将垂线与水平线的夹角五等分，得到整个图案的中心点*C*，以及点*D*、*E*。

同样将*D*、*E* 2点处的直角五等分。

将点*C* 周围的空间二十等分。

以点*A*、*B*、*C*、*D*和*E*为圆心，*AC*长的一半为半径画圆。将这些圆上的切点每隔1个相连，并延长连线。最后填充空白部分。

拉什卡尔加拱门腹部的装饰图案（阿富汗），12世纪

四角星图案

巴斯塔姆，伊朗

谢赫·拜厄济德的陵墓位于巴斯塔姆（见148页插图67），在1300年至1313年的扩建中，人们在陵墓中修建了大量用釉面陶瓷制作的几何装饰。其中一幅非常独特：设计者采用了简单而又传统的正方形框架，内部包含两种造型的砖块，一种为矩形，另一种为肘形。

砖块的组合方式有很多，既可以是规则的，也可以是不规则的。在切割砖块的过程中，工匠在釉面上轻轻施加压力，留下一条反光的线条。砖块之间空余的部分由灰泥雕板填充，呈现四叶花朵的形状（插图72）。

五边形和十边形条纹装饰

安卡拉，土耳其

虽然安卡拉没有惊为天人的建筑作品，但是在这座城市中有一些极具特色的古老清真寺，它们的特点就在于完全用木材建造。其中，面积最大的是阿斯兰哈尼清真寺，建于公元1290年，位于城市中心附近。在这之前，釉面陶瓷装饰的使用率非常低，例如镶嵌在釉面砖块的缝隙处。而到了这一时期，阿斯兰哈尼清真寺中的壁龛框架使用了大面积的釉面陶瓷材料作为装饰，图案包括花叶和几何造型。这种出现在土耳其的装饰类型成了一种十分新奇的事物，并且发展迅猛（插图73、插图74）。

壁龛细节图，阿斯兰哈尼清真寺（土耳其），1290年。

四角星图案

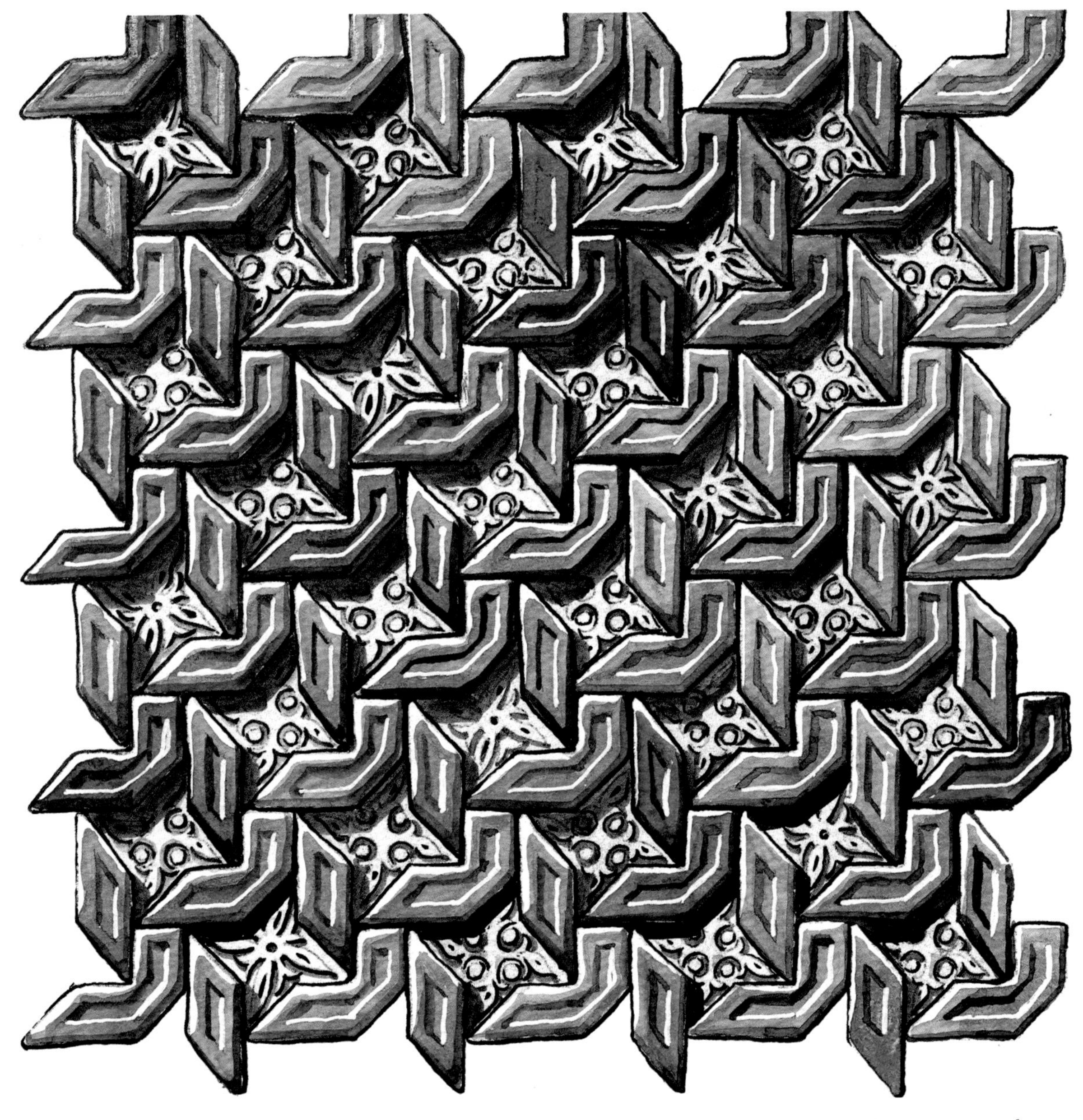

如图所示，选取网格中的一部分正方形，画出其对角线。得到一个十分传统的几何图形框架，其中包括平行四边形、正方形和四角星。
将平行四边形和正方形组合起来，构成一系列肘形图案，这种想法可谓十分新奇。

墙上的釉面砖砌装饰，巴斯塔姆（伊朗），14世纪初

五边形和十边形条纹装饰

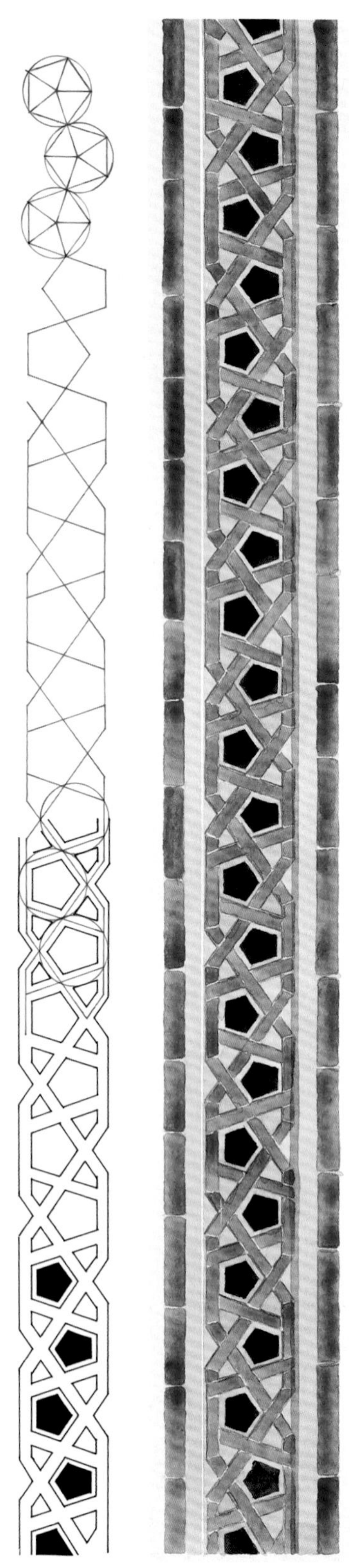
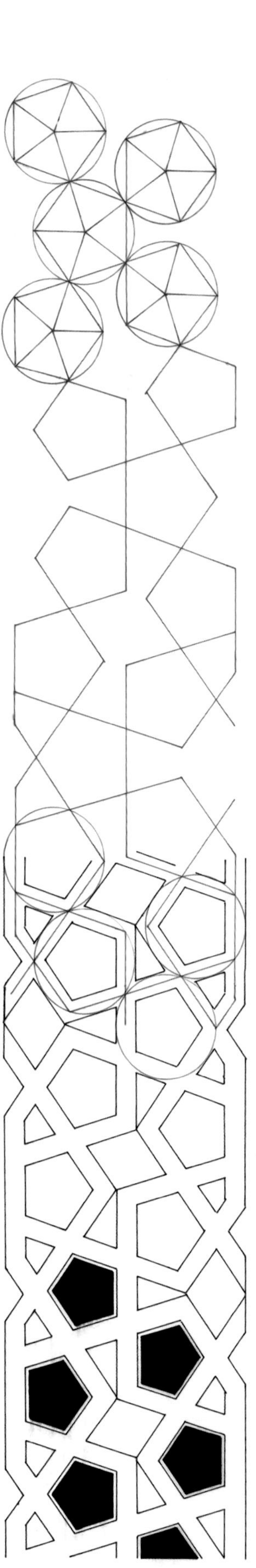

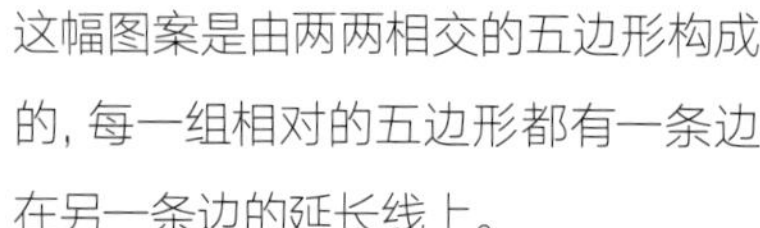

这幅图案是由两两相交的五边形构成的，每一组相对的五边形都有一条边在另一条边的延长线上。

釉面陶瓷的带状装饰，阿斯兰哈尼清真寺，安卡拉（土耳其），1290年

五边形和十边形条纹装饰

已知有一个被十等分的圆，将圆上的切点每隔2个相连，就能轻松地画出一个十边形和一个十角星。

通过延长这些连线，就能在十角星的每一个顶角处画出一个五边形。

重复上述步骤，画出相同的装饰图案，最后根据轴线和对称性确定条纹的宽度和位置。

釉面陶瓷带状装饰，阿斯兰哈尼清真寺，安卡拉（土耳其），1290年

多叶拱门和八角星

特鲁埃尔，西班牙

圣马丁塔楼位于西班牙阿拉贡省的特鲁埃尔地区，人们将它的建立归功于当时宽容的宗教管理。事实上，11世纪科尔多瓦这一辉煌的文化和艺术中心分裂了，这大力推动了收复失地运动的展开。在夺回的地区中，伊斯兰教徒成了这些基督教王国的领导者，他们被称为穆德哈尔。在长达几个世纪的时间中，他们一直拥有国家庇护者的身份，直到15世纪，卡斯蒂利亚·阿拉贡和伊莎贝拉·费迪南德成立了宗教裁判所。然而，在几个世纪的思想开放过程中，穆德哈尔为这些地区带来了一些特殊的知识。从艺术方面来看，穆德哈尔风格是伊斯兰文化、基督教文化和犹太教文化融合的产物，杂糅百家却又不失其特色。同时，人们在这一时期还修建和装饰了许多教堂。比如建于1315年的圣马丁塔楼，虽然它只是一座基督教教堂的钟楼，但是却和以下三座清真寺的塔尖十分相似，分别是塞维利亚的吉拉尔达清真寺、马拉喀什的库图比亚清真寺和拉巴特的哈桑清真寺。

圣马丁塔楼，特鲁埃尔（西班牙），1315年。

十二叶玫瑰花结

埃及或叙利亚

在巴黎装饰艺术博物馆的藏品中，有一扇镶嵌有骨头或象牙的木质门板，高1.76 m，宽77 cm。产地可能是埃及或叙利亚，时间为13世纪末或14世纪初（插图75、插图76）。

和许多其他的“东方主义”的作品一样，这扇门板属于19世纪的私人藏品。1897年，这件作品被1882年创立的“装饰艺术联合会”在世界博览会中拍下，买家是一群为应用美术担忧的收藏家，他们想要建立工业与文化、创作与生产之间的关系。

由砖块和釉面陶瓷构成的装饰表面，特鲁埃尔（西班牙），1315年。

十二叶玫瑰花结

设*AB*为装饰图案的宽。

在框架中画2个叠放的正三角形，得到整个装饰图案的中心点*C*，以及点*D*、*E*。

将∠*A*、∠*B*、∠*D*、∠*E*三等分；再将点*C*周围的空间十二等分。

以*A*、*B*、*C*、*D*为圆心，*AB*长度的一半为半径画圆，并连接圆上的切点。

以相同的4个点为圆心，*AB*长度的3/4为半径画另一组圆。

将这一组小圆二十四等分。选取圆上一半的切点，画出经过这些切点的且与圆半径平行的线条。

最后按照图中所示完成玫瑰花结的绘制。

镶嵌工艺壁板，中东，13世纪末或14世纪初

十二叶玫瑰花结

镶嵌工艺壁板，中东，13世纪末或14世纪初

6

14世纪至18世纪

几何装饰走向成熟

从14世纪至18世纪，欧洲和亚洲兴建了大量精美绝伦的建筑物。这500年中，几何装饰的发展达到了成熟期。在地中海和中亚地区，几乎所有使用过几何艺术的地区都在这一时期延续这一传统。但与之前相比，这一时期并没有出现真正意义上的新图案，每个地区都在充分利用前人留下图案和模型。在13世纪到14世纪，几何图案也达到了发展的巅峰，并且在撒马尔罕和格拉纳地区得到广泛传播，虽然这些地区没作出根本性的创新，但是都以独特的方式利用这些几何图案，并加入了一些地域色彩。

同样的，14世纪到18世纪产生的装饰作品，无论是出自安达卢西亚、摩洛哥、突尼斯、埃及、中东、伊朗、中亚，或是北印度，都具有各自的特点。不论使用的图案多么普遍化，都不会被混淆，因为它们的形状和风格有许多不同。人们发现，有的地区偏爱简单的线条，有的地区倾向于复杂的几何图案，这些选择是根据当地可用材料做出的：木材、灰泥、陶瓷或是大理石。

此外，中国在这一时期也加入了使用几何装饰的行列。在这一领域，中国的装饰者进行了独特的艺术创新。然而，这些创新并没有传播到西方，可能是因为其难以融入西方的习俗，这些习俗相对固定，已经没有了接受大变革的能力。

而在欧亚大陆的另一端，也就是西方，出现了一种名为“现代性”的现象。这种现象大约在16世纪出现，并在随后的几个世纪不断发展，最后蔓延至全球。“现代性”是指打破固有的传统，涉及人类活动的所有领域。在这种背景下，欧洲文艺复兴时期之后的建筑，无论早晚，都与之前的传统一刀两断。这意味着那些最古老的建筑装饰传统也被打破，人们开始追求外墙装饰的简洁朴素。

安达卢西亚

格拉纳达王国的阿尔罕布拉宫是伊斯兰政权在伊比利亚半岛上的最后一个避难所。这座宫殿与8世纪修建的科尔多瓦大清真寺齐名，都是享有盛名的伊斯兰建筑，同时也证明了伊斯兰教在西班牙的统治一直延续到15世纪。这两座建筑的特色完全不同：科尔多瓦大清真寺的宏伟朴实，与阿尔罕布拉宫热情的西班牙摩尔风格相对，这种风格还体现在13世纪至15世纪格拉纳达最后几位统治者的宫殿中。值得一提的是，科尔多瓦清真寺中的几何装饰数量稀少，而它却是阿尔罕布拉宫的装饰亮点之一。

安达卢西亚文明是伊斯兰教统治下在西班牙土地上繁荣发展的一种文明，以711年阿拉伯军队横渡直布罗陀海峡为始，1492年基督徒收复失地运动和格拉纳达王国战败为终，是历史上的一段黄金时期。然而，文化和科学的繁荣发展伴随着军事力量的孱弱，早在王国灭亡的两个半世纪之前，格拉纳达于1238年交由奈斯里德王朝统治。

格拉纳达的统治者十分英明，充分利用了其港口优势，其中就包括位于意大利和北海以及非洲和欧洲贸易路线上的马拉加港。然而种种迹象表明，格拉纳达王国将会是伊斯兰政权在西班牙的最后一座堡垒。在基督教王国的包围和统治阶级内部分歧的折磨下，格拉纳达王国最终一步一步走向灭亡。

格拉纳达王国的阿尔罕布拉宫。

这也使得它在建筑领域表现出的极高成就更加令人动容。

从最初位于海角上的一座俯视城市的堡垒开始，统治者马不停蹄地建造了住宅、宫殿、浴场、清真寺和学校，直到将整个城市修建成一个能容纳皇家贵族的豪华都市。然而城市的发展并没有就此停止，接下来统治者在维护城市外墙的同时不断为城市内部添加新的血液。这些建筑中最负盛名的建造于1333年至1354年。随后，奈斯里德王朝战败，尽管天主教国王希望从收复的领土上抹去伊斯兰教的痕迹，然而阿尔罕布拉宫得到了赦免，并成了皇室在格拉纳达都城的宫殿。

查理五世甚至希望把这里作为整个帝国的中心，并在这里建造一座大型宫殿，用过时的意大利古典艺术取代原有的精美建筑……

在世界上，很少有建筑能够像格拉纳达王国的阿尔罕布拉宫一样勾起人们的回忆。这可能是由于这座宫殿的建造风格随性而又不失章法，兼具了柔美与坚实、艺术与科技、感性与理智，并且建造者将这些奇妙的元素都融入景观中。建筑特色着眼于优雅而非宏伟，散发出一种微妙而又迷人，甚至有些慵懒的气息。建筑外部十分朴素，室内则装饰丰富，使用了花叶、文字和几何图案。当人们看到这些令人陶醉却又显得如此脆弱的墙面装饰时，很难相信这些作品历经了几个世纪的磨损、地震、战争破坏和劫掠之后仍然留存至今。

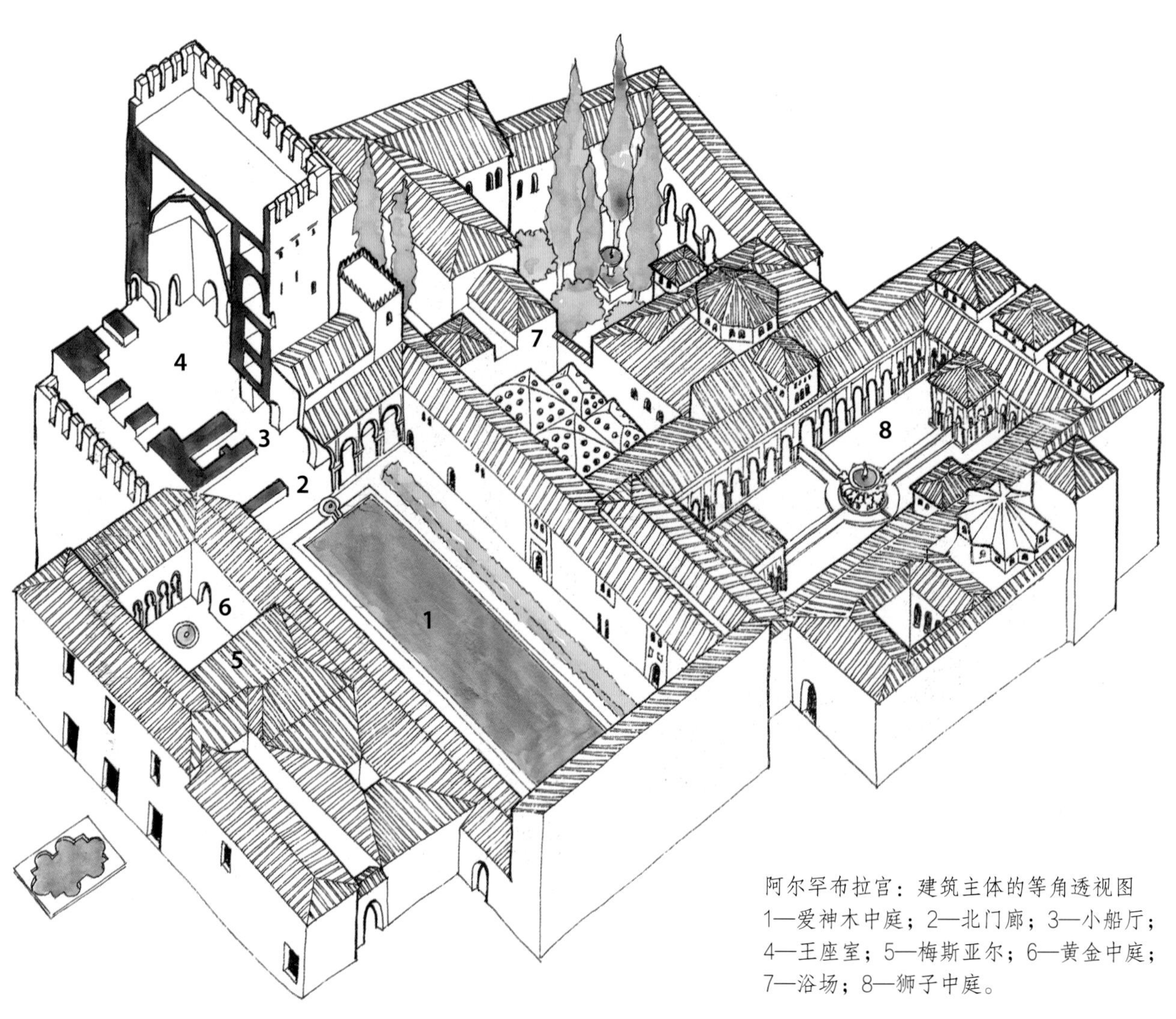

阿尔罕布拉宫：建筑主体的等角透视图
1—爱神木中庭；2—北门廊；3—小船厅；4—王座室；5—梅斯亚尔；6—黄金中庭；7—浴场；8—狮子中庭。

这些宫殿分布在多个矩形的庭院内，其中一些位于筑有防御工事的围墙中，彼此之间通过门廊和过道相互连接，中间是宫殿精华所在，即“爱神木中庭”和“狮子中庭”。前者修建于1335年，年代最为久远。庭院内有一片轴向水池，池边种植着一排散发幽香的爱神木。这座庭院还位于王座室，或是“使节大厅”的前方，处于一座45 m高的塔楼底部。第二个庭院建于1354年至1391年间，是阿尔罕布拉宫精致与和谐的象征。

庭院的四周是一圈设计精妙的回廊，过道中交替使用单柱和双柱，让人感到些许不真实。

在这些庭院的周围，三组独立而又互补的建筑形成了一个连贯的整体：科马雷斯厅包括了爱神木中庭和王座室，国王在这里召见大臣；梅斯亚尔是政府和司法机构的所在地；最后是后宫，这里是皇室的私人宅邸，面向狮子中庭，并附有一座令人赏心悦目的花园。

王座室，格拉纳达王国的阿尔罕布拉宫。

四叶玫瑰花结、八角星和小窗格组合

王座室，阿尔罕布拉宫，格拉纳达王国

从外部来看，王座室或者说使节大厅是一座比例匀称的高塔，平面图为一个正方形。而进入内部后，室内的装饰效果则近乎光怪陆离。在彩色几何图案的陶瓷墙板上方，装有多排凸起的蜂巢状灰泥雕饰和碑文，一直延伸到窗口的镂空壁板处。大厅顶部覆盖着一个巨大的雪松木圆顶，是木质建筑中独一无二的佳作。

在气候干旱的中东地区有一个古老的传统，就是在住宅的前厅和接待室放一个水坛，以便在进屋的时候就能饮水。这些用陶土制成的水坛表面有一些细小的缝隙，渗出的水珠经过蒸发之后可以为水坛里的水降温。阿尔罕布拉宫也保留了这项传统：例如在接待室前厅的通道两侧，就修建了两个壁龛专门放置水坛（插图77、插图78）。

王座室中的壁龛，阿尔罕布拉宫。

方格网中的图案

王座室的凉廊，阿尔罕布拉宫，格拉纳达王国

每一面厚重的墙体中都开凿了三个凉廊。墙面装饰同样由多种几何图案组成的陶瓷壁板和灰泥雕饰组成，顶部则由雕刻精细的木板覆盖。鉴于这些凉廊的规模相对较小，因此侧面的墙壁装饰只能从倾斜角度，甚至是贴近地面的角度才能看到。装饰中采用的几何图案似乎是站在观众的角度选择的，因为从远处观看，这些图案的形状变换多样（插图79、插图80、插图81）。

最初，凉廊的门口装有木质百叶窗或彩色玻璃，用来减轻外部强烈的光线。庭院和塔楼的名字“科马雷斯”（阿拉伯语写作qamariyya）也是因为这些彩色玻璃得来的。进入大厅的光线十分稀少，营造出了一种神秘的氛围。统治者在这间奢华的大厅中召见大臣；几次关乎王国存亡的会议也在这里召开；同样，格拉纳达王国的投降书也是在这里签订的，几个月之后，克里斯托弗·哥伦布的远征队发现了新大陆。

王座室中的凉廊。

四叶玫瑰花结和八角星组合

以1张正方形网格（红色）为框架，画出每个网格的对角线、中轴线和内切圆（蓝色）。
将圆上的切点每隔2个连接起来，得到网格内的八角星。
按照图中所示，每隔1行，修改4个八角形围住的图案。

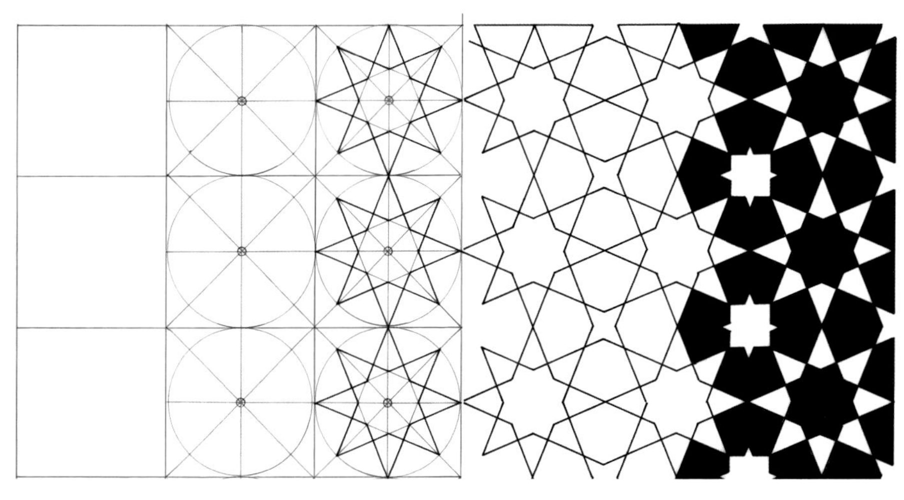

王座室前厅中壁龛内部的陶瓷壁板，阿尔罕布拉宫，格拉纳达王国

四叶玫瑰花结、八角星和小窗格组合

在正方形网格中（红色），画出一半网格的中轴线、对角线和内切圆（蓝色）。
内切圆的4条切线与正方形的边组合成1组八边形（黑色）。
将八边形水平和垂直边的顶点与相对边的顶点连接。如图所示，在每个内切圆上画2个八角形，并延长部分边长。

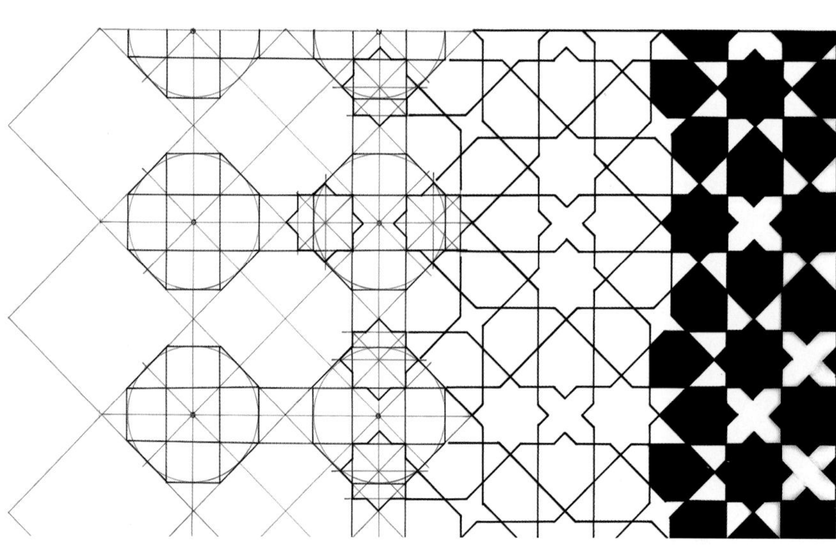

王座室前厅中壁龛内部的陶瓷壁板，阿尔罕布拉宫，格拉纳达王国

方格网中的装饰图案

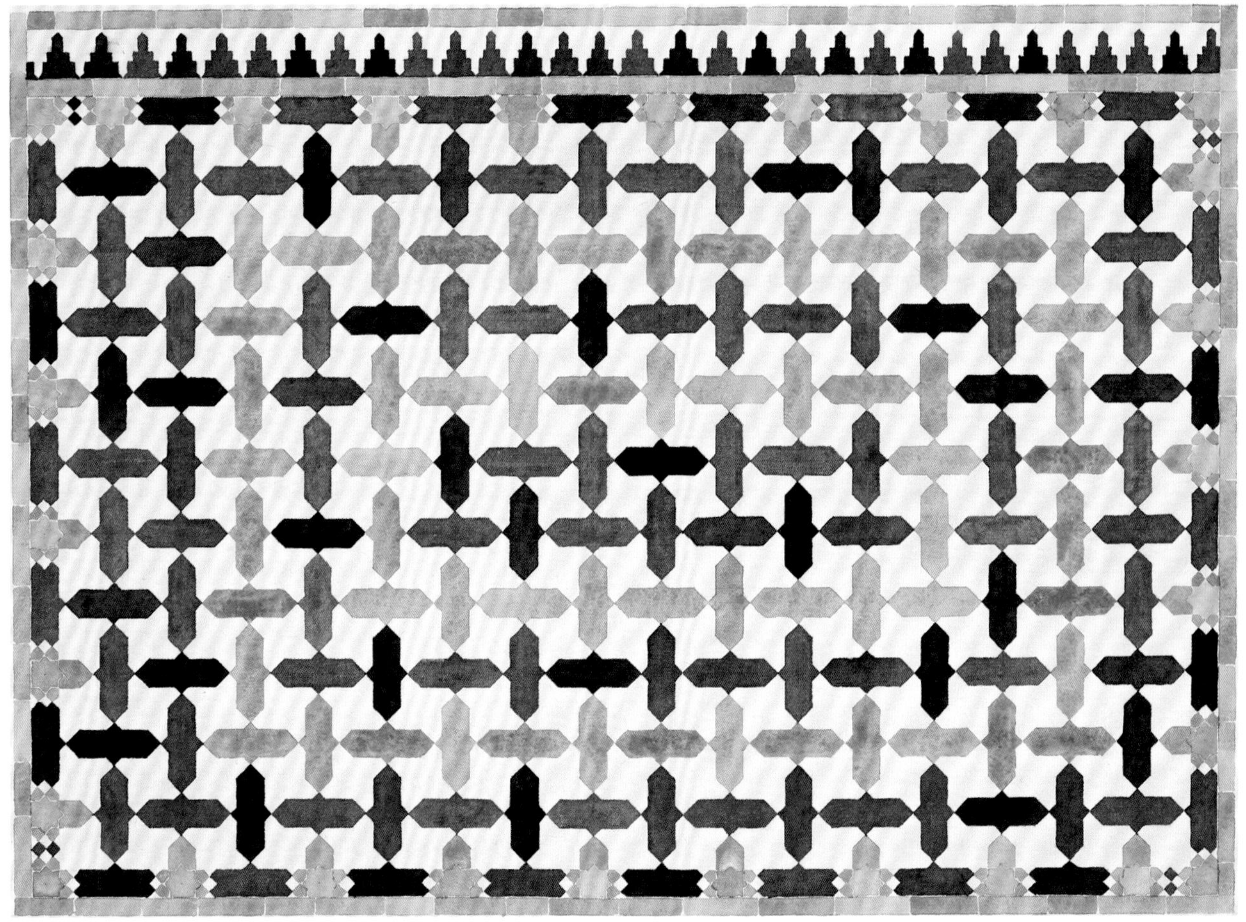

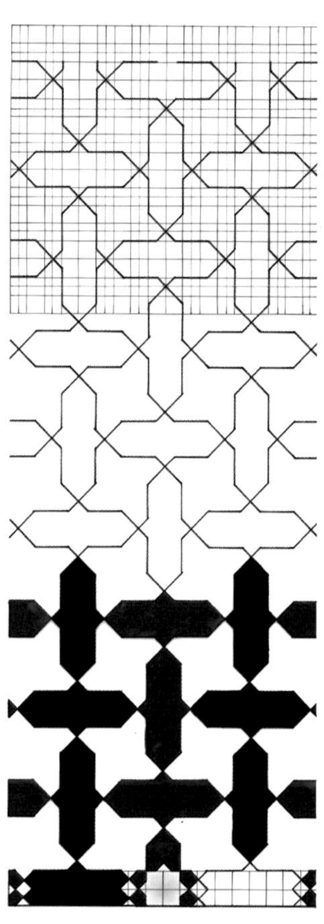

根据方格网中一部分网格的中线和边长绘制这幅装饰图案。

王座室内凉亭的陶瓷壁板，阿尔罕布拉宫，格拉纳达王国

方格网中的装饰图案

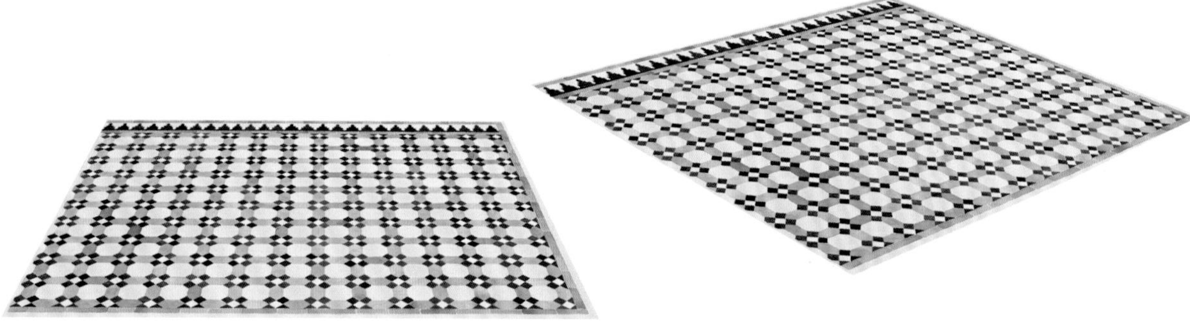

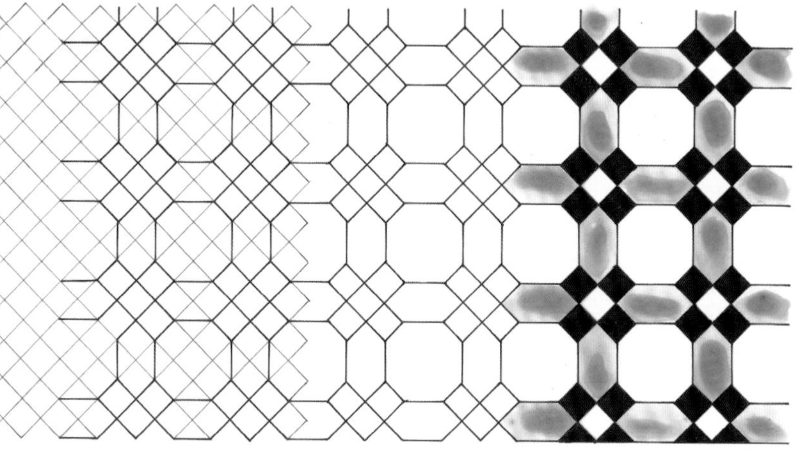

根据方格网中一部分网格的对角线绘制这幅装饰图案。

王座室内凉亭的陶瓷壁板，阿尔罕布拉宫，格拉纳达王国

方格网中的装饰图案

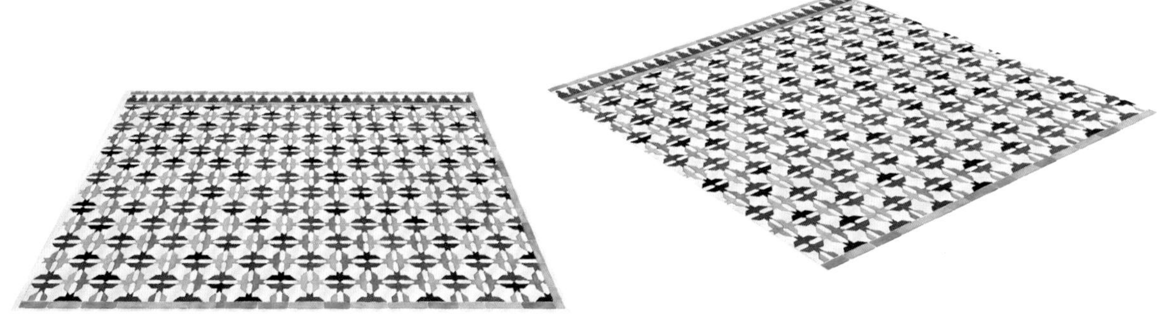

根据方格网中一部分网格的对角线和边长绘制这幅图案。

王座室内凉亭的陶瓷壁板，阿尔罕布拉宫，格拉纳达王国

带有单一多边形图案的“密铺平面图”

王座室内的凉廊，阿尔罕布拉宫，格拉纳达王国

凉廊是王座室通向外部的一个通道，其内侧的尽头是一个带有月牙花边的拱门，依靠两根倚墙而建的半圆石柱支撑，表面铺设有陶瓷装饰。比如右图展示的这个几何图案装饰，整个装饰只包含一种单一而独特的图案，通过不断地复制和排列组成整个装饰作品。图案的绘制方法十分简单：以一张包含三角形、正方形和六边形的几何网格图为基础，然后从这些多边形的一条或多条边开始，去掉其中的一部分，最后再按照对称原则补全图案。在阿尔罕布拉宫的这幅装饰图案中，制作者以正方形为基础，裁掉同一个顶点上的两个三角形，然后把这两个三角形位移到相对的顶点处。

令人奇怪的是，这类几何装饰图案十分罕见。插图82以及后面几幅插图中所展示的是已知的最古老的作品，并且都未曾受到现代的修复。事实上，一直到荷兰雕塑家M.C.埃舍尔（1898—1972年）以其几何和非几何图案的组合而闻名于世，并且逐渐转变为完全不同的图案组合后，人们才开始了解和探索这种由单一图案组成的“密铺平面”装饰。与此同时，在20世纪，“密铺”理论或者说用一些（一种或是多种）“瓦片”（英语为tile，tiling）划分平面或三维空间的这种工艺成了当时数学家研究的偏爱（见第7章）。

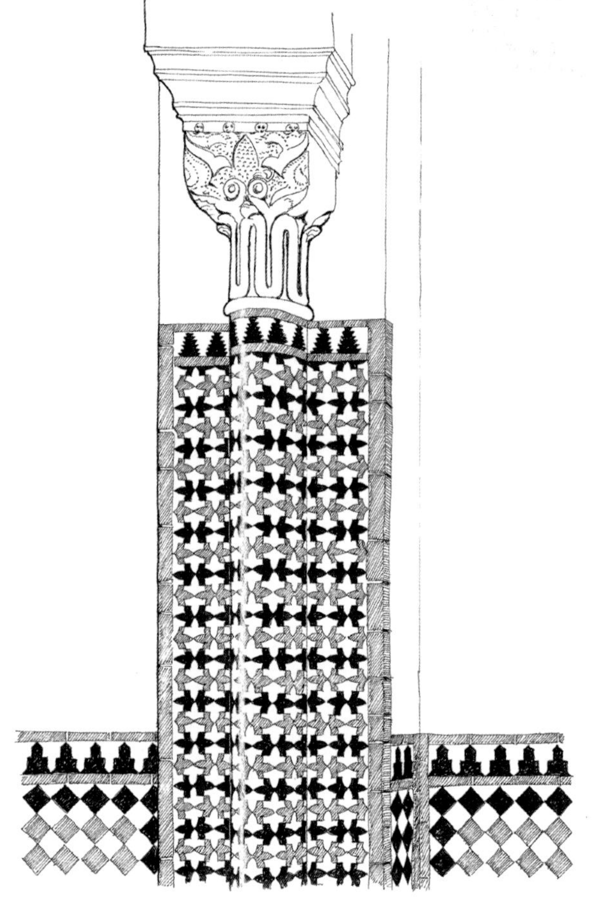

王座室中的壁柱。

交织的三十二叶玫瑰花结，四叶玫瑰和四叶饰图案的条纹装饰

王座室内的凉廊，阿尔罕布拉宫，格拉纳达王国

凉廊中陶瓷装饰的上方有一条绵延的石雕带，末尾处是一系列玫瑰图形的灰泥雕饰。这些玫瑰图案雕刻在边长不到25 cm的方格内，但是这个小小的细节却成了几何领域十分精妙而且高雅的灵感来源。它们证明了阿尔罕布拉的工匠们“使用圆规”绘制几何图案的高超水平（插图83、插图84）。

带有单一多边形图案的“密铺平面图”

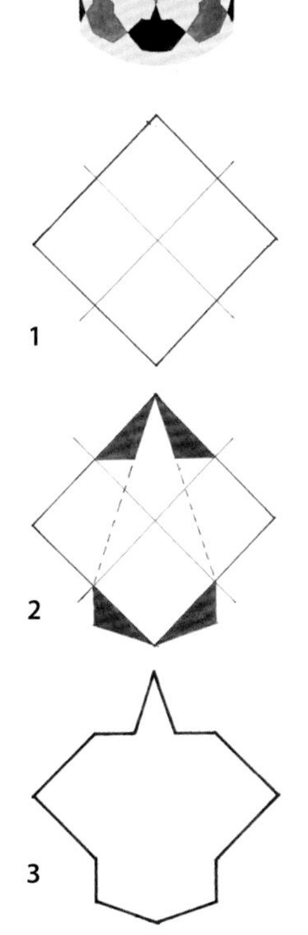

单一图形密铺的基本方案

1—正方形为底；2—切割并补充图形；3—得到最终图案。
图案建立在一张正方形网格中（红色）。将每一个网格的边长四等分，从而将网格平分成16份。
之后按照图中所示，选取几个包含3个相邻网格的正方形组，并连接对应顶点，同时要求这些正方形组横竖交替（蓝色）。
最后，画出剩余网格的对角线，然后选取需要的线条即可（黑色）。

王座室内壁柱上的陶瓷装饰，阿尔罕布拉宫，格拉纳达王国

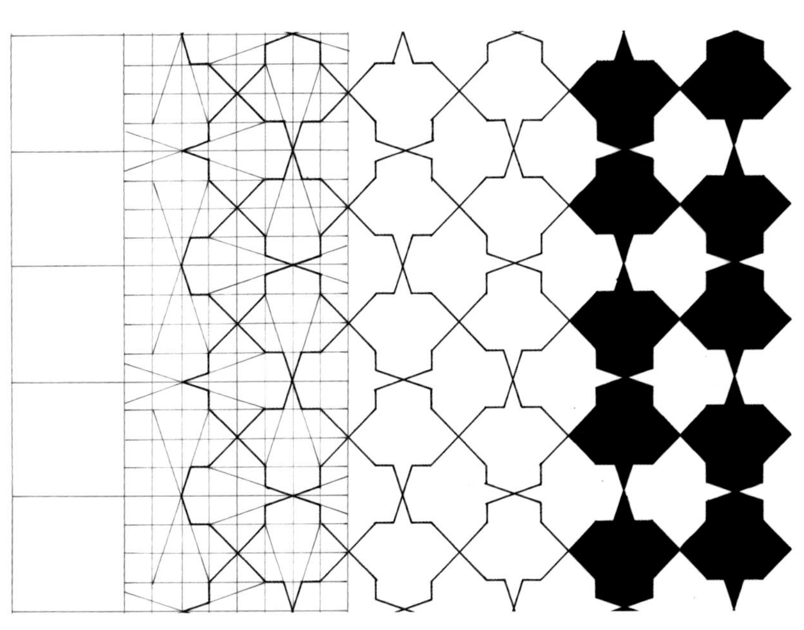

交织的三十二叶玫瑰花结

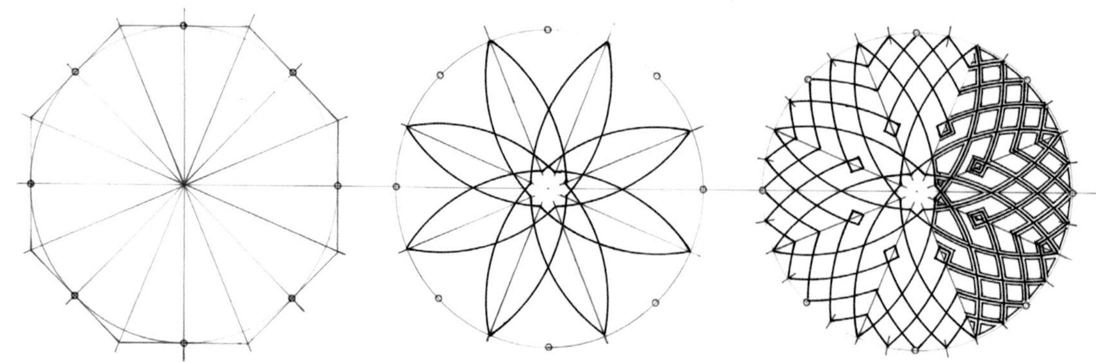

外部的圆被等分为16份，以一半的分割点作为中心画弧，连接其两侧的第三个分割点。从而得到一个八叶玫瑰花结图案，之后将外部的圆进一步分割为32份。
以同样的分割点为中心，画连接其两侧第三个分割点的弧线。最后按照图示选择所需线条。

王座室凉廊中的灰泥雕饰，阿尔罕布拉宫，格拉纳达王国

四叶玫瑰花结和四叶饰图案的条纹装饰

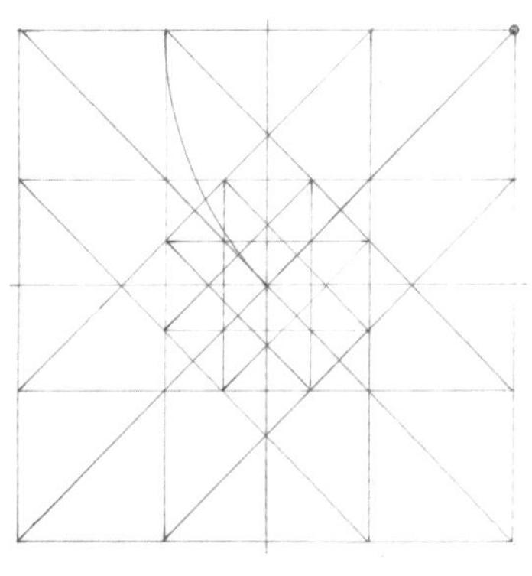

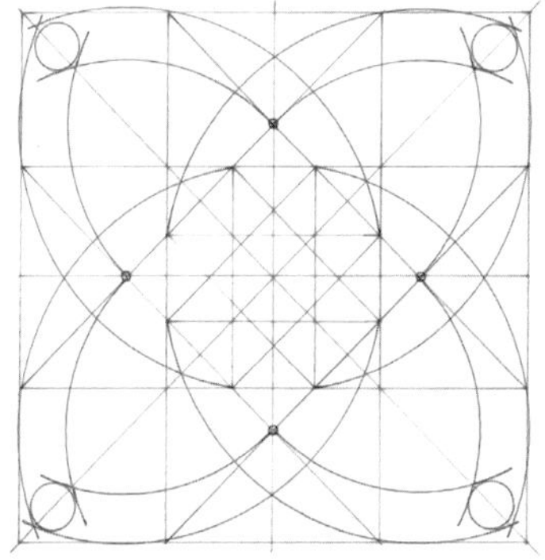

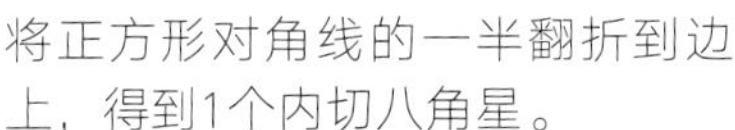

将正方形对角线的一半翻折到边上，得到1个内切八角星。
八角星每2个分支之间构成一个直角，以这4个直角为圆心，按照图中所示画弧。
在中间的正方形中画1个内切八角星，以及它的外切圆。
以外切圆和正方形垂直平分线的交点为圆心，画出组成四叶饰图案的4条弧线。

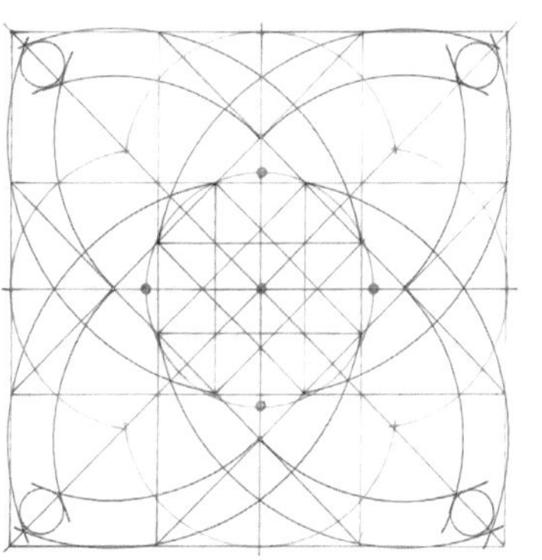

王座室凉廊中的灰泥雕饰，阿尔罕布拉宫，格拉纳达王国

带有单一多边形图案的“密铺平面图”及其变型，四叶玫瑰花结

热浴场，阿尔罕布拉宫，格拉纳达王国

阿尔罕布拉宫中的土耳其浴室由古罗马浴室演变而来，它不仅具有洗浴功能，还是一个能够进行国事会谈的惬意之地。出于这个原因，浴室的入口位于爱神木中庭内。根据传统，由于热水浴中的水蒸气的温度较高，因此在沐浴后要先经过冷水浴和温水浴室的过渡，才能进入休息室中躺下歇息。休息室中使用了大量奢华的装潢，其中大部分都分布在浴池四周的四个支柱上，支柱后方摆放着一些休息长椅。走廊的地板是专为音乐家设计的，整个休息室的地面都铺设了几何图案的瓷砖地板。

插图85中的装饰图案位于休息室的躺椅上。这幅图案与插图82中的图案一样，都是通过方格中单一图形的切割和补充来完成的。而插图86则是前者的一个变型，其中所有图形的边都是直线。

这件十分传统的陶瓷灰泥雕饰目前收藏于阿尔罕布拉宫博物馆中。它最初就装饰在宫殿的一栋建筑内，后来建筑被摧毁，人们在挖掘过程中找到了它。

方格网中的十字图案

浴场休息室，阿尔罕布拉宫，格拉纳达王国

休息室中的躺椅摆放在墙面的凹陷处，内部装饰着16世纪翻修的瓷砖壁板。

插图87中的装饰图案十分简单，需要从远处进行欣赏。

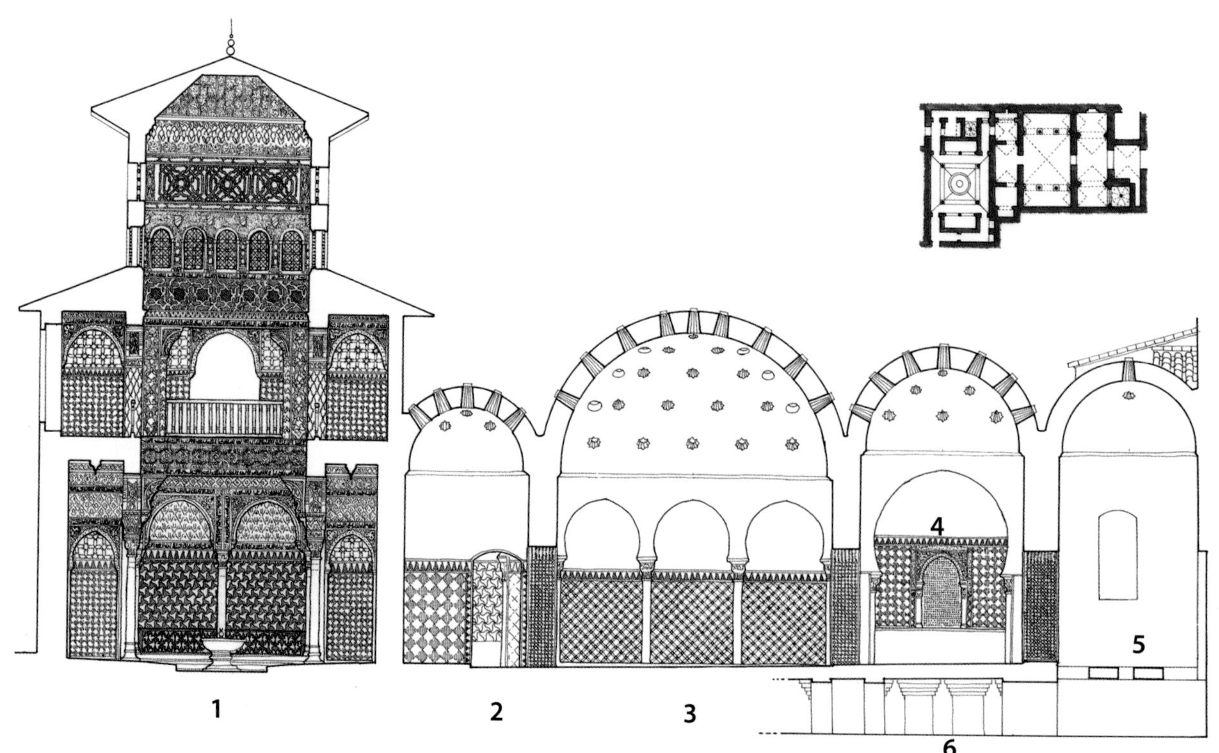

阿尔罕布拉宫浴场的平面图和剖面图

1—休息室；2—冷水浴室；3—温水浴室；4—热水浴室；5—锅炉房；6—暖坑。

三曲腿图案

浴场休息室，阿尔罕布拉宫，格拉纳达王国

这幅由单一元素组成的装饰图案依旧位于休息室的躺椅上，其动态效果十分突出。装饰中的元素是包含三条分支的螺旋状图形，能够表现出水流的波动。它让人联想到“三曲腿图案”（希腊语写作triskélès，意为“三条腿”），这种图案产生于公元前5世纪，并在之后成了凯尔特人的标志（插图88）。

浴场休息室内景。

单一图案的“密铺平面图”

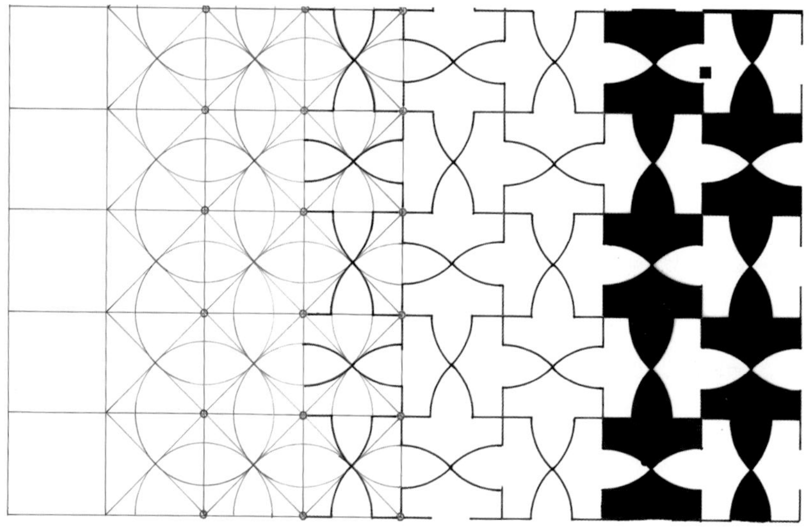

在正方形网格中，画一组以网格顶点为圆心，并且与网格对角线相切的圆形，就得到了一张四叶玫瑰花结的网格。最后按照图案要求选取相应线条。

浴场休息室中躺椅的装饰，阿尔罕布拉宫，格拉纳达王国

单一图案的“密铺平面图”，前者的变型，四叶玫瑰花结

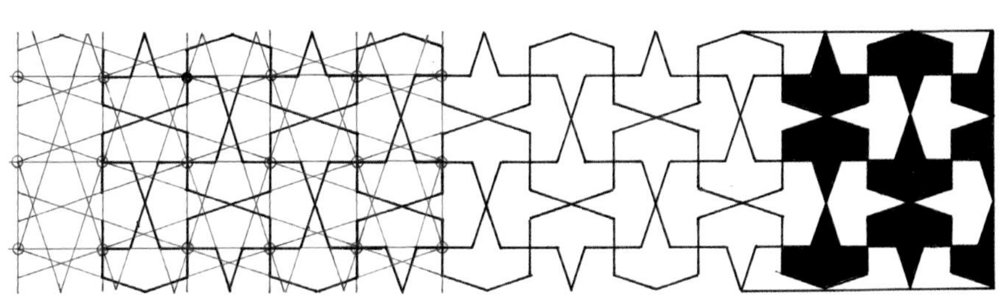

以一张方格网为基础（红色），按照图中所示连接网格的顶点（蓝色），也就是说要连接叠加在同一列中或并列在同一行中的3个网格组的对角。
最后根据要求选择相应线条（黑色）。
以方格网中（红色）一半的顶点为圆心，网格边长为半径画一组圆（蓝色），就得到了一张四叶玫瑰花结的网格。最后按照图案要求选取相应线条。

浴场休息室中躺椅和石柱的装饰，阿尔罕布拉宫，格拉纳达王国

方格网中的十字图案

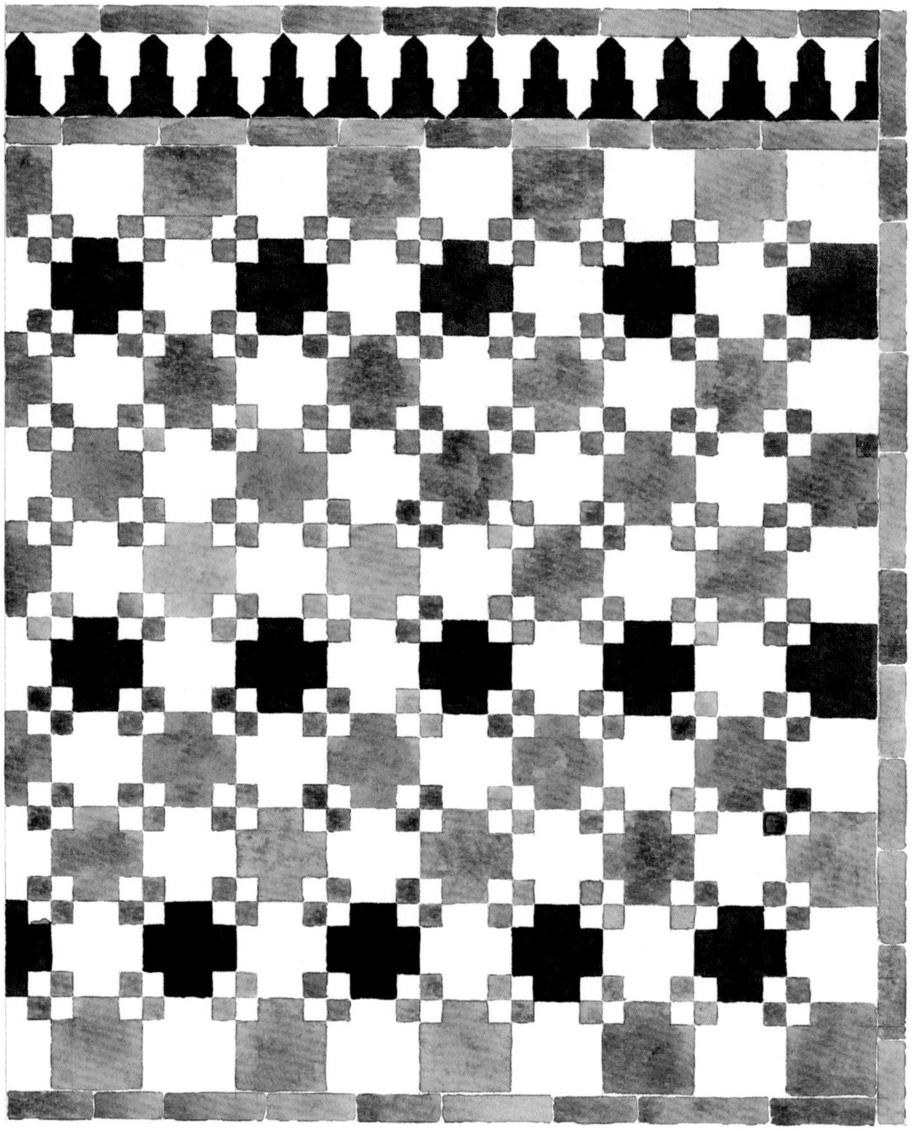

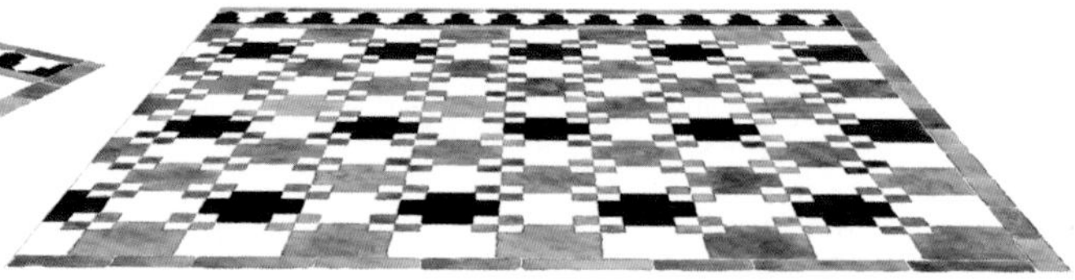

只需在方格网中进行简单的线条选择即可完成这幅图案。

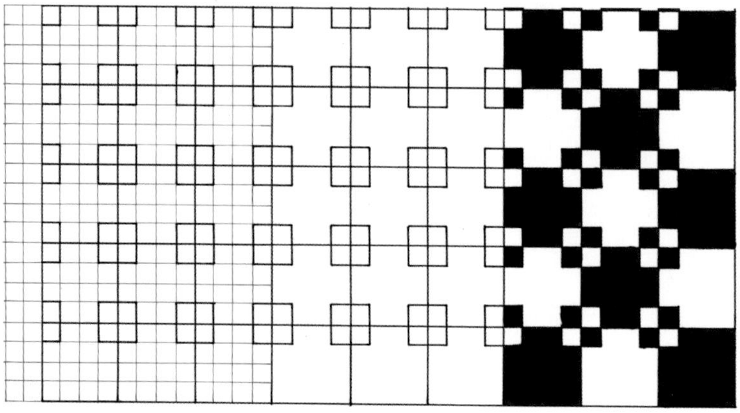

浴场休息室中的墙面装饰，阿尔罕布拉宫，格拉纳达王国

三曲腿图图案

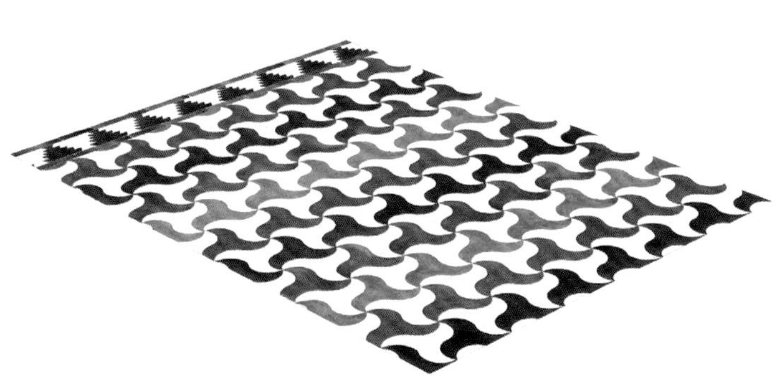

通过一张由正三角形组成的主框架上（红色）和叠加在上面的副框架（蓝色）完成装饰图案的绘制。
以副框架上的顶点为中心、边长为半径画弧线，组成螺旋状（或是三曲腿形）的曲线三角形图案。

浴场休息室中的墙面装饰，阿尔罕布拉宫，格拉纳达王国

侧边为直线的变型图案

三曲腿图和六边形组合

爱神木中庭，阿尔罕布拉宫，格拉纳达王国

爱神木中庭北侧的门廊两端可通向王座室，这两个入口处同样装饰了瓷砖壁板。其中一个入口的三曲腿图案装饰和上一页展示的图案十分相似，但螺旋图案的中心交替嵌入了六边形和六角星。色彩的布局和搭配使图案具有波动和起伏的特殊效果（插图89、插图90）。

爱神木中庭北侧门廊。

爱神木中庭、北侧门廊及王座塔。

三曲腿图和六边形组合

在正三角形框架（红色）上叠加一张副框架网（蓝色）。
以图中标出的红点为圆心、副框架网的边长为半径画弧，得到曲边三角形图案（三曲腿图）。
为了调整图案，需要画出内切于曲边三角形的圆（蓝色）。之后在这些圆内交替画出六边形和六角星即可。

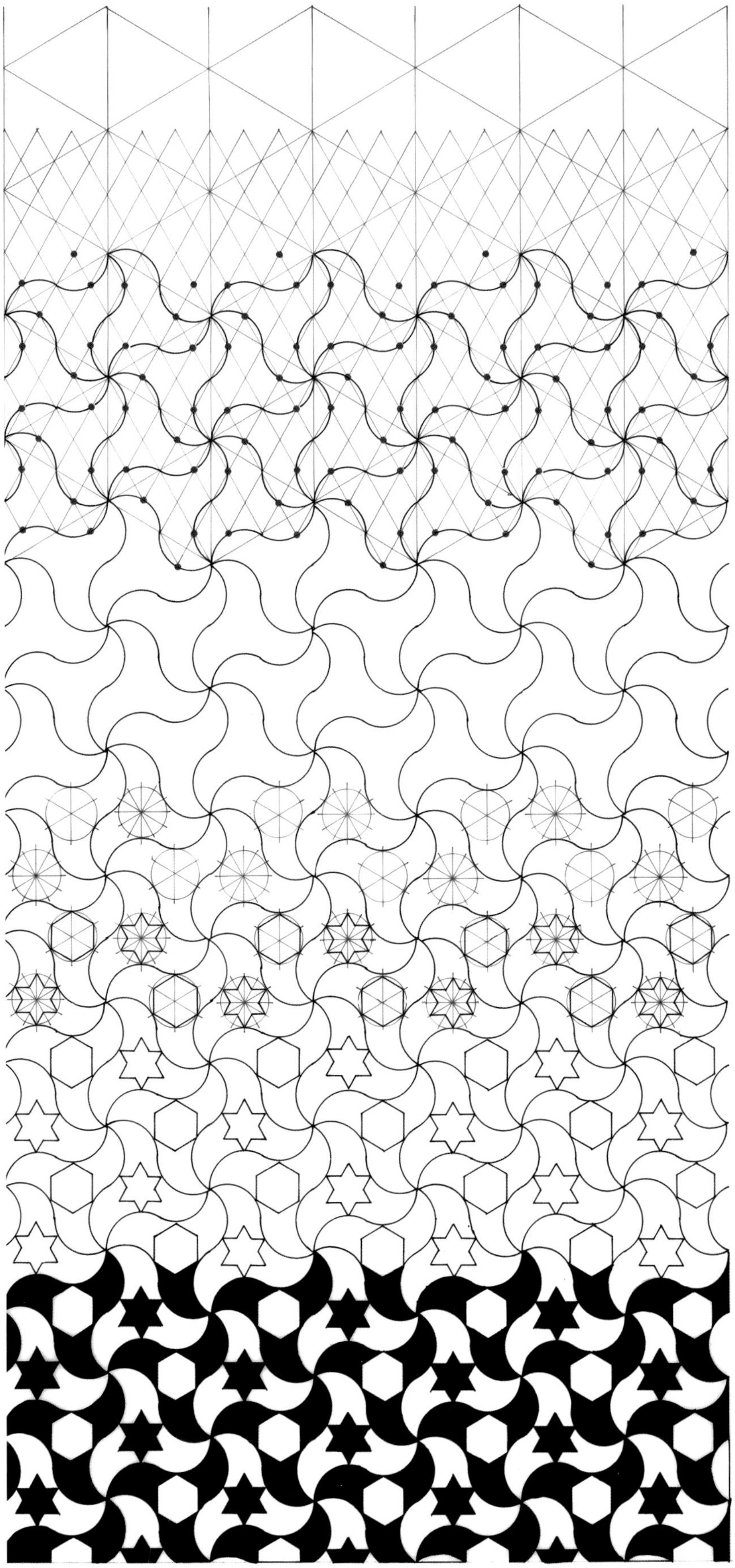

王座室前方门廊的瓷砖壁板，阿尔罕布拉宫，格拉纳达王国

三曲腿图和六边形组合

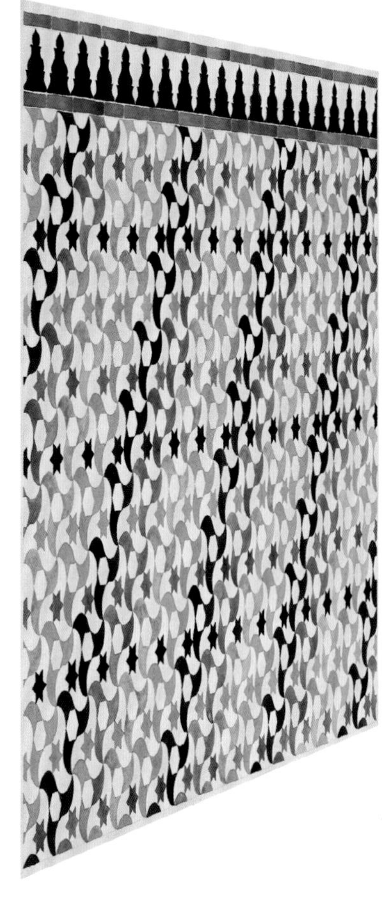

王座室前方门廊的瓷砖壁板，阿尔罕布拉宫，格拉纳达王国

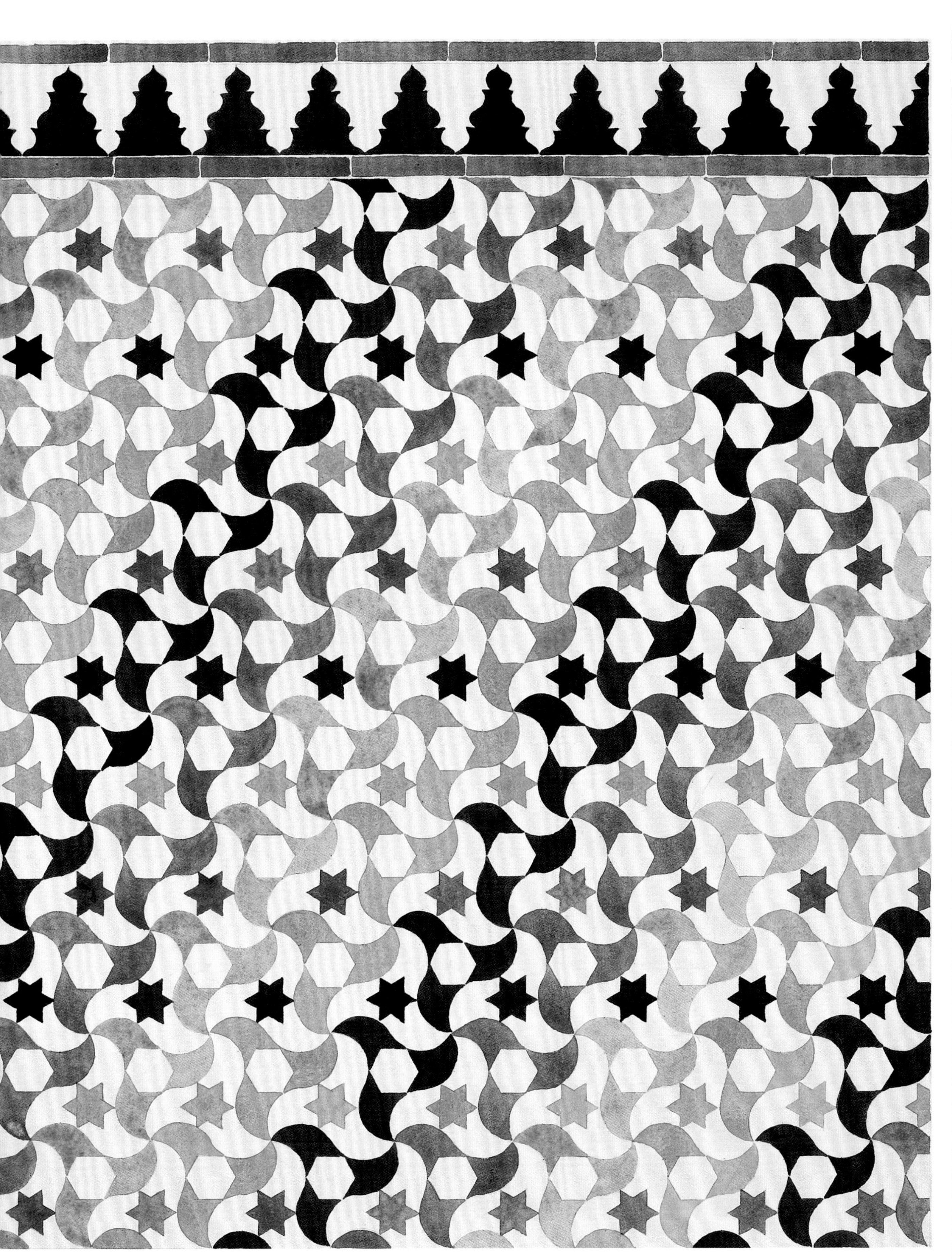

方格网中的图案

梅斯亚尔厅，阿尔罕布拉宫，格拉纳达王国

梅斯亚尔厅是格拉纳达王国法庭的所在地，是阿尔罕布拉宫中最古老的建筑，同时也是装饰覆盖率最大的庭室。大厅的中心由四根柱子围住，呈正方形，顶部曾有一盏吊灯。这是曾是议会研究司法要务的地点，后来在17世纪被改造为礼拜堂。如今，墙面装饰已更新换代，使用了带有一些塞维利亚特色的灰泥雕饰和瓷砖贴片。虽然已经不是原来的样貌，但是从几何装饰的角度来看同样十分有趣（插图91）。

梅斯亚尔厅。

六叶玫瑰的条纹装饰

梅斯亚尔礼拜堂，阿尔罕布拉宫，格拉纳达王国

在收复失地运动展开之前，人们就已经在梅斯亚尔大厅的尽头修建了一所小礼拜堂。站在这里还能够看到格拉纳达城市中心的景观。不幸的是，1590年一枚火药彻底摧毁了这座礼拜堂。更糟的是，人们在1917年完工的修复工程质量极其低劣。

但无论如何，梅斯亚尔厅上层窗户的镂空壁板上绘制了精美、成熟的几何装饰图案，它们证明了几何装饰在19世纪末和20世纪仍然处于主流地位（插图92、插图93）。

梅斯亚尔礼拜堂。

方格网中的图案

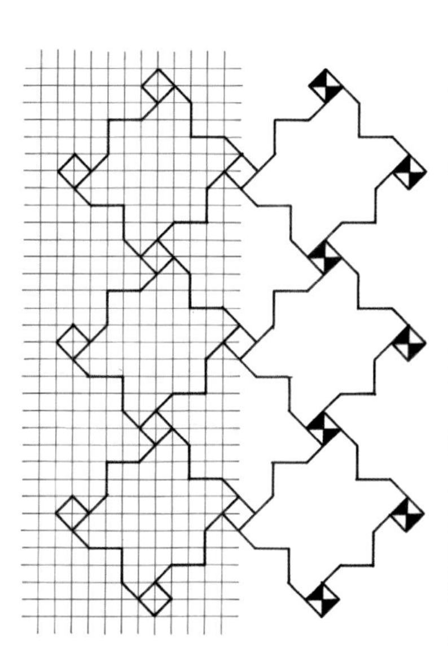

图案建立在一张方格网中（红色），按照图中所示连接相应的网格顶点即可。

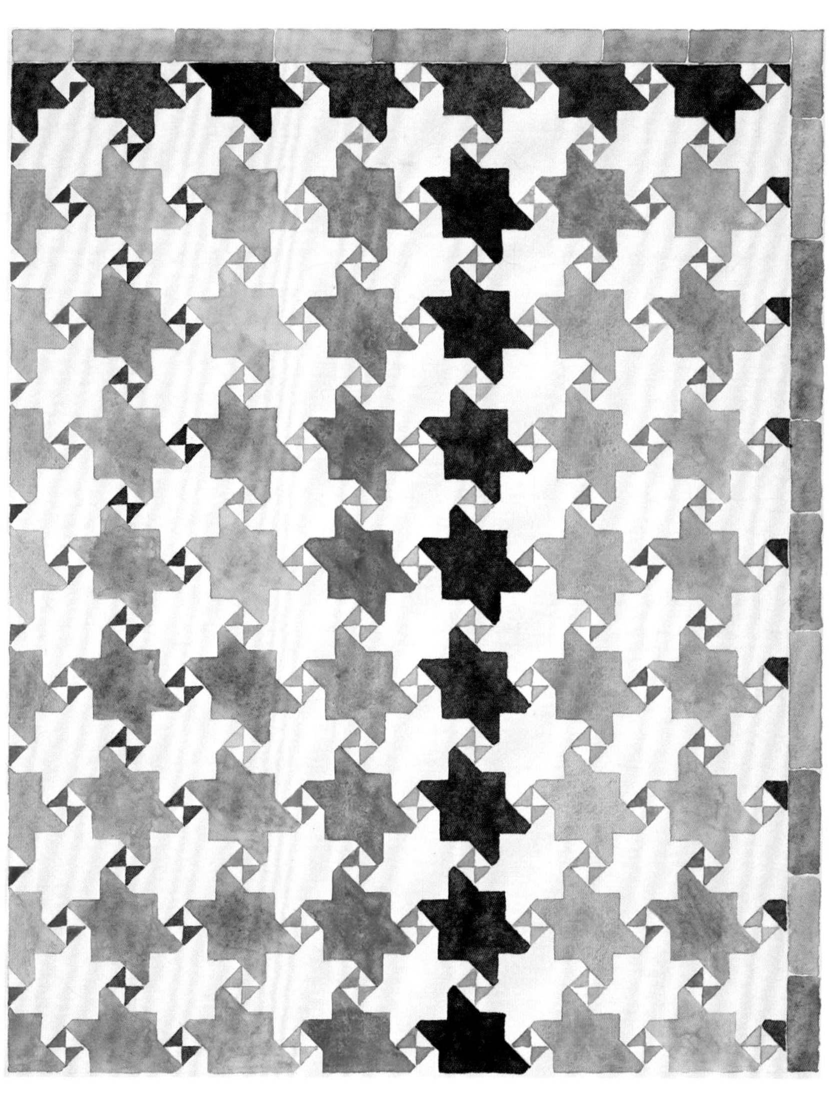

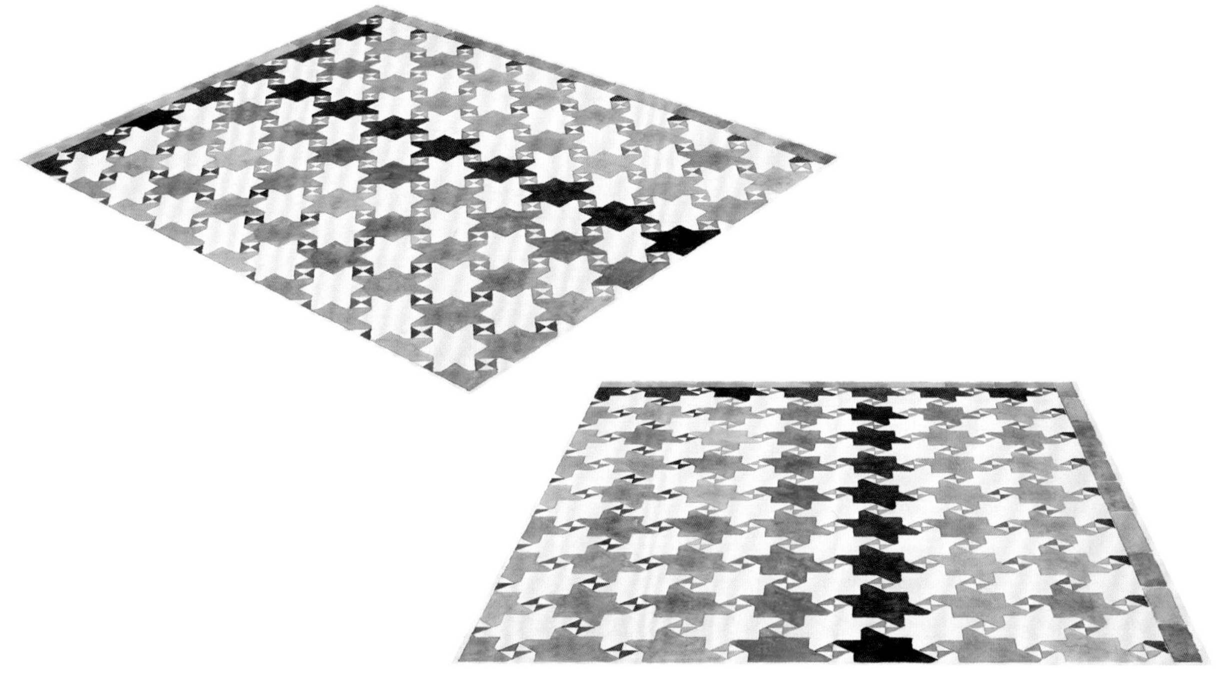

梅斯亚尔厅的墙面瓷砖装饰，阿尔罕布拉宫，格拉纳达王国

六叶玫瑰的条纹装饰

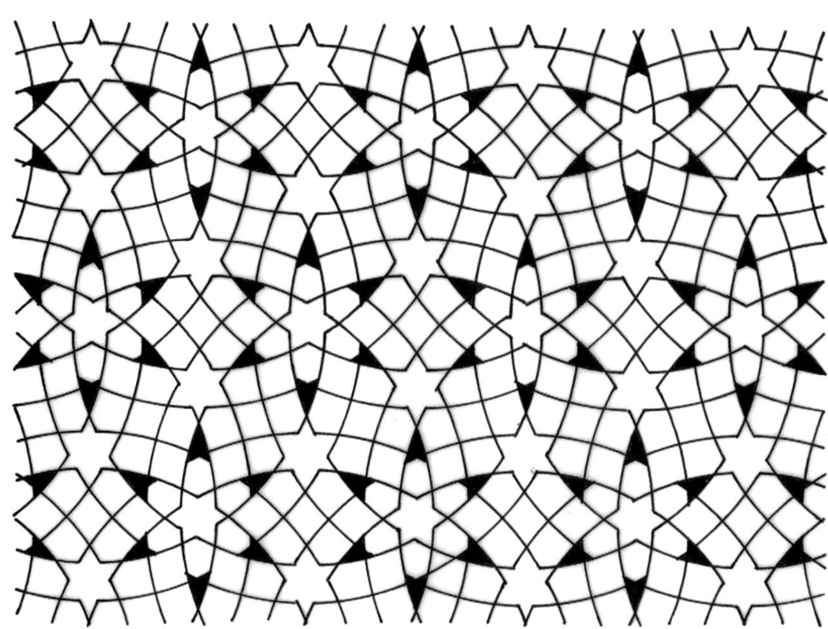

图案建立在一张正三角形的网格中（红色）。
在每一条网格的线上，每隔3个网格取一顶点。
以这些点为圆心，2个网格的边长为半径画圆（蓝色）。
条纹宽度没有规定，但要谨慎选择。

梅斯亚尔礼拜堂的镂空壁板，阿尔罕布拉宫，格拉纳达王国

六叶玫瑰的条纹装饰

梅斯亚尔礼拜堂的镂空壁板，阿尔罕布拉宫，格拉纳达王国

建立在八边形和正方形网格中的图案

玩偶中庭，塞维利亚王宫

塞维利亚王宫（Reales Alcazares de Sevilla）始建于公元844年，是倭马亚王朝统治时期的一座宫殿。在后来的阿拉伯帝国时期，这座宫殿经历了多次的整修。13世纪收复失地运动开展期间，统治者在原先的阿拉伯宫殿基础上增建了哥特式建筑。在随后的一个世纪当中，1356年发生的大地震摧毁了塞维利亚王宫中的一部分建筑，随后天主教国王召集了来自格拉纳达王国、摩洛哥菲斯以及阿尔及利亚特莱姆森的艺术家和工匠们，修建了一座穆德哈尔式的壮丽宫殿。16世纪时，查理五世又对宫殿进行了整体的翻修。西班牙皇室今天所用的地板，就是这座宫殿历经700年历史之后的延续。

“玩偶中庭”（patio de las Munecas）修建于科尔多瓦的倭马亚王朝时期（9世纪或10世纪），是整个塞维利亚王宫最古老的部分，历经了多次的整改和修复。“玩偶中庭”这个名字来源于室内的一些雕塑装饰。这间庭院通向其他不同的厅堂，庭院内有一条十分优雅的门廊，尽头的墙面上装饰有几何图案的瓷砖。装饰图案的线条十分简单，并且考虑到了人们从门廊穿过时的视角问题（插图94）。

从门廊通向大厅的大门门洞处装饰着一些小型瓷砖墙板，上面的几何图案还出现在很多其他建筑当中：比如，17世纪阿拉格的泰姬陵，以及18世纪的大马士革建筑。这种装饰图案从不同角度观看能看到不同的景象，为装饰艺术提供了一个十分有趣的元素（插图95）。

玩偶中庭，塞维利亚王宫。

由单一图案划分的两种八角星的组合图案

少女中庭，塞维利亚王宫

这间被称为“少女中庭”（patio de las Doncellas）的庭院建于14世纪，后于16世纪整修，长19 m、宽15 m。庭院内的门廊有24个花瓣形拱门，上面装饰有丰富的灰泥和瓷砖装饰。

其中一幅装饰图案尤为特别：它来源于一种原始的几何图形，通过单一图案的重复和排列划分出不同的多边形图案。

这件装饰中的几何图形分为两种不同的颜色，由它们划分出的多边形也使用陶瓷制作。但是，我们也可以只制作几何瓷片，然后在空隙处嵌入灰泥或石膏中来完成这件装饰。这种类型的几何装饰十分罕见，除了塞维利亚王宫中的这件装饰作品之外再无他例（插图96）。然而，这种装饰的现代用途却是众所周知的，突尼斯就是一个例子。

小骨和三曲腿图案

大使厅，塞维利亚王宫

塞维利亚王宫中这间豪华的大厅被称为大使厅（Salon de Embajadores），房间呈正方形，长和宽都为10 m，上方搭建了一个装饰着彩色玻璃的华丽穹顶。人们可以从三扇精美的拱门进入这间大厅，每一扇拱门都被两根支柱分割。大厅建于1427年，但是目前还不能确定这些装饰是否在同一时期修建。

值得一提的是，大厅中有许多瓷砖装饰，装饰中采用了三曲腿图案（参见第183页），并通过排列在它们之间留下曲边八角星和椭圆形的空间。环绕在三曲腿图案周围的带状装饰采用了一种被称为“小骨”的图案元素，这是一种在古罗马时期就被使用的传统几何图案（插图97、插图98）。

大使厅，塞维利亚王宫。

建立在八边形和正方形网格中的图案

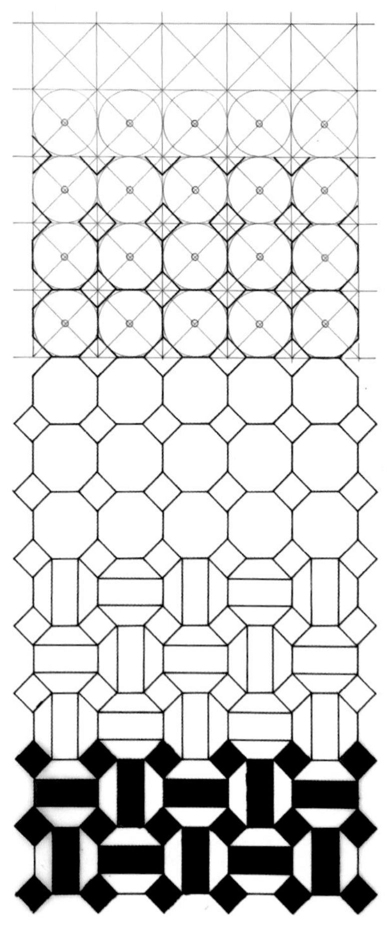

在一个正方形网格中（红色），画出每一个网格的对角线和内切圆（蓝色）。
然后画出这些圆的切线，得到一个由正方形和八边形组成的网格（黑色）。
最后将八边形中的顶点从水平和垂直方向两两相连。

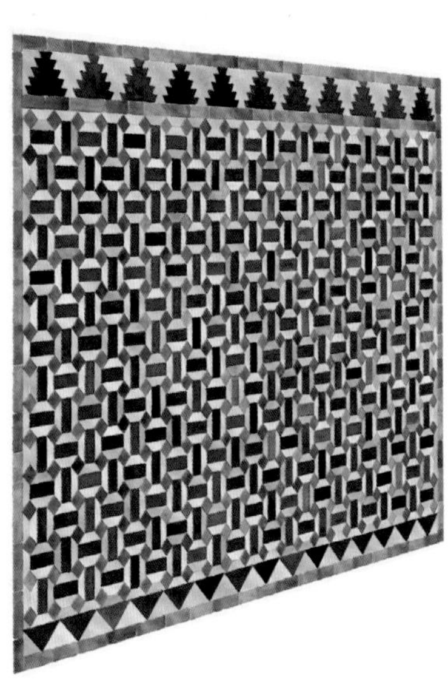

玩偶中庭的瓷砖墙板，塞维利亚王宫

方格网中的图案

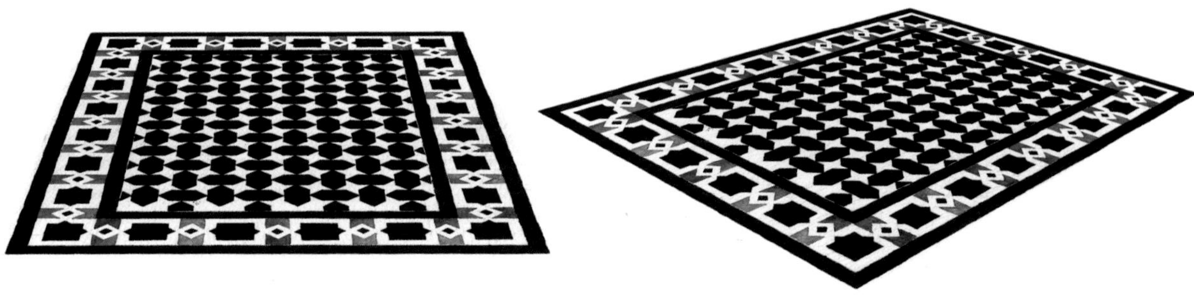

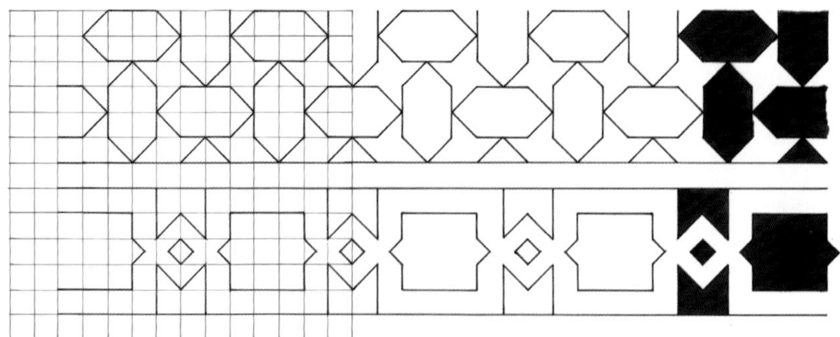

这面装饰的中心和边框图案都是在同一个方形网格中建立的。
如图所示，通过连接网格的顶点得到这两种图案。

大使厅入口处的瓷砖墙板，塞维利亚王宫

由单一图案划分的两种八角形的组合图案

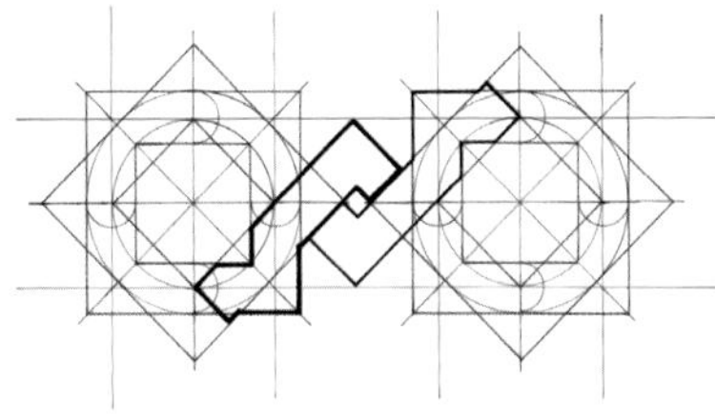

单一图形的画法如下。
已知一个正方形（红色）。画出它的中心线、对角线和内切圆（蓝色）。
在内切圆中绘制一个八角星（黑色）。
随后再画一个大八角星，使其水平边和红色正方形边长间的距离与小八角星水平边和正方形边的距离相等。
最后延长其中的一些线条，并按照图示进行选择。

在第一张正方形网格中（蓝色），连接相邻边长的中点得到第二张网格（红色）。
再连接第二张网格中正方形边长的中点，得到一组顶点重合的正方形（黑色）。
画一组穿过这些重合点的圆（蓝色）。
再画出这些圆的内切八角星（黑色）。
最后按照图中所示确定条纹宽度。

少女中庭的瓷砖墙板，塞维利亚王宫

小骨和三曲腿图案

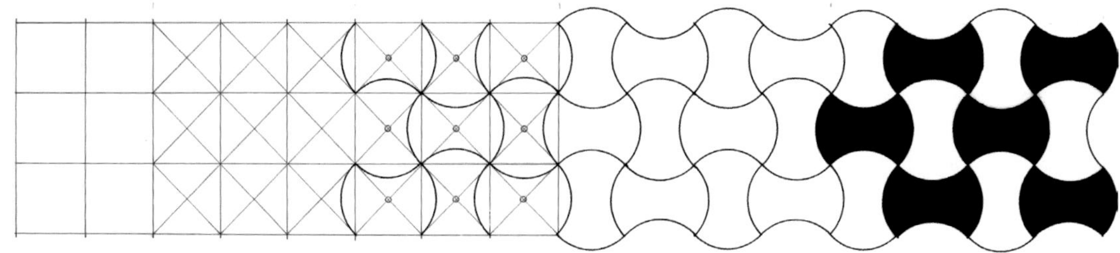

小骨图案

这种名为“小骨”的装饰图案以一张方形网格为基础，正方形中心为圆心，对角线长度的一半为半径画弧，即可得到图中所示图案。

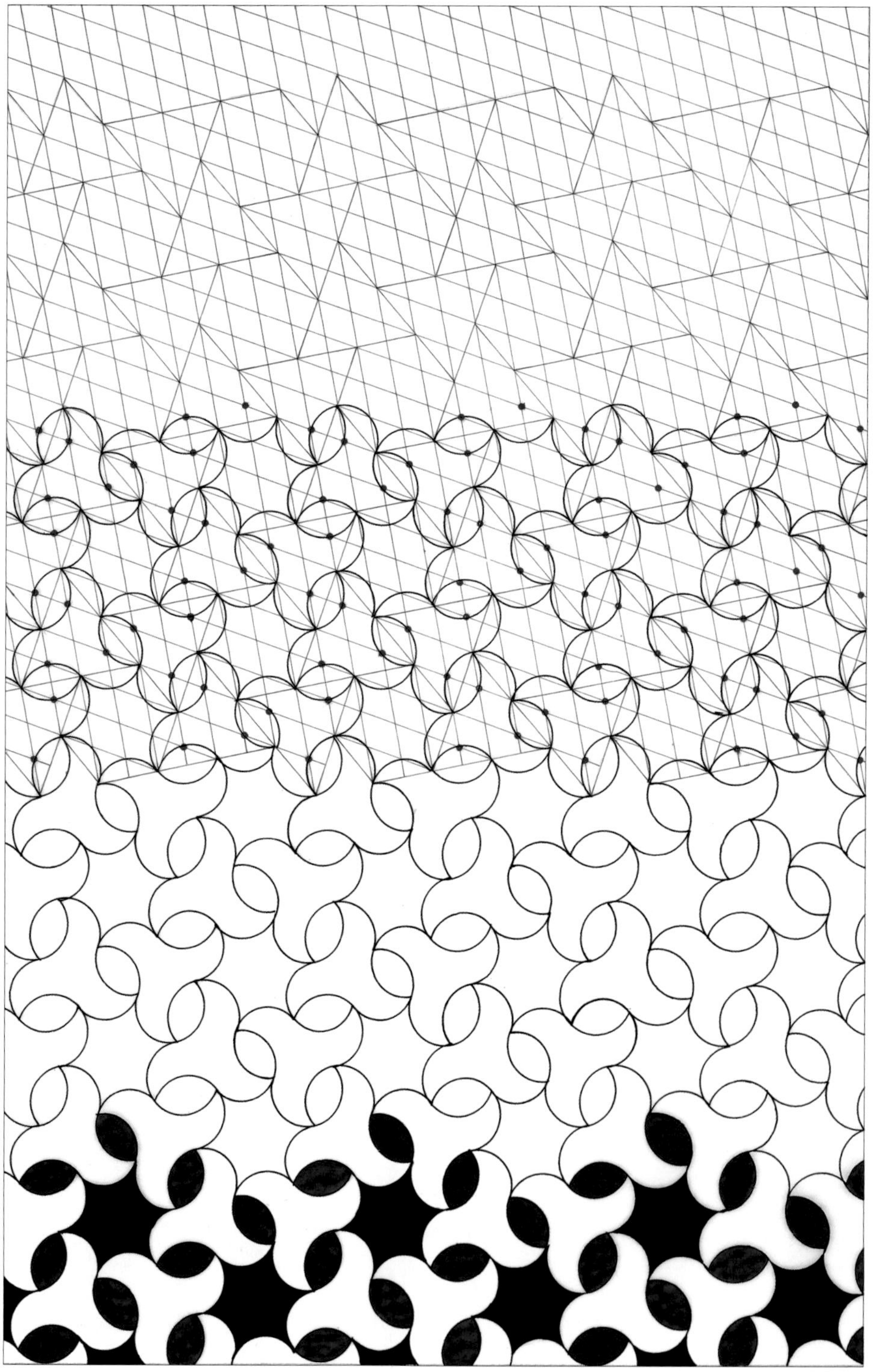

三曲腿图案

如图所示，在1个由等边三角形组成的框架中，每2个三角形有1条边的一半重合，中间为六边形。在这张框架中绘制第二张网格。

以第二张网格中的部分顶点为圆心，边长为半径画弧，得到构成螺旋状（或三曲腿状）曲边三角形的弧线。

大使厅的瓷砖墙板，塞维利亚王宫

小骨和三曲腿图案

大使厅的瓷砖墙板，塞维利亚王宫

马格里布

在地中海、撒哈拉沙漠和大西洋之间的北非地区，形成了一个地理与文化的实体。这片区域在7世纪时被阿拉伯人征服，由于其地理位置偏远，因此得名马格里布（来自阿拉伯语al-Maghrib，意为“日落之地”或“西边”），以区别于其他伊斯兰地区。

如今，组成这片地区的国家都在不断发展着共同的、区别于东部国家的、带有非洲特色的认同感，其中包括摩洛哥、阿尔及利亚、突尼斯和利比亚。当然，这些国家也被烙印上了各自不同的印记。比如，摩洛哥受西班牙半岛影响较大，而突尼斯与意大利、东地中海和埃及来往密切，它们都处在多重因素影响的十字路口。

在地理和历史因素的影响下，马格里布地区的艺术作品呈现出极高的相似性以及特殊性。

其中，马格里布东部地区留有罗马和拜占庭帝国的统治痕迹。在7世纪时，东部地区的艺术作品是将本土的艺术形式和那些从波斯萨珊、美索不达米亚和埃及进口的艺术形式融合在一起。而马格里布西部地区受罗马影响性较小，与拜占庭也几乎没有牵连，因此并没有给后来居于此地的阿拉伯人带来影响。马格里布西部地区与东部地区鲜有接触，因此未受到后者的直接影响，但是在与西班牙的来往过程中，西部地区原本的柏柏尔文明与安达卢西亚文明碰撞在一起，迸发出一种独有的特征。随后，土耳其也为东马格里布带来了一些改变，而来自西班牙的摩尔人则继续影响着西马格里布。

历史上，马格里布的建筑者在建筑形式方面表现得较为保守，不苛求创新。但是他们通过使用装饰提高了建筑水平，比如大量豪华的大理石贴片、彩色瓷片或灰泥雕饰马赛克壁板、彩绘木质护墙板，以及青铜装饰的细木工艺。

那些无可比拟的马格里布装饰作品都出自13世纪到15世纪上半叶在梅里尼德王朝统治下的摩洛哥和阿尔及利亚西部。这一时期马格里布的装饰风格与西班牙的奈斯里德王朝风格十分相似。这是一种精炼、奢华、感性的艺术，完全摒弃了之前统治者要求的庄严朴素。

在这些梅里尼德王朝时期修建的古迹中，有一部分保留到了现在。例如特莱姆森的Sidi Boumediene清真寺（1338年），菲斯的阿塔里纳学院，又被称为“香料商学院”（1326年），以及布伊纳尼亚神学院（1357年）。

哈夫斯王朝与梅里尼德王朝几乎在同一时期建立，其统治时期一直延续到16世纪，领土包括今天的突尼斯和阿尔及利亚东部。从哈夫斯王朝建立以来，马格里布一直维持着一种灿烂的文明，但并没有进行显著的创新。

随后，土耳其在16世纪打开了突尼斯的大门。在这一时期，西班牙的查理五世和奥斯曼帝国的苏莱曼一世为了争夺地中海西部盆地和沿海地区的统治展开了抗衡。为了保卫领土，阿尔及尔和突尼斯的领袖请求土耳其海盗的帮助，也就是巴巴罗萨海盗。但土耳其海盗篡夺了权力并投奔土耳其苏丹这座靠山，将阿尔及尔献给奥斯曼帝国作为行省。虽然这种统治属于理论上的，但是土耳其的文化和艺术对这一地区的艺术创造产生了十分重要的影响，尤其是装饰艺术领域。在这一时期，突尼斯地区开始使用瓷砖装饰，并逐渐取代了传统的装饰工艺。

16世纪的摩洛哥由萨阿迪王朝统治。该王朝的最后一位国王在对外政策方面采取了与奥斯曼帝国相反的态度，他同时也是一位艺术和文化发展的赞助人，在王朝的首都马拉喀什开展了多个大型建筑项目。他的宫殿中有许多诗人、学者和艺术家，其奢华和礼节令人惊叹。除此之外，马拉喀什的古迹还包括16世纪末时建造的萨阿迪王朝的皇家陵墓、本优素福神学院和巴迪皇宫。这些建筑中的装饰采用了前几个世纪使用的传统工艺，同时还加入了一些外来技术和材料，比如意大利的雕刻大理石。

之后，阿拉维王朝在17世纪和18世纪又建造了许多杰出的建筑作品，该王朝至今仍然统治着摩洛哥。最初，梅克内斯城被选为王国的首都，并成了名副其实的皇家禁地，其中坐落着多座宫殿、庭院、清真寺和防御堡垒。

总而言之，西方伊斯兰国家在13世纪至18世纪缔造了一种独一无二的艺术语言，并且成为之后几个世纪的艺术灵感来源。法国在19世纪和20世纪对这一丰富的遗产进行了清点和系统的研究，这一强大的殖民国家从中发现了复兴自身装饰文化的前景。最后需要强调的是，这些工匠建成的作品并不是一些陈旧的废弃品，反而在现在得到了复兴。在这些城市中，无数皇家宫殿、清真寺和古迹的修复工程正在如火如荼地展开，无数艺术职业也获得了新生。

例如，在马拉喀什展开的皇家宫殿修复工程就雇用了三千名工匠。摩洛哥国王哈桑二世认为这些宫殿不仅是娱乐之地，还将其视为国家特性的象征和见证。无数富裕阶层和中产阶级人士都参与这次修复运动的浪潮中，用传统工艺装饰自家的房屋。如果他们的后代意识到这次传统装饰艺术的复兴和现代化的重要性，他们会作出这种评价：精致传统装饰并不做作，阿拉伯式花纹没有过多使用，几何装饰在不断追求复杂和自身完美的同时也并没有忽视观看者的乐趣和感受。

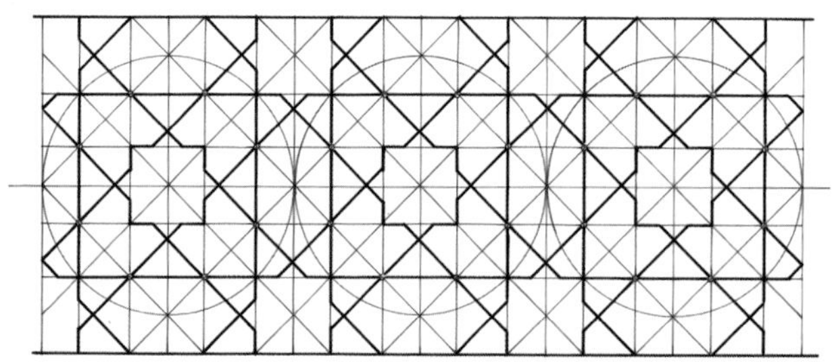

三种颜色不同的几何网格装饰，分别来自摩洛哥的马拉喀什（巴迪皇宫，17世纪），
阿尔及利亚的特莱姆森（Medersa Tachfiniya，14世纪），以及突尼斯市（Maison Mrabet，18世纪）。

八角星条纹装饰和其他多边形图案

萨阿迪王朝的皇家陵墓，马拉喀什，摩洛哥

萨阿迪王朝的皇家陵墓修建于1578年至1603年的马拉喀什市中。陵墓依靠着大清真寺的外墙，并设有一个供卫兵站岗的花园，该建筑包含三间庭室。其中，比例最为匀称、装饰最为精美的一间中安放着苏丹艾哈迈德和他儿孙的棺木。这间大厅（10m×12m）的内部被一条由12根廊柱组成的门廊环绕，顶部覆盖着由雪松木制成的圆顶，墙面的上层装饰有灰泥雕饰，而下层和地面则铺设了彩色的几何图案瓷砖墙板，凸显出地面上的意大利白色大理石棺木。

18世纪初，苏丹穆莱·伊斯梅尔决定清除所有萨阿迪王朝留下的印记，因此他下令拆除之前建造的这些建筑。但是，他并没有胆量亵渎前人的陵墓，因此命人将陵墓的入口用围墙封住。之后，有许多建筑都是靠着陵墓的围墙建造的，直到1917年人们才发现了这座陵墓并开展了修建工程。

插图99展示了一间副厅中的装饰作品。虽然摩洛哥的其他彩绘木制品上也使用过这种图案，但瓷砖材料使其更加精妙出众。事实上，无论是画师、马赛克装饰家还是雕刻家都有自己的素材库，正所谓隔行如隔山。经过大致推断，这幅装饰作品是在20世纪初的修复工程中制作的。

萨阿迪皇家陵墓的大厅，马拉喀什。

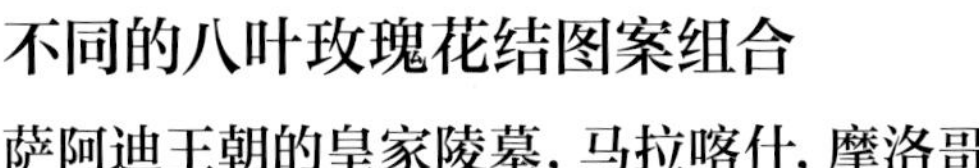

不同的八叶玫瑰花结图案组合

萨阿迪王朝的皇家陵墓，马拉喀什，摩洛哥

插图100同样展示了萨阿迪王朝皇家陵墓副厅中的一件装饰作品，不论从几何图案的选择还是从着色的把控上，这件作品都代表着摩洛哥杰出的装饰水平。从整体来看，图案线条略显简单，虽然相邻玫瑰花结之间加入了次级图案来填补空白。从色彩角度来看，设计者没有利用颜色增加图案的复杂性，而是简化图形，通过黑白两色的变化进行对比。

四叶玫瑰花结和十六叶玫瑰花结组合

萨阿迪王朝的皇家陵墓，马拉喀什，摩洛哥

这幅装饰图案位于通往陵墓主厅的大门两侧，下方是一条文字横幅和一排齿带。由于位置十分重要，这里的装饰采用了一种精细复杂的图案。设计者选用黑色作为主色调，为主厅营造一种半明半暗的光影效果。值得注意的是，装饰图案中所有的黑色图形都被白色包围。这种颜色的对比给图案整体带来了一种闪烁效果（插图101、插图102）。

八角星条纹装饰和其他多边形图案

在这张方形网格中（红色），画出每行和每列中三分之一的网格的对角线（蓝色）。
绘制这些网格的外切圆，之后取相同半径，以对角线交点为圆心画圆。
在这些圆中绘制内切八角星（蓝色）。
最后按照图片中给出的带装饰宽度完成绘制。

瓷砖墙板，萨阿迪王朝的皇家陵墓，马拉喀什（摩洛哥）

不同的八叶玫瑰花结图案组合

同一图案的双色版本

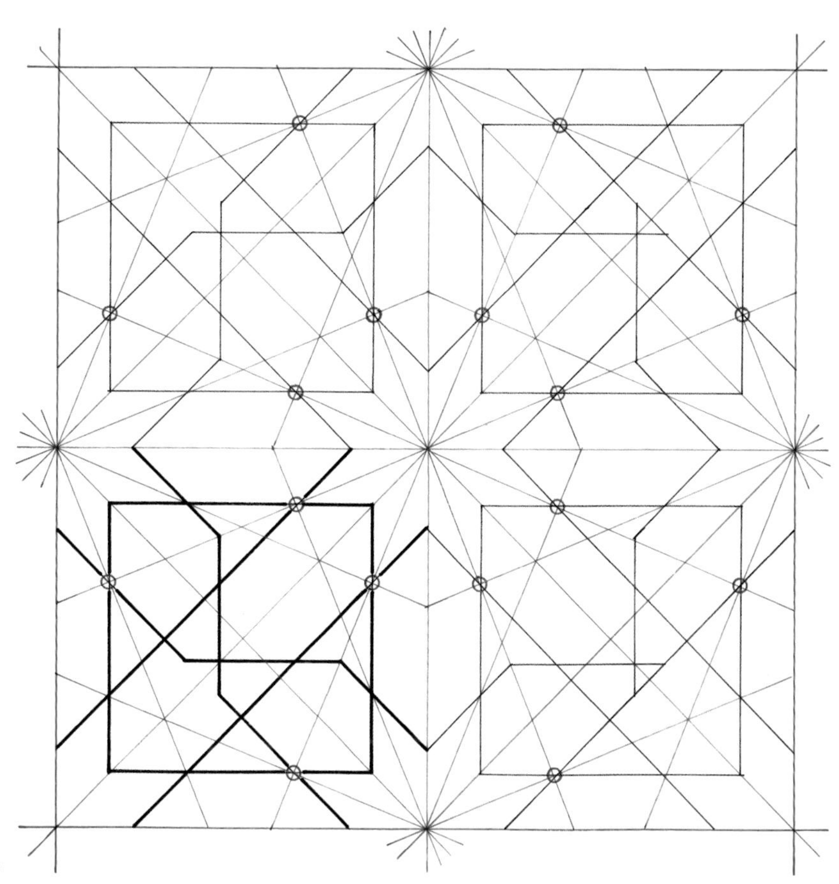

图案建立在一张方格网中。将每个网格（红色）中心点和4条边长中点周围的空间十六等分（蓝色）。以这些切线的16个交点为基础，绘制出整个装饰图案（红点）。

瓷砖墙板，萨阿迪王朝的皇家陵墓，马拉喀什（摩洛哥）

四叶玫瑰花结和十六叶玫瑰花结组合

图案建立在一张正方形网格中。
将每个网格中心点和4个顶角周围的空间十六等分。再以这些点为圆心，取边长的六分之一为半径画圆。
再以中心点为圆心，绘制一个半径为边长三分之一的圆。将该圆上的分割点每隔3个相连，就得到了这个圆的4个内切正方形。
画出之前十六等分线的平行线，这些线将中心圆三十二等分，我们就得到了中心的玫瑰花结图案。
正方形的边长已经被六等分，再将每一份三等分，通过这种方法将边长分成18份。取5份的长度为半径，以正方形顶角为圆心画圆。再按照之前的方式，就得到4个顶角处的玫瑰花结图案。
按照图中所示，画出与之前圆相切的一组小圆，并在每一条边上重复这一步骤。在这16个小圆中画出内切八角星。八角星边的延长线所划分的空间宽度与玫瑰花结的宽度相同。其余部分如图所示。

萨阿迪王朝皇家陵墓入口处的瓷砖墙板，马拉喀什（摩洛哥）

四叶玫瑰花结和十六叶玫瑰花结组合

萨阿迪王朝皇家陵墓入口处的瓷砖墙板，马拉喀什（摩洛哥）

围绕着四叶玫瑰花结和八叶玫瑰花结的八边形与正方形组合

本优素福神学院，马拉喀什，摩洛哥

本优素福神学院坐落在马拉喀什伊斯兰教区的中心，它的名字来源于阿蒙拉维德王朝的酋长，他于12世纪在这里建造了第一座神庙。庙宇上方辉煌的石头圆顶一直保留至今，是科学、工艺和审美上的一部佳作。

本优素福神学院就建立在这座原始神庙的周围，于16世纪开始建造，1565年完工。这座学院存在了4个世纪，是不同门类的科学，尤其是理论科学的殿堂。它为来自摩洛哥南部的学员提供了132间住所。

学院围绕着一片巨大的庭院，中心有一片水池。这座庭院毗邻两条侧门廊，可通往祷告室。学员房间所在的区域被巨大的雪松木屋顶遮盖，墙面铺设有灰泥装饰。门廊内部覆盖了彩色几何图案的瓷砖装饰。

插图103、插图104展示了门廊尽头的墙面装饰。这一图案同样出现在祷告室门外的壁龛处。

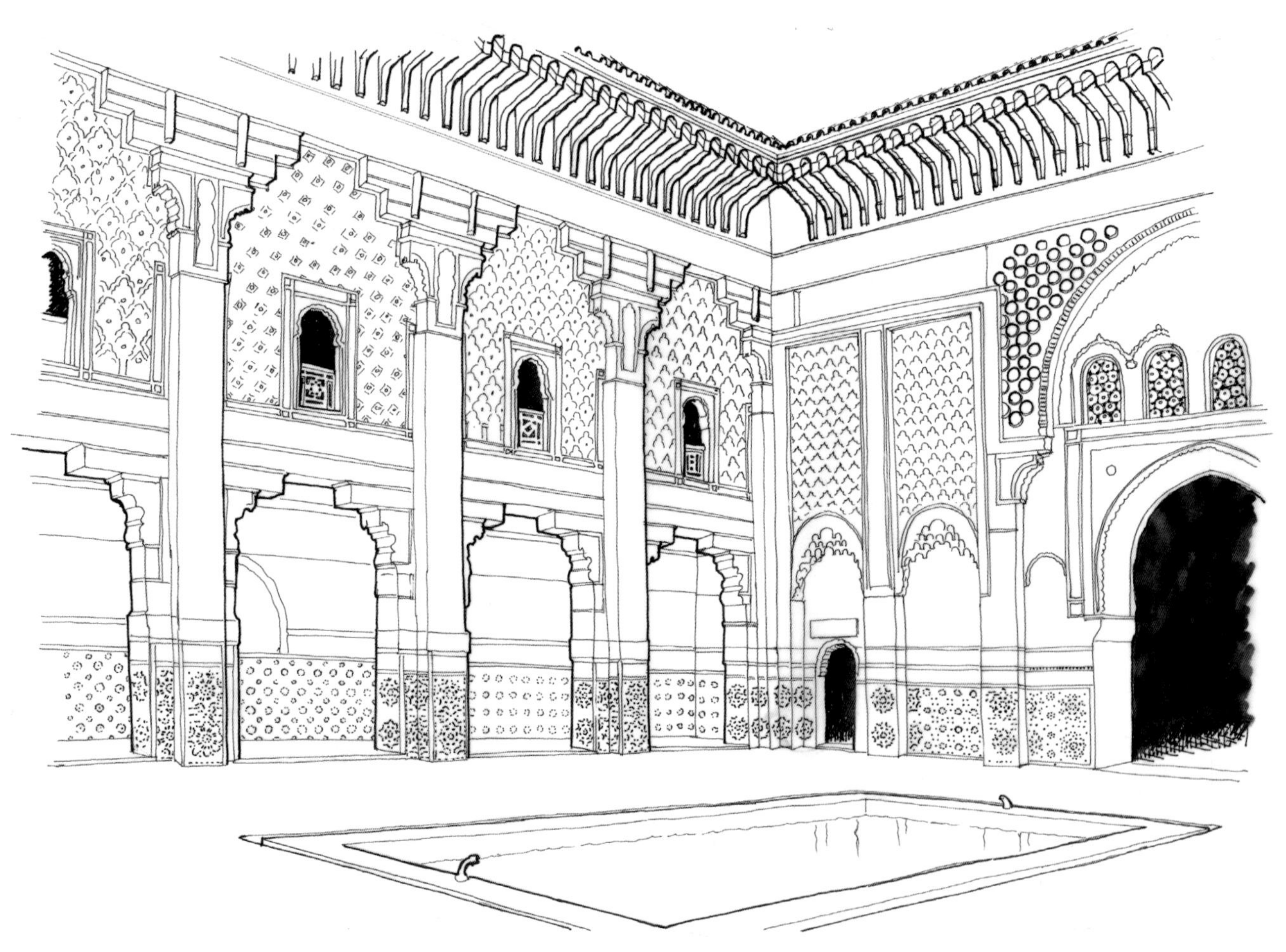

本优素福神学院中的庭院，马拉喀什。

以八叶玫瑰花结为中心的多边形组合图案

本优素福神学院，马拉喀什，摩洛哥

装饰庭院门廊柱子的彩色陶瓷图案十分精致，使用的颜色也并不常见。由于这座学院经历了多次修缮，因此并不能确定现在的装饰和16世纪时完全相同（插图105）。

诗告室外侧壁龛处的装饰，
本优素福神学院，马拉喀什。

庭院内部支柱上的瓷砖装饰，
本优素福神学院，马拉喀什。

四叶玫瑰花结图案

巴黎清真寺，法国

巴黎清真寺修建于1922年至1926年，是一座构造复杂的西班牙摩尔式建筑，清真寺的装饰工匠们来自阿拉伯国家，其中大部分是摩洛哥人。建筑内部的装饰忠实于安达卢西亚和马格里布传统，无论是灰泥、木质还是瓷砖装饰都创造出了丰富的几何图案素材，有些简单朴素，有些精致考究（插图106）。

围绕着四叶玫瑰花结和八叶玫瑰花结的八边形与正方形组合

在每个网格中绘制1个内切圆，由此得到1个由八边形和正方形组成的网格。随后在这2个多边形中绘制内切圆，由此得到1组八角星。最后按照图中所示，延长相应线条并完成图案的绘制。

门廊内的墙面装饰，本优素福神学院，马拉喀什（摩洛哥）

围绕着四叶玫瑰花结和八叶玫瑰花结的八边形与正方形组合

门廊内的墙面装饰，本优素福神学院，马拉喀什（摩洛哥）

以八叶玫瑰花结为中心的多边形组合图案

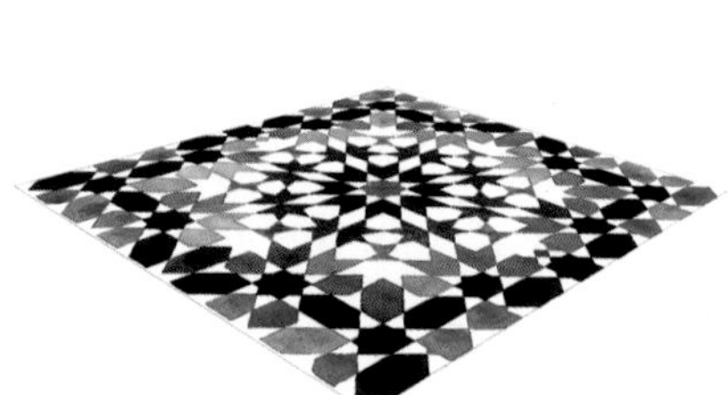

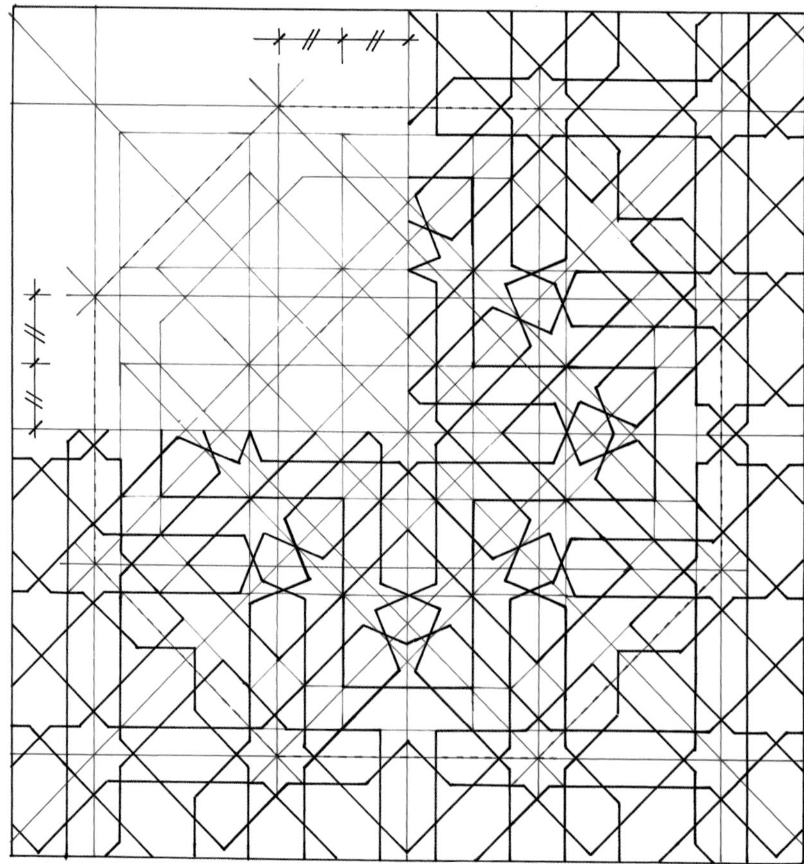

在正方形内部（红色）绘制一个八边形（红蓝虚线）。
将八边形的顶角与其他两个相对的顶角相连（红色）。
将水平线、垂直线和45°角平分线之间的部分用线条平分（蓝色）。
最后根据已有的线条完成剩余图案的绘制。

庭院内廊柱上的瓷砖装饰，本优素福神学院，马拉喀什（摩洛哥）

四叶玫瑰花结图案

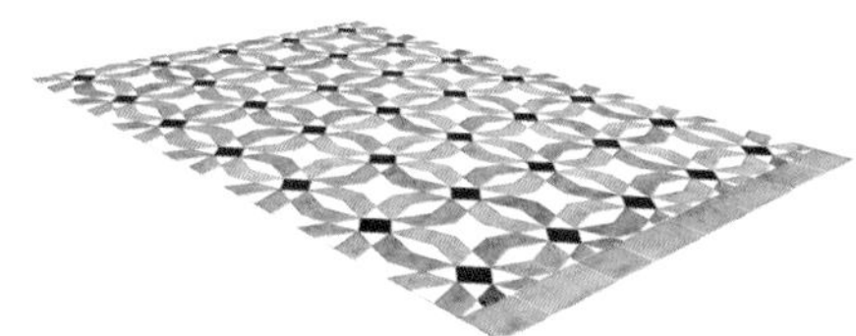

如图所示，装饰图案是通过连接方形网格的相应顶点绘制而成的。

巴黎清真寺内的瓷砖装饰（法国）

四叶玫瑰花结和八叶玫瑰花结组合

梅克内斯，摩洛哥

梅克内斯博物馆收藏着一件产地不详的精美瓷砖壁板。这件装饰中的马赛克瓷砖宽度约为5 cm，要比16世纪之后的其他装饰宽得多。这种特殊性证明在14世纪或15世纪可能有更大尺寸的瓷砖（插图107、插图108）。

二十叶玫瑰花结、七边形、八角星等图案的组合

巴迪皇宫，马拉喀什，摩洛哥

这座名为巴迪（意为无与伦比）的豪华宫殿建于1578年至1603年，位于马拉喀什皇城的一角。宫殿曾经用于举行隆重的接见仪式和节日庆典，展现出皇室的奢华与气派。这座富丽堂皇的建筑由一个长135 m、宽110 m的庭院组成，中心修建了一片长90 m、宽20 m的水池，周围坐落着一些接待室。

由于朝代的更替，巴迪皇宫随后被彻底摧毁，宫殿中的那些装饰作品如今也已所剩无几。拆除工程持续了十多年，在此期间，宫殿中的一些原料被运往梅克内斯用来建造这座新兴城市。

宫殿中的装饰图案极为复杂，属于典型的摩洛哥风格，但并没有严格地遵循几何图形的构造方式。事实上，除了那些大块的玫瑰花结图案之外，其余那些用来填补空缺的多边形大都是不规则的。这些图形的排列更像是“徒手绘制”而不是纯粹的几何构造（插图109、插图110）。

分割八边形得到的组合图案

Tachfiniya神学院，特莱姆森，阿尔及利亚

特莱姆森市位于连接摩洛哥和阿尔及利亚、地中海和撒哈拉这两条道路的交界点，在13世纪和14世纪时，这座城市曾经是一个疆域面积囊括如今大半个阿尔及利亚王国的首都，在文化和商业领域都起到了重要的作用。特莱姆森是整个阿尔及利亚地区中少数还保留着格拉纳达古迹的城市。这些优雅的建筑见证了那个蓬勃发展的艺术时代。

Tachfiniya神学院建于14世纪初，紧邻城中的一座大清真寺，用于接待高等研究院的学员。整座建筑都覆盖着极为奢华的装饰。然而，政府在1878年要求扩建市政厅，因此盲目地下令拆除这座学院。幸运的是，一部分装饰壁板得以保存，现在收藏于阿尔及尔博物馆中。

这些保留下来的装饰品和一些彩色的复制品都展现出一种独特的几何装饰，这些极为复杂的图案以黑色为主色调，搭配上白色、绿色、橘色、黄色、紫色和棕色。

虽然设计者仅仅使用了一些水平线、垂直线和45° 角平分线，但图案的自由度反而比之前的任何一个都高。几何结构不再占据主导地位，装饰中使用了更多已经存在的图形，并通过上色来调整图案布局。与插图107、插图110中的装饰图案相比，上述制作过程并没有那么精细，而且很难找到案例。

因此，我们没有在此展示这种图案的绘制过程，那些想要再现图案的人只需通过移印（或是直接复制）即可得到。

Tachfiniya神学院中的墙面装饰，特莱姆森（阿尔及利亚）。
该图案是通过分割八边形得到的。

四叶玫瑰花结和八叶玫瑰花结组合

以方形网格的每一个顶点为圆心，网格边长的一半为半径画圆。在这些圆内绘制八角星，并如图所示调整八角星的布局。最后延长并选择相应线条。

瓷砖壁板，梅克内斯博物馆（摩洛哥）

四叶玫瑰花结和八叶玫瑰花结组合

瓷砖壁板，梅克内斯博物馆（摩洛哥）

二十叶玫瑰花结、七边形、八角星等图案的组合

很明显，人们无法在不做调整的情况下制作出轮廓如此复杂的马赛克瓷砖墙板。装饰图案包含了二十叶玫瑰花结、七边形（不规则）和八角星。在这种情况下，很难确定成品到底能做到怎样的程度。

然而，不难看出这张图案上的基础线条与上一张图案十分相似。

初始正方形的4个顶角被等分成5份，中心点周围的空间被等分成20份。

确定玫瑰花结位置的圆与从正方形顶角射出的两条角平分线（蓝色）相切。随后在这个圆中画出5个内切正方形。以同一圆心，大圆半径的二分之一为半径画一个小圆，用于确定玫瑰花结条纹的宽度。

在正方形的4个顶点处也绘制相同的2个圆，从而得到顶点处的玫瑰花结图案。

正方形2条角分线与中心圆的2条等分线相交于2点，以这2点为圆心画2个小圆，使之与大圆相切，在其中画出2个不规则七边形。连接这2个小圆的圆心，并通过得到的线条一步一步地完成剩余图案。

巴迪皇宫墙面装饰，马拉喀什（摩洛哥）

二十叶玫瑰花结、七边形、八角星等图案的组合

巴迪皇宫墙面装饰，马拉喀什（摩洛哥）

以九叶玫瑰花结为中心的多边形组合图案

西迪布迈丁清真寺，特莱姆森，阿尔及利亚

西迪布迈丁清真寺位于特莱姆森附近的一座高地上，建于公元1338年，其名称来源于12世纪时一位神秘的安达卢西亚人。清真寺四周有一圈正方形的门廊，建筑内部的装饰可以称得上是集大成之作。

伊本·赫勒敦，是当时的一位著名的历史学家、哲学家和政治运动家。他生于突尼斯，后在开罗去世，曾担任特莱姆森法庭的大臣，这也是他颠沛流离的一生中所获的最高职位。在此期间，他还在西迪布迈丁神学院执教。

插图111中展示的精美装饰图案来自清真寺塔尖上的城齿处。这幅图案建立在一个九边形的基础上。绘制这种多边形要比画一个六边形或者八边形都要难得多，尽管9世纪以来有证据显示人们使用过这种图形，例如凯鲁万的清真寺，但是总体来说仍旧十分罕见。

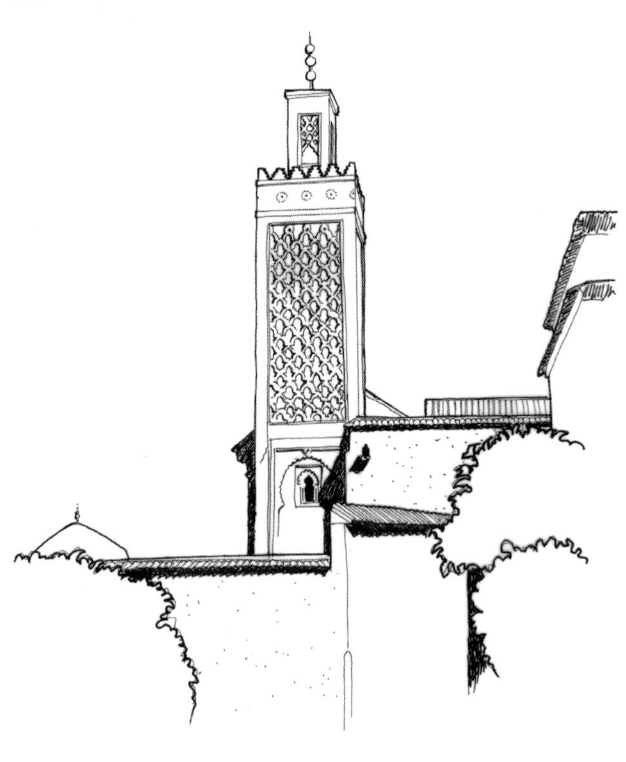

西迪布迈丁清真寺塔尖，特莱姆森。

西迪布迈丁清真寺塔尖的上部，特莱姆森。

以九叶玫瑰花结为中心的多边形组合图案

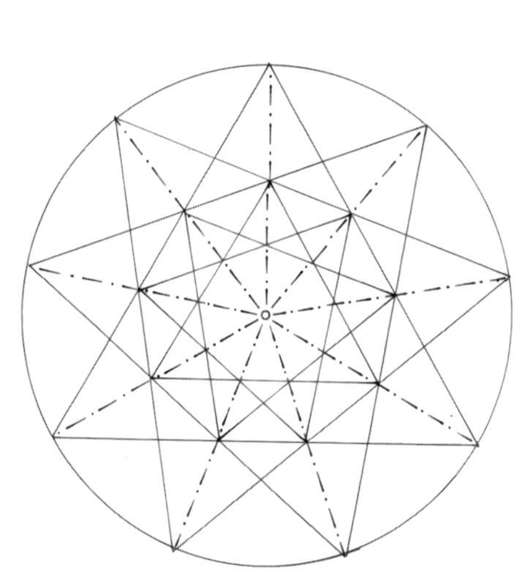

将圆九等分，随后将切点每隔2个连接起来，就得到了圆中的3个内切等边三角形（红色）。这些三角形的切点勾勒出一个中心的九边形，在这个九边形中再画3个小的等边三角形（蓝色）。

通过小三角形边上的交点确定中心九叶玫瑰花结的条纹宽度。最后按照图中所示选择相应线条，得到一组不规则的五角星。

西迪布迈丁清真寺塔尖上部的装饰，特莱姆森（阿尔及利亚）

以八角星为中心的条纹装饰

杜米之家，西迪布赛，突尼斯

突尼斯的这座老城及其郊区中保存了大量的宫殿和住宅，其中最古老的可以追溯到16世纪。从这一时期一直到19世纪，马格里布这一地区的建筑和装饰的发展与摩洛哥和阿尔及利亚风格有所不同，因为前者受到意大利和土耳其的影响较小。

西迪布赛位于突尼斯以北几千米的海边悬崖上，从这里能够看到突尼斯海湾中的来往船只，也正是由于这个原因，一些柏柏尔海盗从14世纪开始就驻扎在此地。18世纪之后，随着“争端”的结束和平静生活的回归，突尼斯资产阶级开始在夏季前往城外的地方居住。特别是在19世纪，西迪布赛的绝佳景致使其成了度假胜地。

小城中的杜米之家建于19世纪中期，是一座典型的度假别墅。这栋宽敞的别墅只有一层，包括了接待厅和家人住所。这些矩形的房屋都覆盖着不同形状的拱顶：简单的摇篮式拱顶、修道院式拱顶、十字拱顶等等。建筑内部的所有表面都粉刷上灰泥涂层，从而制作平铺或零散的雕刻装饰。后者可以是一幅玫瑰花结图案、一个圆形的星形交织图案，或是伊斯坦布尔风格的柏木装饰，这些装饰零散地分布在大面积的白色建筑表面上，看起来像是刺绣的纱帘（插图112）。

修道院式拱顶上的灰泥雕饰，突尼斯，19世纪。

摇篮式拱顶上的灰泥雕饰，突尼斯，19世纪。

以八角星为中心的条纹装饰

这幅图案独自位于平面之上，它并不是通过一个外部的网格绘制而成，而是以中心图案作为起始。而这里的中心图案就是1个八角星。

在八角星2个相对顶点的连线上（蓝色），取顶点与八角星两凹角连线的距离（红色弧线），并向外延伸两次。

从而得到4个等距的八边形。最后按照图中所示延长相应线条完成制作。

拱顶上的灰泥雕饰，突尼斯市（突尼斯）

之字线条和方形

突尼斯

18世纪之后，突尼斯就领先于马格里布地区的其他国家，开始制作彩陶方砖。其生产从半工业化过渡到工业化，地中海周边国家内部的制造以及各国之间的进口使得这种瓷砖瓦解了当地的建筑装饰传统。诚然，突尼斯地区一开始生产的陶瓷地砖模仿了一些传统的几何和花叶图案。但是，这些图案很快被其他非本地传统图案所取代。最后，这一延续了几个世纪之久的工艺和风格在19世纪被彻底消灭。

在突尼斯生产的早期方砖中，人们惊奇地发现了一些现代特点：沿着对角线将边长约为10 cm的瓷砖分为两部分，一部分是白色，另一部分是黑色或绿色。乍一看好像十分简单，但这个构造却可以演变出无数不同的装饰图案。

令人感到意外的是，这种图案极少被复制到其他地方，因此成了突尼斯的特色。纳布勒地区的陶艺工人如今仍在制作这种地砖，并使用白色和群青色。

突尼斯早期彩釉瓷砖，18世纪。

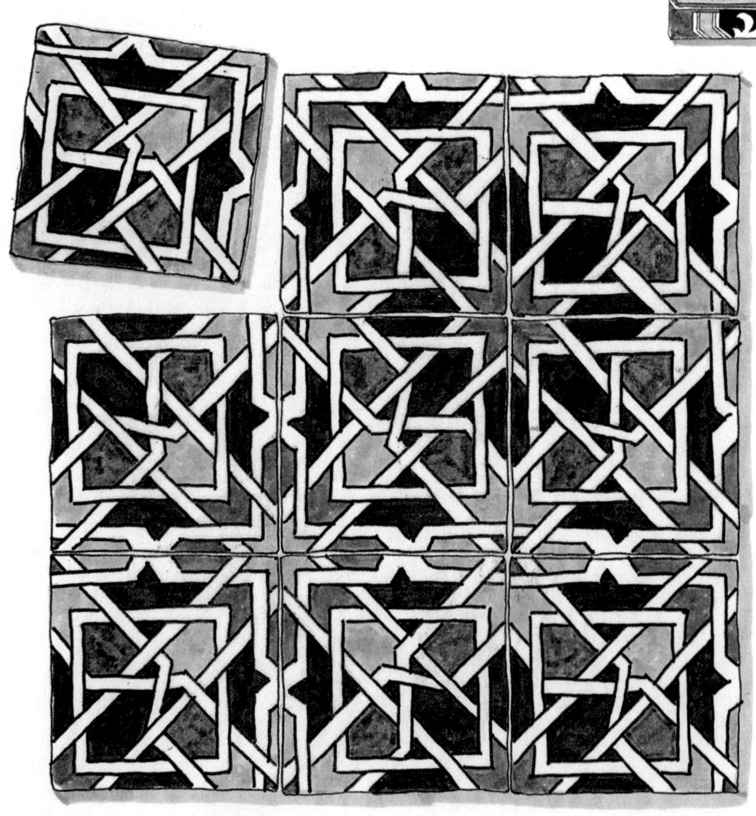

根据对角线完成的不同图案的双色瓷砖（突尼斯）。

开罗

尼罗河自南向北贯穿埃及，灌溉了当地的农田，在流入地中海之前分流成多个河道，形成了一大片沼泽地。这片三角洲的上游具有重要的战略意义，从最古老的时代开始这里就是埃及的首都。从埃及法老到奥斯曼帝国，中间历经托勒密王朝、恺撒大帝、法蒂玛王朝和马穆鲁克王朝，所有王国的统治者都将这里作为权力的中心。

在公元1000年之前，伊斯兰帝国将这座城市命名为al-Qahira（开罗），他们的统治一直延续到16世纪初。开罗的地理优势并不仅仅来源于尼罗河：这里是西班牙和印度的中点，而这两个伊斯兰国家的巴格达势力已经瓦解。历史学家伊本·赫勒敦在14世纪时称开罗是“宇宙的大都会”。

由于13世纪阿拉伯世界内部的交流增加，以及十字军东征的影响，与此同时，威尼斯向叙利亚、阿勒颇和大马士革敞开了商业的大门，强大的马穆鲁克王朝借此机会统治了包括开罗在内的东西方国家的贸易。从13世纪到16世纪，开罗一直由马穆鲁克王朝统治。这个王朝起源于一次外国雇佣军的政变，其中包括希腊人、土耳其人、亚美尼亚人，库尔德人和蒙古人。他们在高加索和亚洲市场上被当作奴隶交易，但最终夺取了政权。马穆鲁克王朝的历史中充满了血腥的阴谋、兄弟间的斗争、暗杀、监禁、处决和宫廷叛乱，但这些都没有阻碍王朝的辉煌。事实上，这些在当时被称为“奴隶统治者”的君主都是精明的政治家，并且出奇地慷慨大方。

君王的宫殿也被烙上这些特征。这些宫殿令人印象深刻，区别于其他建筑的特点就是和谐而

苏丹哈桑清真寺，开罗，14世纪。

不失气派的风格。事实上，马穆鲁克王朝和之后的奥斯曼王朝一样，都没有引进外国的艺术和建筑术。从规模上来看，一些极端的建筑甚至让人联想到最宏伟的法老建筑。然而，这些宫殿的出众之处却是其内部简洁的装饰。简单和准确是马穆鲁克王朝装饰的特点，并且从始至终都秉承着简洁和实用的原则。

同一时期的哥特式教堂采用石头修建，用来提高耐久度。在历经了5~7个世纪的变迁后，这些教堂的保存程度足以证明这点。

然而，开罗的皇家宫殿并没有经受住时间的考验：在房屋、住宅和宫殿的装饰中使用大量的木材，因此这些建筑相对脆弱。因此只有少数古迹留存至今。

但是，这仅有的几座建筑已经足以证明在13世纪到16世纪期间，开罗的建筑具有一种特殊性：从形式、规模、比例和装饰设计方面来看，都与大型宗教建筑十分接近，或者说类似。而在其他地方，皇家宫殿与宗教建筑截然不同。

Barsbai Nagashi陵墓圆顶上的几何条纹装饰，
图案中叠加了八角星和六角星，
四周为五边形和六边形，开罗，1432年。

奎贝堡圆顶上的几何条纹装饰，图案中组合了九角星和五边形，
开罗，14世纪。

在马穆鲁克王朝时期，开罗的宗教建筑和住宅的内部空间十分相似。

开罗建筑装饰的多样性来源于工匠们技艺的碰撞，每年的朝圣都为这里带来了来自希腊、土耳其、波斯、马格里布和安达卢西亚的装饰文化。埃及的首都开罗实际上是西方朝圣线路上的一个大型中转站，许多朝圣者在这里逗留，通过自己掌握的技艺谋求旅途和归家的资金。因此，我们应该将开罗建筑装饰的多样性归功于来自土耳其、波斯和安达卢西亚的外国艺术家们，他们的作品与埃及同行的作品形成了对比。后者在面对竞争的时候并没有惧怕，他们在几何装饰领域取得了多项进展，甚至把这种技艺发展到极限，正如许多流传至今的杰出作品所展示的那样。

与大马士革地区相似，开罗建筑内的装饰通常都铺设在木质顶棚、地板和彩色大理石的水池中。起源于安达卢西亚并通过马格里布地区传播的灰泥装饰工艺在13世纪时消亡，取而代之的是金属装饰（镶嵌有金银等贵金属的黄铜、铜和青铜）和木质装饰，它们成了这座城市的名片。与此同时，遮窗栅栏于13世纪出现，这种木质栅栏被安放在窗口处，上面分布着许多小块装饰部件。后来，这种栅栏的规模逐渐扩大，成了一种面积巨大的墙板。

那些精美的马穆鲁克式花叶装饰也是用木头制作的，它们用于装饰那些最负盛名的庭室的门板。这些入口通常由两扇门板组成，每一扇由多块木板拼接而成，以适应环境中湿度的变化。人们使用象牙或铜制品镶嵌在最珍贵的木材上，用来制作门板上最为精细的几何装饰图案。今天，这种传统依然存在于近东和中东地区。

自从1517年奥斯曼帝国征服开罗之后，这里成了欧洲、亚洲和非洲的十字路口。在这之后，开罗的文化和商业利益展开了长达几个世纪的较量，与此同时还有帝国主义的交织和混杂，以及独立与现代化的碰撞。在这种背景下，强大的奥斯曼帝国也没能丰富甚至没能维持这些能够与埃及金字塔相媲美的建筑佳作。虽然这些建筑历经了朝代的更迭，其中最精美的装饰也时常被劫掠，但是它们大多经受住了时间的考验。从统计数据来看，现在开罗市中还保存着600多座历史古迹。但这座城市同时承载着2000万甚至更多的人口，而这个数字在1920年只有70万，在15世纪时不超过30万。现代的开罗正在不断向周围的沙漠地区扩展，就像从火山中喷发的岩浆，而火山口就是历史中心。在这种情况下，建筑遗产的保护和管理将成为一项挑战。如今，这些开罗的古迹已经很难恢复昔日盛况，虽然它们在5、6个世纪前就装点着这座城市。因此，我们必须要借助西方和东方旅行家对于这些古迹充满热情的描述，来对其面貌进行联想。我们也可以在全世界的博物馆中参观一些装饰品、家具、瓷砖、细木制品、金属制品等，而这些都是从荒废的古迹中收集而来的。

不同的十二叶玫瑰花结组合

开罗，埃及

这两座相邻的住宅附属于古老的伊本·图伦清真寺，其中一间建于1540年，另一间建于1632年。按照传统，这两间房屋背靠清真寺的后墙建立，在1935年到1942年间，它们被美军的一位医生征用。由于他痴迷于埃及文化，于是在遇见和修缮了这两栋房屋之后就定居于此。这两间房屋中聚集了大量古老的文物：家具、地毯、铜器、玻璃制品、乐器、兵器和服饰。为了紧跟当时的东方潮流，这栋住宅与罗什福尔市的皮埃尔·洛蒂之家相同，包括一个土耳其风格房间、一个波斯风格房间、一个大马士革风格房间和一个中国式房间。

当这位医生离开埃及时，他将所有物品捐赠出去，如今这座房屋也成了一间博物馆。詹姆斯邦德的电影《海底城》就有许多镜头是在这里拍摄的。

接待室中央的水池底部是一件精美的彩色大理石镶嵌装饰品，图案中包含了多种不同的几何图形（插图113、插图114）。这件马赛克装饰可能是在房屋的修缮之后铺设的，也可能是17世纪修建房屋时搭建的。制作装饰基本原则是最精妙的图案要被用在最庄严、最特殊的位置，这不仅让人猜想这座紧邻清真寺的房屋可能最初是一位社会名流的宅邸。

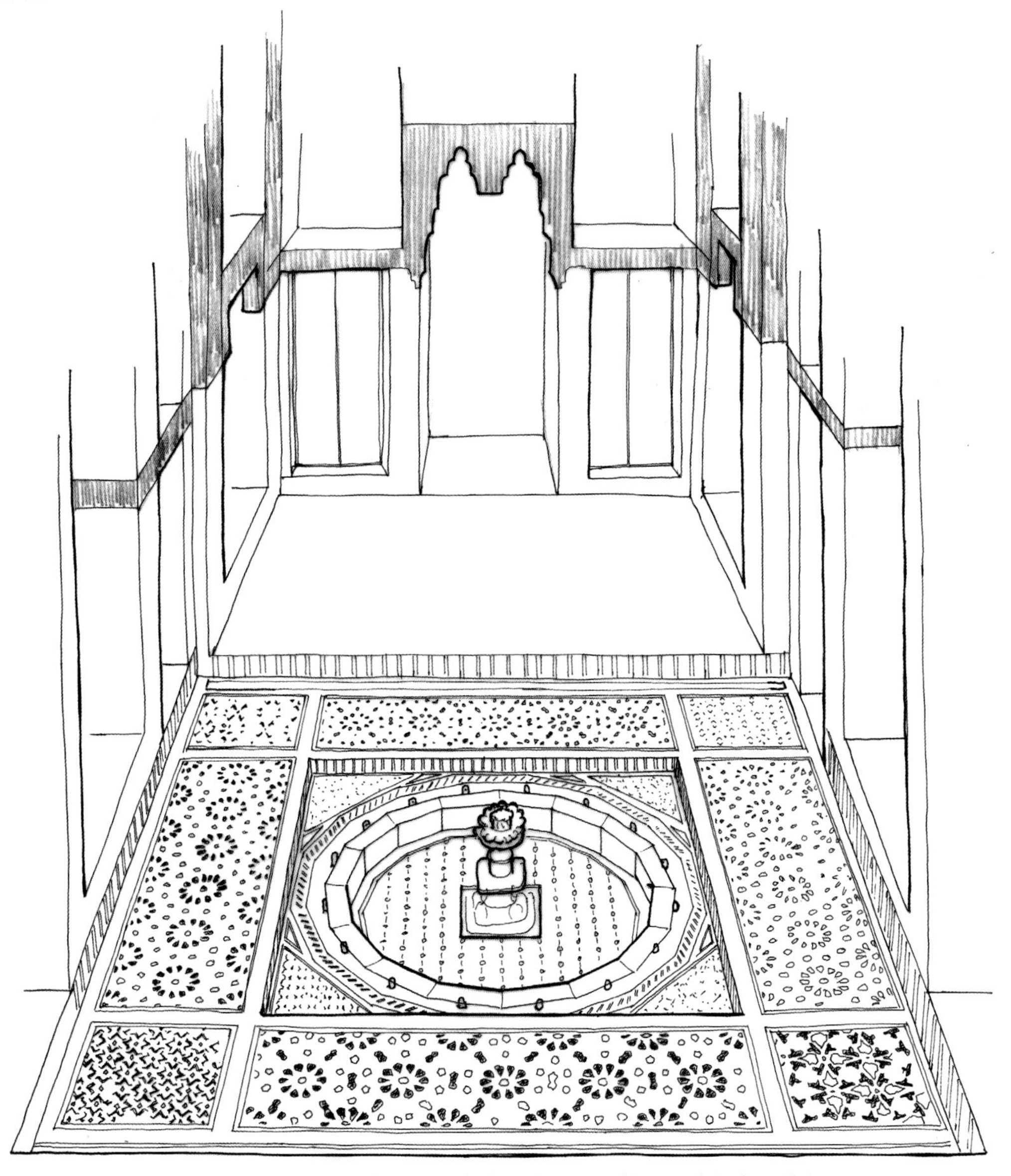

al-Kritliya住宅中接待室中央的水池，开罗，16世纪或17世纪。

不同的十二叶玫瑰花结组合

网格中的图案是将一个基础图形通过对称原理复制得到的。
基础图形的绘制方法如下。
*AB*为图形的宽。将点*A*周围的空间等分成24份，每份夹角为15°。*AB*下方的第二条分割线交*AB*的垂线于*C*。矩形*ABCD*就是基础图形。
将点*C* 周围的空间也等分成24份。以*A*、*C* 2点处射出的线条交点为圆心，画1组互相相切的圆形。将这些圆十二等分，每1份为30°，并将切点每隔3个相连。
最后如图所示延长相应线条。

中央水池底的马赛克装饰，al-Kritliya住宅接待室，开罗（埃及）

不同的十二叶玫瑰花结组合

中央水池底的马赛克装饰，al-Kritliya住宅接待室，开罗（埃及）

十叶玫瑰花结和五角星组合

巴黎，法国

巴黎卢浮宫展出了一系列马穆鲁克王朝时期制作的双开门木质门板，产地为埃及开罗。其中一块门板制作于14世纪，采用了镶嵌了象牙的金合欢木材。门板上的几何装饰图案是一种十分优雅的十叶玫瑰花结造型，中间还穿插着一些五角星。

巴黎的装饰艺术博物馆收藏着产地相同的一些木质的雕刻门板。其中一张门板上的几何图案和卢浮宫中的一模一样，它制作于15世纪或16世纪，位于一座西班牙天主教堂的祷告室入口处。门框上还刻有一行宗教文字（插图115）。

十叶玫瑰花结和五边形条纹装饰

纽约，美国

纽约大都会艺术博物馆在1970年的捐赠之后收藏了一件精美的大理石镶嵌装饰，大约产自15世纪的开罗。19世纪时，几名旅行者在一座不知名的陵墓或清真寺又或是宫殿中发现了该装饰，并将其取走。无论这件马赛克装饰流经了哪些地方，现在已经被妥善保管在博物馆中。值得一提的是，这块做工精细的马赛克墙板长155 cm、宽58 cm，上面的白色大理石砖块甚至小于8 mm。不仅如此，该装饰使用的大理石种类也十分稀有，尤其是一种红色大理石。而上面的几何图案则十分传统，采用了十叶玫瑰花结条纹装饰和正五边形的组合（插图116、插图117）。

九叶玫瑰花结和十二叶玫瑰花结组合

巴黎，法国

马穆鲁克君主伊本·卡拉恩的管家马利达尼以他的名字在开罗建造了一座清真寺。这座清真寺保存至今，其内部的细木装饰令人惊叹。建筑中的一扇木门是在清真寺完工之际制造的，即1340年，而后在1898年被运往卢浮宫。这扇木门由多种进口木料制作而成，其中就包括从印度进口的镶金红木。门板中央的装饰图案是一种极为精妙的九叶玫瑰花结和十二叶玫瑰花结组合，中间还穿插着五边形。该几何图案的变型还在装饰图案中多次出现（插图118、插图119、插图120、插图121）。

十叶玫瑰花结和五角星组合

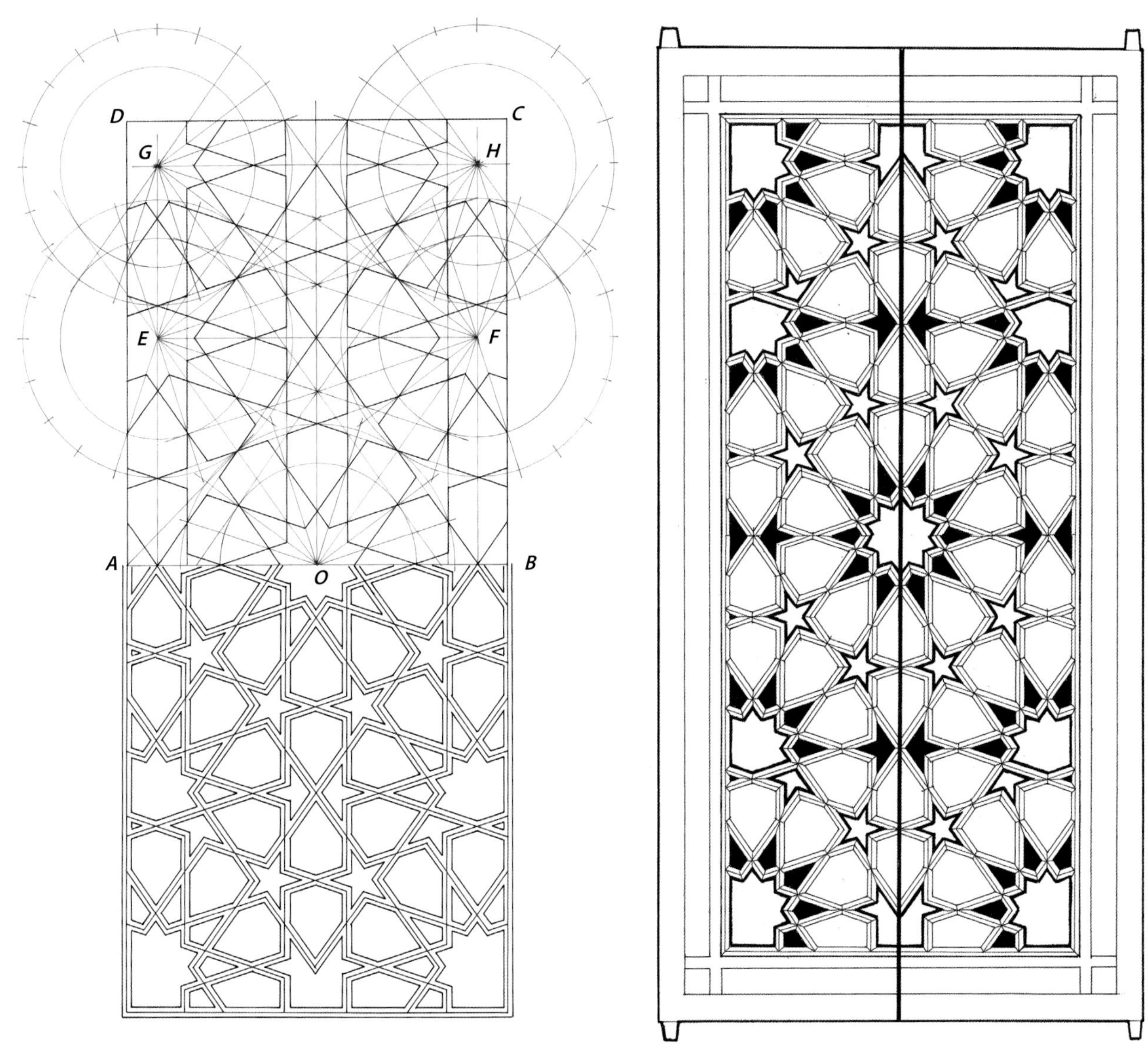

设AB为图案宽度，中点为O。
将点O周围的空间二十等分。OA上方的第三条切线与∠A的45°角平分线交于一点，根据这个交点确定以点O为中心的十叶玫瑰花结的外切圆半径。
在OA上方的第三条切线和与其对称的OB上方的第三条切线上各取一点E、F，以这2点为圆心、十叶玫瑰花结外切圆半径为半径画2个圆，这2个圆与十叶玫瑰花结的外切圆相切。
将点E、F周围的空间二十等分。
在从E、F出发的垂直切线上取2点G、H，以这两点为圆心画2个与之前相同的圆，这2个圆与线段EF上方的第二条切线相切。
再将点G、H周围的空间二十等分。
为了在点O、E、F、G、H处绘制出5个相同的十叶玫瑰花结，需要将5个圆上的切点每隔1个相连。之后按照图中所示延长相应线条。通过已有条件画出这5个玫瑰花结图案内部的圆。在内圆和圆心切线的每个交点处画2条平行线，构建起玫瑰花结条纹装饰。玫瑰花结G、H与F、E部分重叠，因此只需画出4条条纹即可。
线段GH上方第一条切线与大圆G、H交于2点C、D，通过这2点确定图案上沿。
通过对称原理，将ABCD内的图形沿着AB翻折，即可得到另一半装饰图案。

木质雕花门板，开罗，14世纪，现收藏于巴黎卢浮宫（法国）

十叶玫瑰花结和五边形条纹装饰

设AB为图案宽度。将A、B两点周围的空间二十等分，每个夹角为18°；AB下方的第五条切线就是整个图案的垂直边。AB下方的第二条切线是矩形ABCD的对角线，我们将在这个矩形内绘制装饰图案。

将点C、D以及矩形中心点周围的空间二十等分。以A、B、C、D和矩形中心点为圆心，AB长度的四分之一为半径画圆。

将圆心射出的切分线与这些圆的交点每隔3个相连，并将连线延长，就能得到玫瑰花结图案。

在玫瑰花结内部绘制另一个圆，半径可任意选择。

再画1组与玫瑰花结的2条边相切的小圆，这些小圆的圆心是玫瑰花结中心的切线上的交点。

为了补全这些小圆的外切五边形，就需要绘制出这些小圆的第五条切线，这条切线与玫瑰花结的一边平行。

最后再绘制1条连续的条纹装饰，1个位于矩形内的五角星，以及1个玫瑰花结内的十角星，就完成了整幅装饰图案。

将矩形ABCD沿着任意一边翻折都能延展图案。

木质雕花墙板，开罗，15世纪初，现收藏于纽约（美国）

十叶玫瑰花结和五边形条纹装饰

木质雕花墙板，开罗，15世纪初，现收藏于纽约（美国）

九叶玫瑰花结和十二叶玫瑰花结组合

土耳其门板，15世纪，伊斯坦布尔（土耳其）

马利达尼清真寺中的双开门门板，14世纪，开罗（埃及）

九叶玫瑰花结、十二叶玫瑰花结和五边形组合

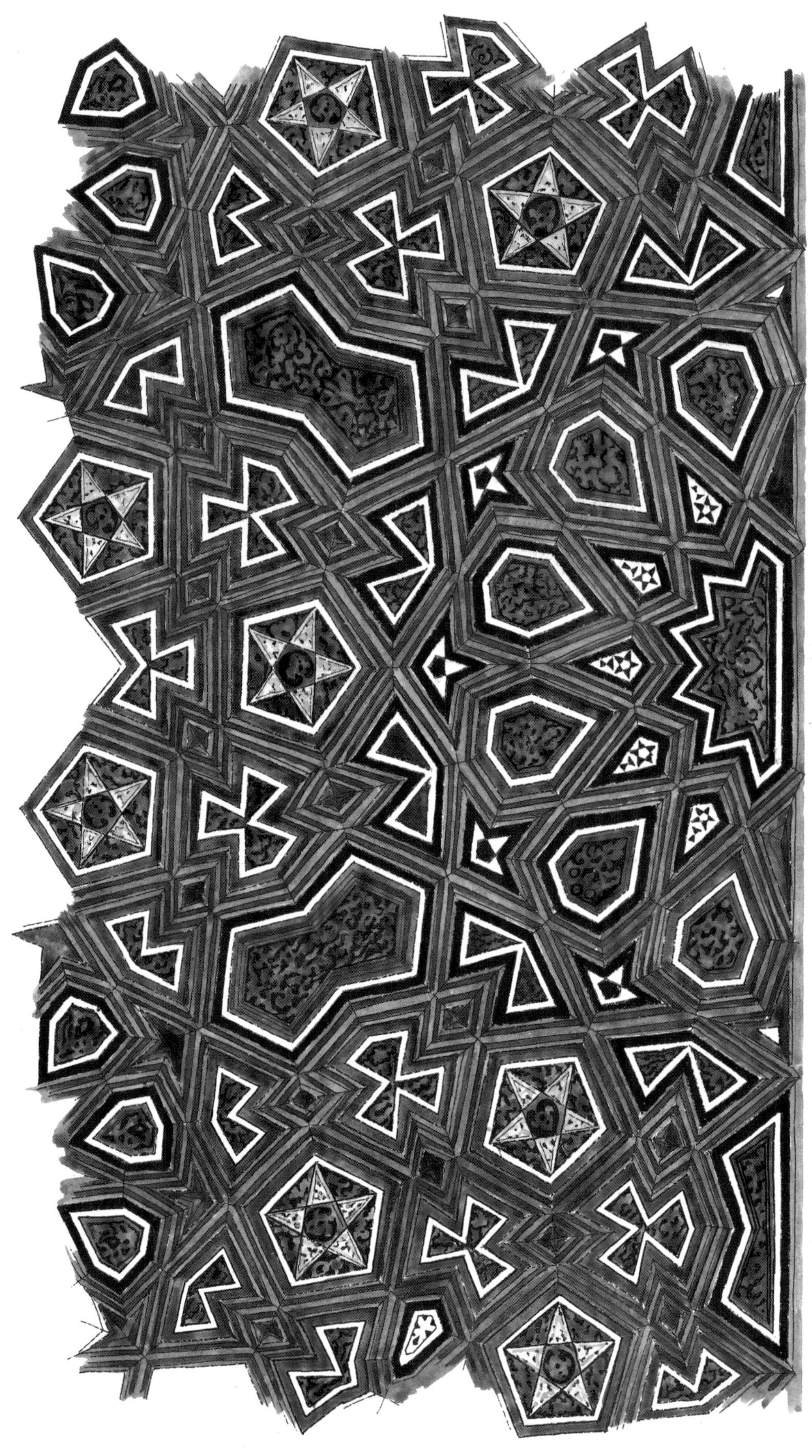

马利达尼清真寺中的雕花门板细节图，1340年，开罗，现收藏于巴黎卢浮宫（法国）

九叶玫瑰花结、十二叶玫瑰花结和五边形组合

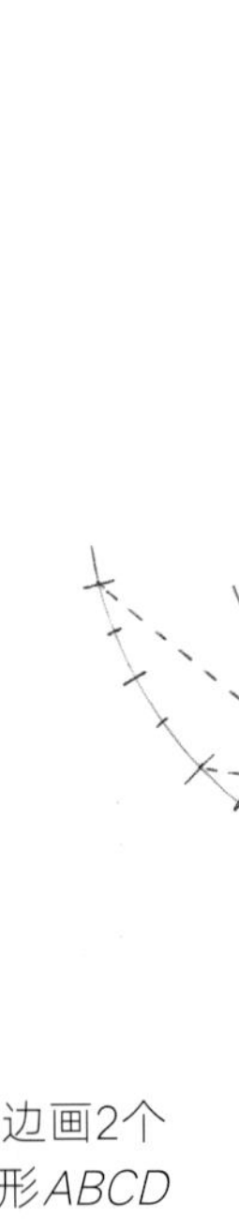

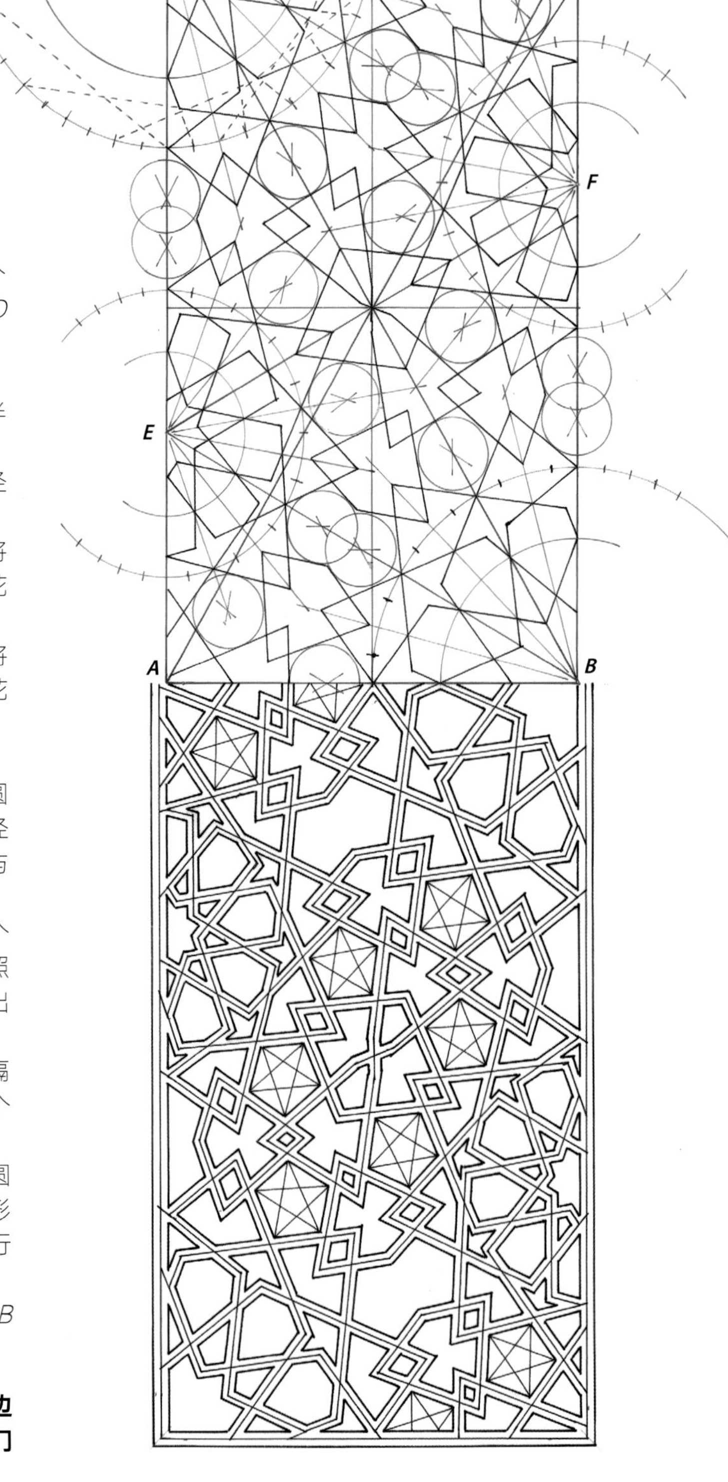

插图118中的图案1

线段AB为图案的宽度，以AB为底边画2个相同的三角形，得到点C、D。矩形ABCD是装饰图案的上半部分。
绘制2个等边三角形BEF和DEF。
B、D是2个十二叶玫瑰花结的中心；其半径是AB长度的一半。
E、F是2个九叶玫瑰花结的中心；其半径是AB长度的三分之一。
将B、D为圆心的2个圆四十八等分。再将圆上的切点每隔9个相连就能得到玫瑰花结图案。将相应线条延长。
将E、F为圆心的2个圆三十六等分。再将圆上的切点每隔6个相连就能得到玫瑰花结图案。同样地将相应线条延长。
为了补全B、D 2个玫瑰花结的内部图案，需要在圆B内部画1个同心圆，半径为圆B、D半径的三分之二（和圆E、F的半径相同）。按照图中所示将小圆上的切点与大圆上的切点相连。
至于E、F玫瑰花结，需要在其内部画一个同心圆，半径为圆E、F的七分之四。按照图中所示，以小圆上的切点为基础，画出切线左右两端的平行线。
在玫瑰花结E、F中，将外圆上的切点每隔9个相连；而玫瑰花结A、C中则每隔13个相连，从而得到小五边形的中心。
以这些点为圆心画1组相同的圆，这些圆与玫瑰花结的边相切。之后补全五边形的其余3条边，并画出玫瑰花结边的平行线。通过延长这些线条得到最终的图案。
该装饰的下半部分只需将上半部分沿着AB翻折即可得到。

九叶玫瑰花结、十二叶玫瑰花结和五边形组合，马利达尼清真寺中的双开门门板，14世纪，开罗（埃及）

九叶玫瑰花结、十二叶玫瑰花结和五边形组合

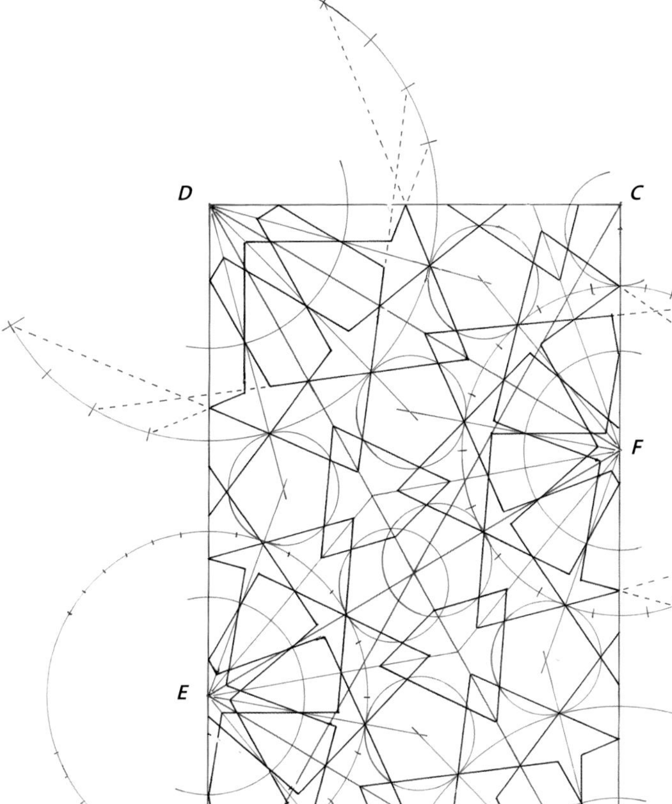

插图118中的图案2

线段*AB*为图案的宽度，以*AB*为底边画两个重叠的等大三角形，得到点*C*、*D*。矩形*ABCD*是装饰图案的上半部分。
绘制2个等边三角形*BEF*和*DEF*。*B*、*D*是2个十二叶玫瑰花结的中心；*E*、*F*是2个九叶玫瑰花结的中心；其半径是*EF*长度的三分之一。将圆*E*、*F*等分为三十六份，并将圆上的切点按照图中所示相连，从而绘制出玫瑰花结图案，其内部的圆半径为任意值。
将*B*、*D*两处的空间二十四等分。这些切线将圆*E*、*F*等分为18份。在不同圆切线的交点处画1组小圆，并与圆*E*、*F*相切。
以*B*、*D*为圆心，绘制2个与之前3个小圆同时相切的圆形。
将这2个圆二十四等分。按照图中所示连接圆上的切点，从而绘制出*B*、*D* 2点处的玫瑰花结图案，其内部的圆半径也为任意值。
在上述小圆中绘制内切五边形，通过延长其中的1条边得到最终图案。
该装饰的下半部分只需将上半部分沿着*AB*翻折即可得到。

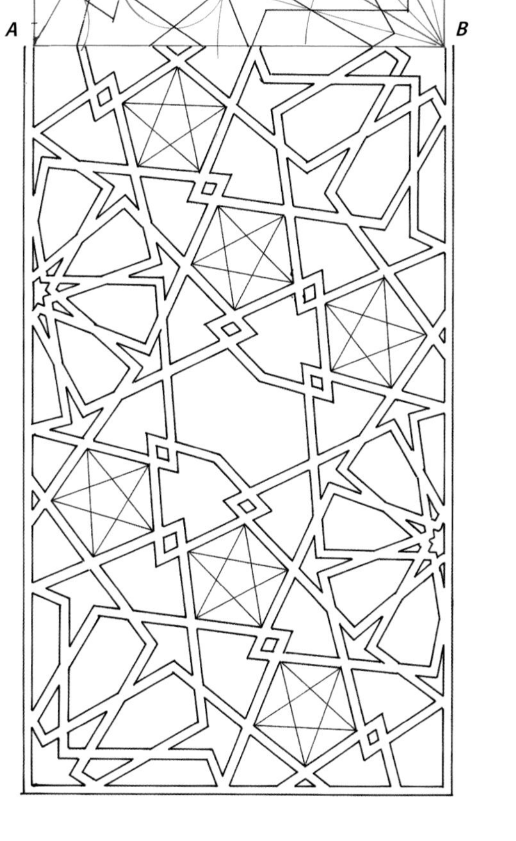

九叶玫瑰花结、十二叶玫瑰花结和五边形组合，土耳其门板，15世纪，伊斯坦布尔（土耳其）

三角形、六边形和正方形组合

开罗，埃及

遮窗格栅在开罗和红海沿岸城市十分普及（事实上，在拉贾斯坦邦也十分普遍，只不过是由石料制造的，当地居民称之为jali）。遮窗格栅指的是房屋外侧突出的阳台部分，并且完全由木栅栏封闭，室内与室外通过栅栏上的小孔相连。这些木质栅栏由栏杆、卷轴和木棍组成，其大小可以和窗户相同，也可以覆盖正面外墙。在制作方面，埃及的工匠们可谓出类拔萃，他们能够将这些木质栅栏变得优雅而精美。历史上，埃及的工匠数量众多，为开罗的街道打造出别样的景致。

人们十分喜欢这种“鸟笼”设计，因为它们能够有效遮挡视线，使得“闺房若隐若现”。同时，遮窗格栅能够在炎热的天气使人更加舒适：首先，这些木质栅栏增加了房屋中的空气对流，使人感到凉爽；其次，遮窗能够有效过滤外部强烈的光线。而遮窗格栅本身也通过上方的挡雨板躲避阳光直射，挡板上还有一些布料装饰。

奥斯曼时期的木质旋转式遮窗格栅（细节图），巴黎卢浮宫。

《讲述埃及》一书中描绘的哈桑卡切夫家的庭院内景。

这项工艺在19世纪末渐渐走向消亡。并且，由于这些木质结构相对脆弱，因此留存至今的遮窗格栅也十分稀少。然而，通过博物馆中的藏品或是一些旧图纸都能证明这些艺术品的存在。例如，拿破仑·波拿巴在远征结束后出版的《讲述埃及》一书中就记录了许多图纸，展现出18世纪末期遮窗格栅的繁荣景象和多样性。以及普里斯·达文尼斯所著的《通过开罗的遗迹看阿拉伯艺术》，该书于1877年出版，书中记录了许多木制工艺品，尤其对遮窗格栅工艺进行了描写和展示。插图122就是根据其中一幅图纸构建的。

如今，遮窗格栅再一次出现在现代建筑中。

开罗老街上的凸起遮窗格栅。

直边六叶玫瑰花结

开罗，埃及

镶嵌工艺从未在开罗真正消失过，工匠将细小的木块、鳞片、象牙、珍珠或金属通过镶嵌或贴片的工艺装饰在地板上。在19世纪到20世纪，这种工艺为中东地区带来了许多奥斯曼风格的家具。而今天，由镶嵌工艺生产小匣子、首饰盒、珠宝盒、香烟盒以及纸巾盒则被大量出口。虽然，人们使用的原料和技术在一定程度上更加现代化，但是生产出的产品并没有超越前人的精美作品（插图123）。

三角形、六边形和正方形组合

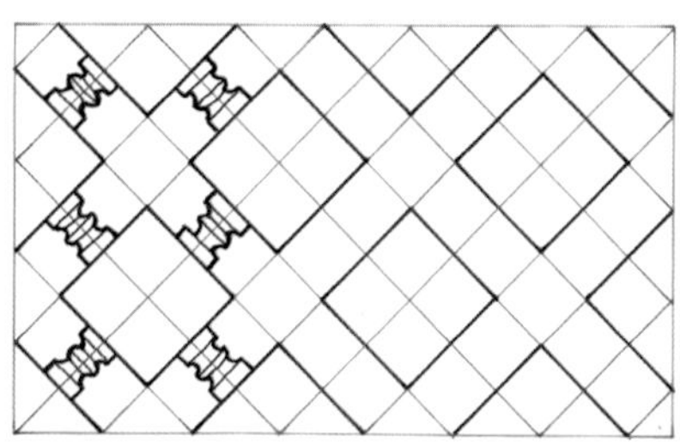

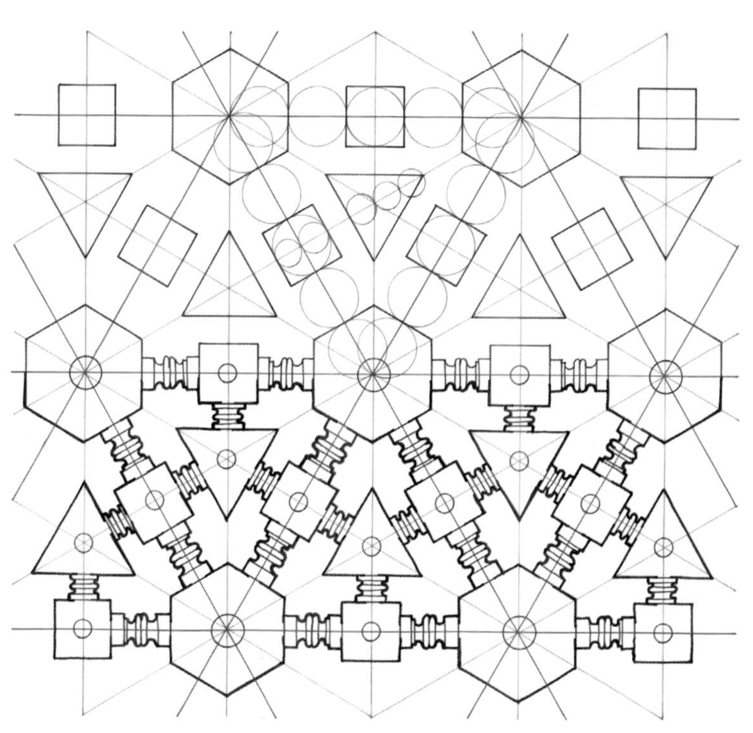

装饰的中心图案建立在一张红色的三角形网格，以及一张蓝色的次级网格中。将三角形网格的边长五等分，从而确定六边形和正方形的大小。而图中三角形的高是正方形边长的1.5倍，据此确定三角形大小。四周的图案是在一张正交网格中绘制的，通过网格中的线条确定正方形的尺寸和它们之间的间隔。

18世纪的遮窗格栅，开罗（埃及）

直边六叶玫瑰花结

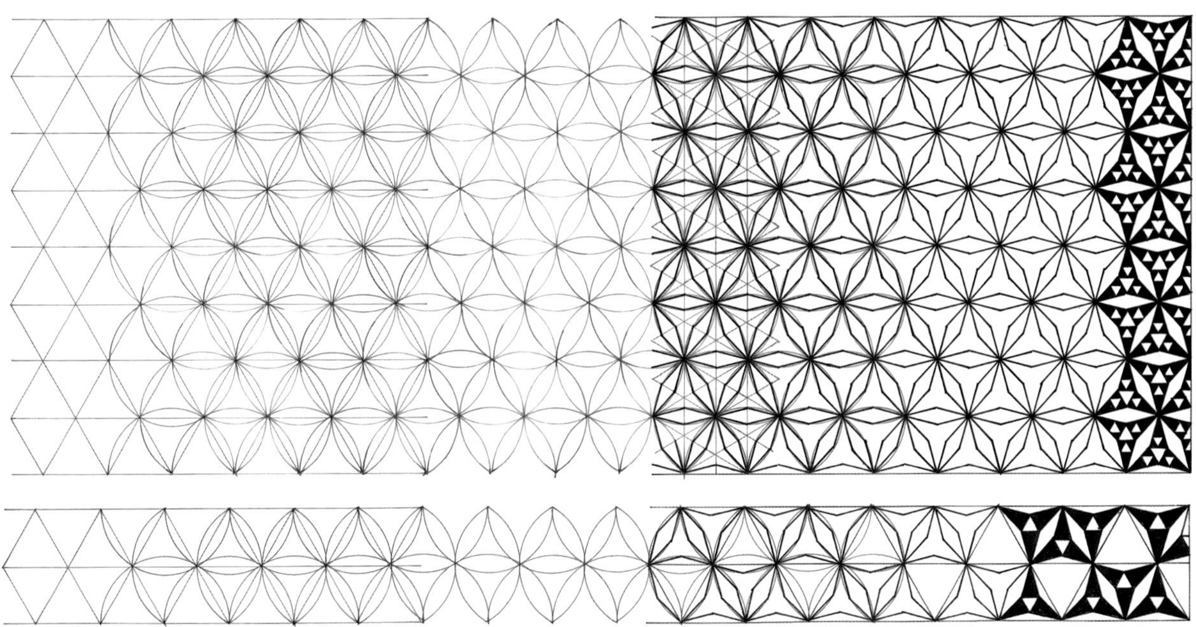

装饰的中心图案建立在一张等边三角形网格中（红色）。
在三角形的每一个顶点处画一个圆，半径与三角形边长相同，就能得到一张由六叶曲边玫瑰花结组成的图案（蓝色）。
之后画一张次级网格（红色），该网格中的线条与主网格中的线条垂直，以此确定每一个玫瑰花瓣的中点。将这些中点与玫瑰花结的中心点相连，从而得到直边玫瑰花结。用一些小等边三角形填满花瓣中的空隙。
装饰的边缘图案也通过类似方式绘制。

镶嵌工艺制作的盒盖，20世纪，开罗（埃及）

大马士革

在地中海东部的流域内，黎巴嫩山脉形成了一道巨大的屏障，将大陆分割成海洋性气候和沙漠性气候。前者一直延伸到西班牙，而后者则一直通往幼发拉底河、中亚和印度洋地区。在这条山脉干旱的一侧，出人意料地出现了一处丰富而持久的水源。这股水流滋养了大片的绿洲并最终消失在广袤的荒原中，大马士革正是在这片绿洲中孕育而生。从表面上看，这座城市地处偏远，但这里却成了来往于埃及、高加索、波斯、美索不达米亚和地中海地区的沙漠商队的重要港口。

大马士革是世界上最古老的城市，这也是大马士革人骄傲的资本。尽管这座城市经历了战火和入侵、屠杀和劫掠、内战和瘟疫、地震和干旱，但它最终留存了下来。

大马士革曾经是阿拉米、古希腊、古罗马、拜占庭和倭马亚的首都，也曾被阿拔斯王朝遗弃（该王朝将首都迁往巴格达），它经历了混乱和不稳定的时期，也见证了和平与繁荣的时代。

马穆鲁克王朝统治的时代是大马士革最为繁荣和辉煌的时代。不管是前朝还是后代，都没有任何一个时期能够让欧洲的旅行家们产生如此强烈的赞叹。叙利亚工匠和大马士革工匠们的名声超越了国界，一直流传到阿拉伯世界之外。在这一时期，细木工艺，象牙、珍珠、金银的镶嵌工艺，以及青铜、玻璃、纺织和陶瓷制品都得到了迅速的发展。我们在全世界的博物馆，尤其是大马士革的博物馆中都能找到证据。然而，这一辉煌时代给我们的留下的建筑佳作却屈指可数，因为1400年蒙古皇帝帖木尔的入侵使这座城市化为一片废墟。根据蒙古人的习俗，他们在战争中只赦免了城中的手工艺人：一大批纺织工人、铜器工匠、铁匠、金银匠、陶器工人、玻璃吹制工、石材匠和装潢师被迁移到撒马尔罕。自此之后，大马士革再未能重建昔日的辉煌。

15世纪末期，葡萄牙人将红海上的商业贸易转移到好望角，夺走了马穆鲁克王朝的大部分利润。他们的竞争对手奥斯曼人展开攻势，并于1516年和1517年分别攻占了大马士革和开罗，两座城市被战争的腥风血雨笼罩。奥斯曼帝国的士兵搜刮民宅，夺走了许多珍贵的材料和装饰艺术品，而他们的君主，也就是奥斯曼帝国的国王，就像蒙古的帖木尔一样，将大量的珍贵物品、织物、武器、铜器，以及一些工匠带回了伊斯坦布尔。

虽然大马士革和周边地区因为奥斯曼帝国的这次征服而退居到省会的级别，但是那些从马格里布到波斯，以及黑海到红海的沙漠商队都要途经此地，使得大马士革依靠其地理位置享受到商贸的好处。同时，大马士革和开罗还是一年一度的麦加朝圣的集合营地。每年，上千名来自安纳托利亚、巴尔干半岛、伊斯坦布尔、美索不达米亚、库尔德斯坦、高加索、阿塞拜疆和波斯的朝圣者都会聚集于此。他们在这里补充坐骑、扎营装备、食物和草料，之后将要在大片沙漠中行走五百小时直到希贾兹。起初，沙漠旅行队因宗教信仰来到此地，之后渐渐成了亚洲和非洲商品的出口商。正是由于这些原因，大马士革在16世纪后半叶重新成了一座开放、活跃和富足的城市，是贸易和运输的天堂，其中和威尼斯的贸易往来最为密切。在这一时期，大马士革的建筑发展也达到了最后一次顶峰。在奥斯曼高层的要求下，展开了大量清真寺、学校、陵墓、浴场和客栈的修建和修复工程。

在之后的一个世纪中，接踵而来的问题使得许多工程进展缓慢。事实上，奥斯曼帝国在这一时期开始了长期的衰落。国王弗朗索瓦一世利用商业条约，或者说“妥协书”来保证奥斯曼帝国和黎凡特能够在商业领域保持自由的来往，并允许商人逃避奥斯曼法律。英国人、荷兰人，以及奥地利人和俄罗斯人直到后来才从中获利。这些商业条约渐渐演变为干涉国家内政的手段。1672年之后，路易十四拟建了一个征服埃及的计划，并规划建造一条“连接红河和地中海的航道”。

大马士革在18世纪保持着相对的和平与安定，推动了建筑业的发展。除了商队客栈、学校和浴场之外，18世纪城中还建造了迄今为止最古老的住宅。这些住宅结构十分传统，内部围绕着一座或多座庭院。建筑的外表甚至称得上简陋，大街一侧的墙面造型简单，而内部却配有丰富的装潢。与开罗建筑的纵向延伸特性不同，大马士革的住宅以内部庭院为中心向四周扩展，有时庭院面积能占到建筑总面积的一半。一个大型水池和几棵树木是建筑内部的基本元素。庭院南面由伊万（iwan）占据，它指的是一间宽敞、深邃、有两层高的房间，终日处于阴凉并保持凉爽的温度。伊万和庭院周围分布着或宽敞或狭小的庭室，白天作为接待室，而到了晚上则变为寝室。这些房间都分为两个部分：第一个部分与庭院在一个水平面上，地面上铺有大理石砖，内部还装饰有喷泉；随后需要脱鞋并登上更高的一层，这就是房间的第二个部分，内部铺有地毯并摆放有座椅和壁橱。那些简陋的房间只有一个庭院，面积十分狭小。而那些奢华的房间在过去供贵族居住，能容纳两到三个大小不一、相互连通的庭院，总面积可达一千多平方米。住宅中名为哈拉姆利克（haremlik）的大庭院专供家庭中的女性使用。而最小的庭院则是仆人活动的区域：包括厨房、仓库、浴室和仆人住所。第三间院子被称为萨拉姆利克（selamlik），是主人处理商业和政治事务的地方。但这些住宅的神奇之处在于其中的装潢，这些装饰品根据要求不同，或简朴，或奢华，分布于房间中的地板、墙面及天花板，以及庭院中的喷泉石井栏上。

如今在大马士革的老城区中，这些住宅仍然保持着18世纪修建之初的完整和美丽。这些老宅子中的一块木雕、一块墙板，抑或是一间庭院、一扇门板，都见证了那个时代建筑装饰艺术的规模和水平。

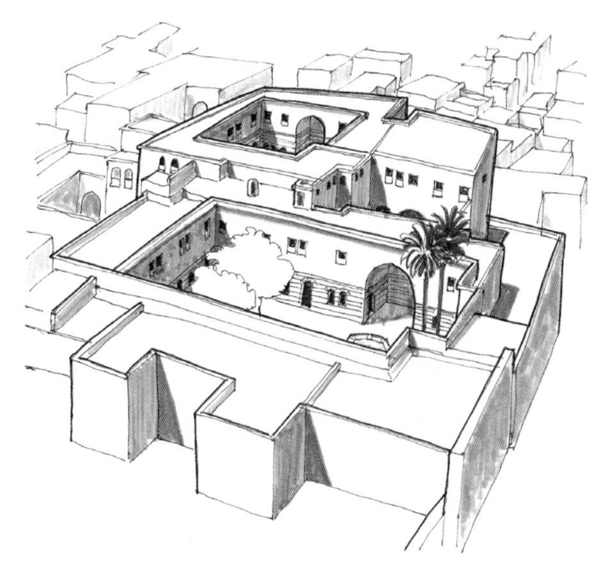

由三间庭院组成的大马士革住宅。

18世纪建造的大马士革住宅中的庭院和伊万。

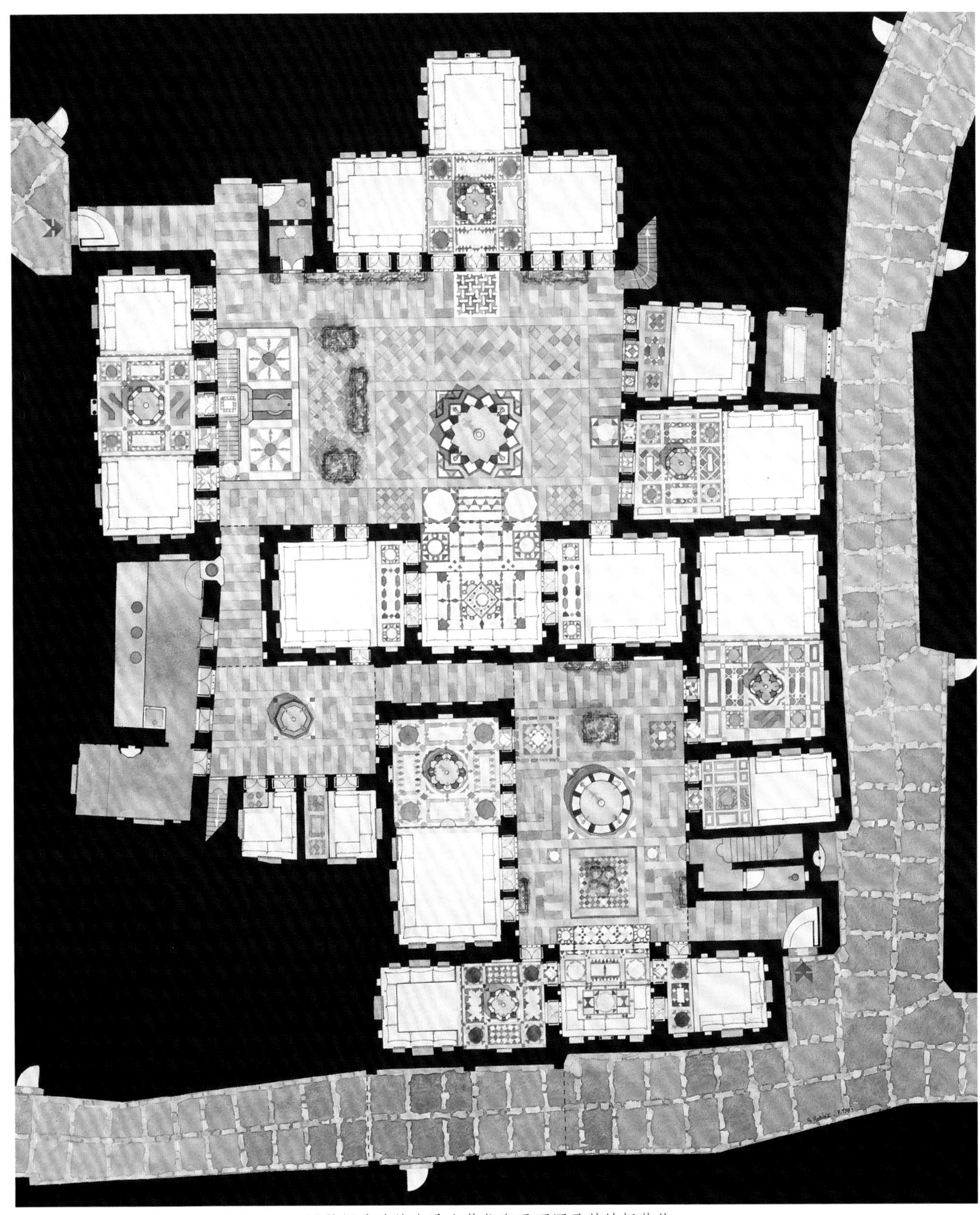

18世纪建造的大马士革住宅平面图及其地板装饰。

这间住宅由三间庭院组成。其中的大院（上方）供家人起居，中院（下方）用于正式接待，小院（左侧）供仆人使用。每一间庭院都有一座水池。住宅南侧的两间庭院各带一间伊万。双色地板采用了大马士革地区的赭石和叙利亚南部火山地区的黑色玄武石。一部分大理石镶嵌在喷泉的石井栏和水池周围的石台上，另一部分则铺设在伊万的地面上。这些大理石被当作地毯，铺在所有房间的入口处。房间内部同样也进行了装潢。最重要的接待厅内部修建有一座水池。最后，墙面的窗框上也同样使用大理石进行了装饰。

棋盘格和之字纹

大马士革，叙利亚

在大马士革的历史上，许多规模较小的住宅也会配有一间庭院。其中，水池四周的地面上铺设了赭石和黑色玄武岩。当庭院为正方形时，地砖的排列如下：四条赭石路将地面区域划分，使得中央正方形的边长是庭院边长的一半。水池一般为八边形，位于庭院中央。地砖中的装饰图案结合了棋盘格和之字纹（插图124）。庭院内，白色、红色和黑色大理石铺设在石井栏、水池的垂直内壁，以及八边形水池与中央正方形之间的空隙部分。这种铺设方式很显然源于一种古代传统。

在所有东方国家，似乎之字纹装饰图案总是与喷泉、水池和水渠联系在一起。从这个角度看，我们还注意到在公元前3世纪的苏美尔文字中，“水”“灌溉”，甚至是“花园”的象形符号都是由一个或多个之字纹表示。

大马士革中型住宅中的庭院，及其伊万和中央水池。

棋盘格和之字纹

庭院的平面图为正方形，其中八边形水池的大小以及地砖的铺设位置都根据图中线条来确定，后者将庭院的地面划分为不同装饰图案的区域（之字纹和棋盘格）。

方形庭院中央水池四周的石板地面，大马士革（叙利亚）

矩形网格中的多样装饰图案

贾巴里之家，大马士革，叙利亚

贾巴里之家位于大马士革老城区的中心，建于18世纪，后于19世纪初进行修缮。修复工程重新整修了接待厅入口处的大理石地面。中央水池四周的区域被大理石路面划分成不同区域，其形式和插图124十分类似。在这些地砖中，最为精致的图案分布于路面交叉处以及水池的四角。

贾巴里之家的接待大厅，18世纪，大马士革。

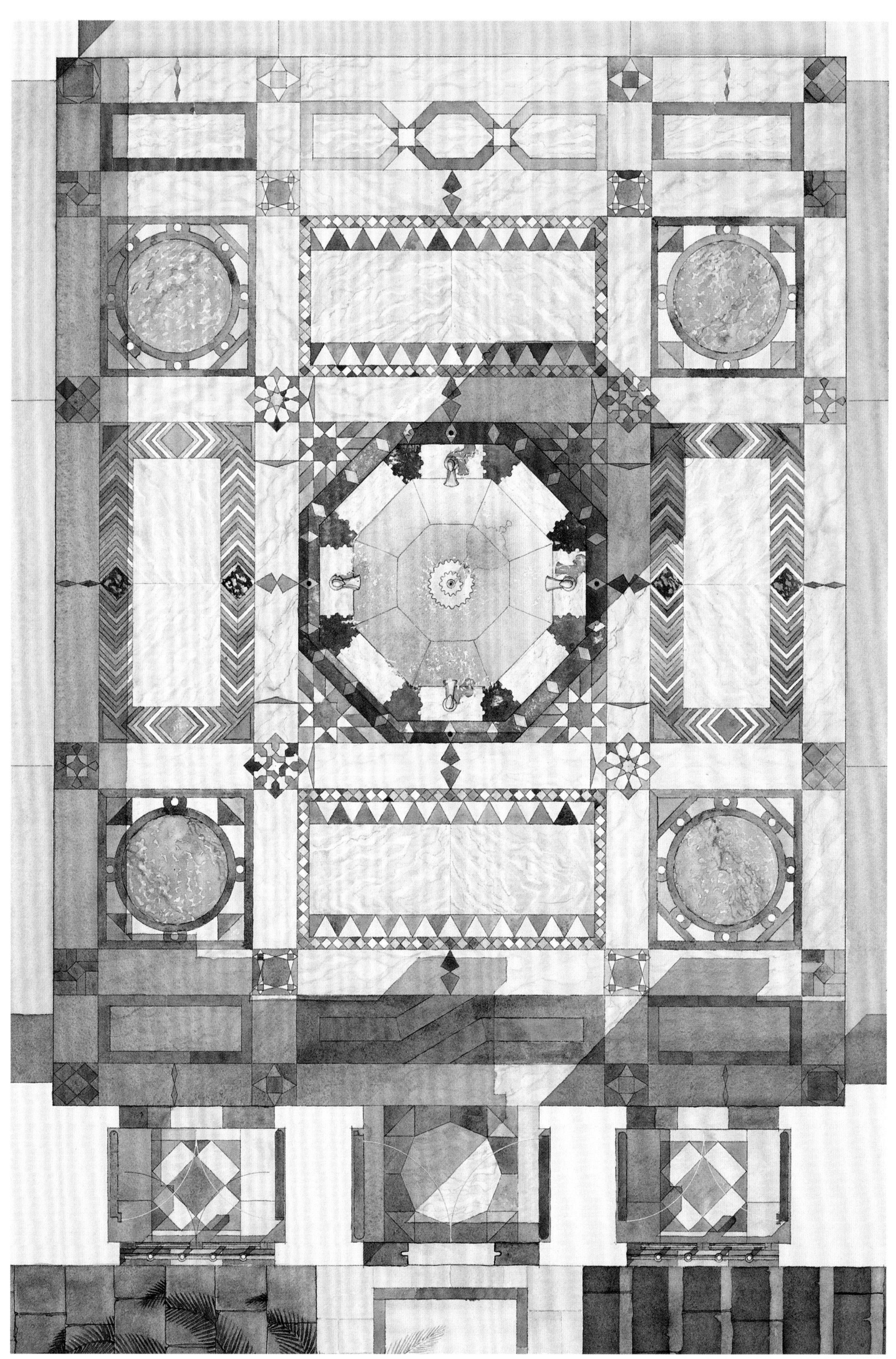

接待大厅中央的水池和石板地面，贾巴里之家，大马士革。

八角星网格中的装饰图案

夏米之家，大马士革，叙利亚

夏米之家建于18世纪，位于城市的城墙外围，是一座规模宏大的宅邸。如今这里成了大马士革历史博物馆的馆址。住宅中配有一座大型庭院，中央水池周围的地面上铺设着由赭石和黑色玄武岩组成的地砖。19世纪时，原始水池被替换为一个具有“土耳其和凡尔赛”风格的新水池，四周围绕着精美的白色、红色和黑色大理石马赛克装饰，其外围采用了之字纹图案（插图125）。

夏米之家庭院中的水池和石板地面，大马士革。

八角星网格中的装饰图案

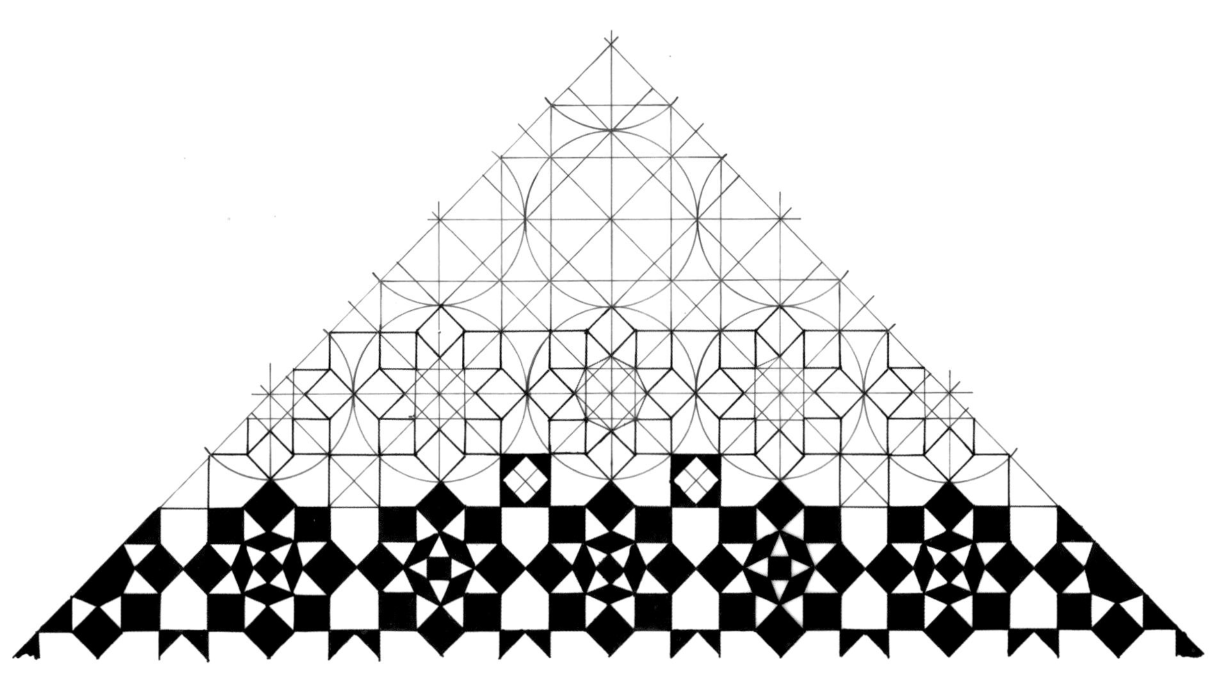

装饰图案由一些并列的八角星组成，中间留有十字架图案。八角星内部的图案具有多样性。

大理石地砖，水池外延，夏米之家，大马士革（叙利亚）

四角星组合

斯巴伊之家，大马士革，叙利亚

在大马士革的老宅子中，接待厅一般位于庭院周围，其规模不等。其中，用于迎接宾客和大摆排场的接待厅通常比其他庭室更为奢华。然而，通往接待厅的大门却和其他门板大小相同。而且，为了阻挡外部的高温，这些入口都设计得尽可能狭小。因此，人们需要通过门板外侧装饰的精美程度，而非入口的大小来判断庭室的等级。

入口处的首要标志就是玄关前方一块由彩色大理石拼接而成的马赛克地板。从这块地板的面积（从一平方米到两平方米不等）和装饰图案的质量可以推测出房屋内部的豪华场景。

插图126展示的是斯巴伊之家其中一间房屋门口的马赛克地板。这块地板使用了一种传统而普遍的几何图案。举个例子来说，它还以另一种尺寸出现在16世纪的印度泰姬陵中。

玄关处的大理石“地毯”，大马士革。

六角星组合

阿兹姆宫，大马士革，叙利亚

第二个彰显房屋等级的标志就是入口上方使用的装饰。事实上，拱门上方的部分可以装饰一种或多种墙板，也可以不进行装饰。而墙板的规模与图案的质量则彰显着这间房屋的重要性。插图127中的第一幅图案位于阿兹姆宫一座中型接待室的入口上方（插图128），而第二幅图案则是接待室内墙上的8个装饰之一。

18世纪，一位财力雄厚的总督指挥建造了阿兹姆宫。这项工程持续了两年之久，召集了城里所有的能工巧匠和800多名工人。宫殿建成后就一跃成为整个奥斯曼帝国最精美的建筑。阿兹姆宫是阿萨德家族68位继承人的共有财产，于1922年被法国政府购买，并在此设立法国伊斯兰考古与艺术学院。如今这里被建设成一座博物馆。

四角形组合

装饰图案建立在一张正交网格中，网格大小分为两种规格。此处的网格边长比例为4：5，根据这一比例即可绘制出相应图案。

斯巴伊之家玄关处的大理石地板，大马士革（叙利亚）

六角星组合

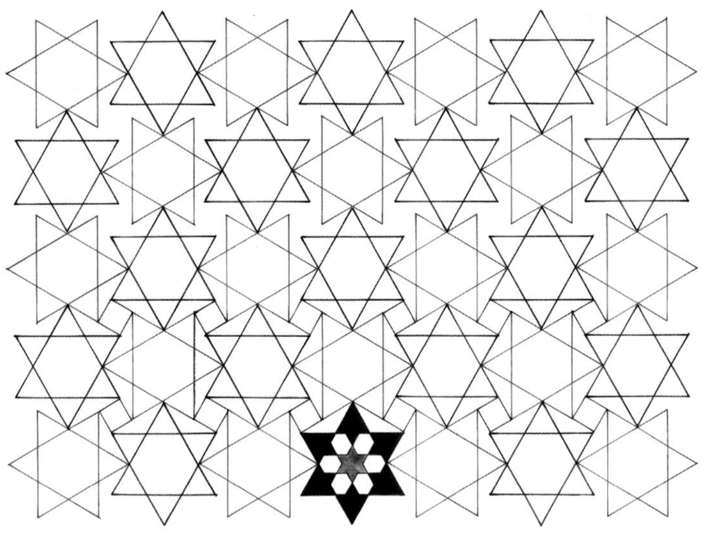

如图所示，装饰图案建立在一张由六角星拼接而成的网格中（红色和黑色）。一些线条的延长线勾勒出中间小正方形的轮廓（蓝色）。

门口上方的彩色石膏墙板，阿兹姆宫，大马士革（叙利亚）

图案构建在一张等边三角形网格中，如图所示，选择相应线条完成绘制。

喷泉石井栏上的大理石马赛克装饰，阿兹姆宫，大马士革（叙利亚）

六角星组合

门口上方的彩色石膏墙板，阿兹姆宫，大马士革（叙利亚）

通过圆的八等分、十等分和十二等分得到的玫瑰花结图案
阿兹姆宫，大马士革，叙利亚大马士革，叙利亚

在13世纪至15世纪的大马士革和开罗，马穆鲁克建筑的一大特点就是将不同颜色的石料进行叠加，从而建设房屋的地基。这种工艺在宗教建筑中无处不在，并且也用于民宅。

为了搭建这种彩色的地基，建筑师使用了三种颜色不同的切割石料：分别为城市周边可以采集到的白色石灰岩和粉红色赭石，以及一种需要到国家南部火山地区搜集的黑色玄武岩。18世纪时大部分建筑需要从废墟中重建，毫无疑问的是，人们不可能将这些碎石按照颜色分类，而是将它们掺杂在一起进行重建。为了保持彩色水平条纹装饰的传统，墙面使用了石膏和石灰涂层，模拟出建筑外墙最初黑色、白色和赭石色的交替效果。其中，赭石色提取自橙色，从而加深色彩的对比。

值得一提的是，在模仿彩色石基的过程中，人们并没有提及垂直方向上的衔接点。因为修建彩色地基的初衷并不是为了堆砌这些石料。如果是这样的话，那么整个墙面的外表都应该遵循同样的颜色处理，而不仅仅是地基部分。在建筑较高的部分，墙面为简单的白色。因此，这样做的目的是勾起人们对条纹格的回忆，这些图案可能源自贝督因人的帐篷，也可能是过节时人们在花园中挂起的帷幕，就如同那些波斯画作中所展示的那样。从西方艺术的标准来看，使用石膏复刻古代的彩色石基并不是个性的缺失，而是一种艺术的进步，它使建筑远离了罗马和拜占庭的修建传统，进一步探索出一种能够与服饰、织物、帷幔、刺绣相联系的风格，而不是一味地追求厚重与坚固。

一座大型住宅中的庭院及其伊万，大马士革，18世纪。

在18世纪大马士革住宅的庭院内，所有出入口、门板和窗户的上方都有一块由拱石砌成的扁圆形门梁。这种切割工艺复杂的拱石大概是一种古老的建筑手段，用于搭建地震区域的房屋，但它们现在仅作为花边装饰被保存了下来。更为重要的装饰元素要数拱石上的几何图案了，它不禁使人联想到衣服上、袖口处和衬衫领口处的刺绣图案。当地的工匠采用一种特殊的工艺制作该装饰图形，他们先将图案轮廓雕刻在拱石表面上，然后用彩色的石膏进行填充。这些拱石上的玫瑰花结样式层出不穷，值得人们将其编入几何图案装饰的名册（插图129、插图130）。

通过切割石灰石原料和填充彩色石膏得到的装饰图案。

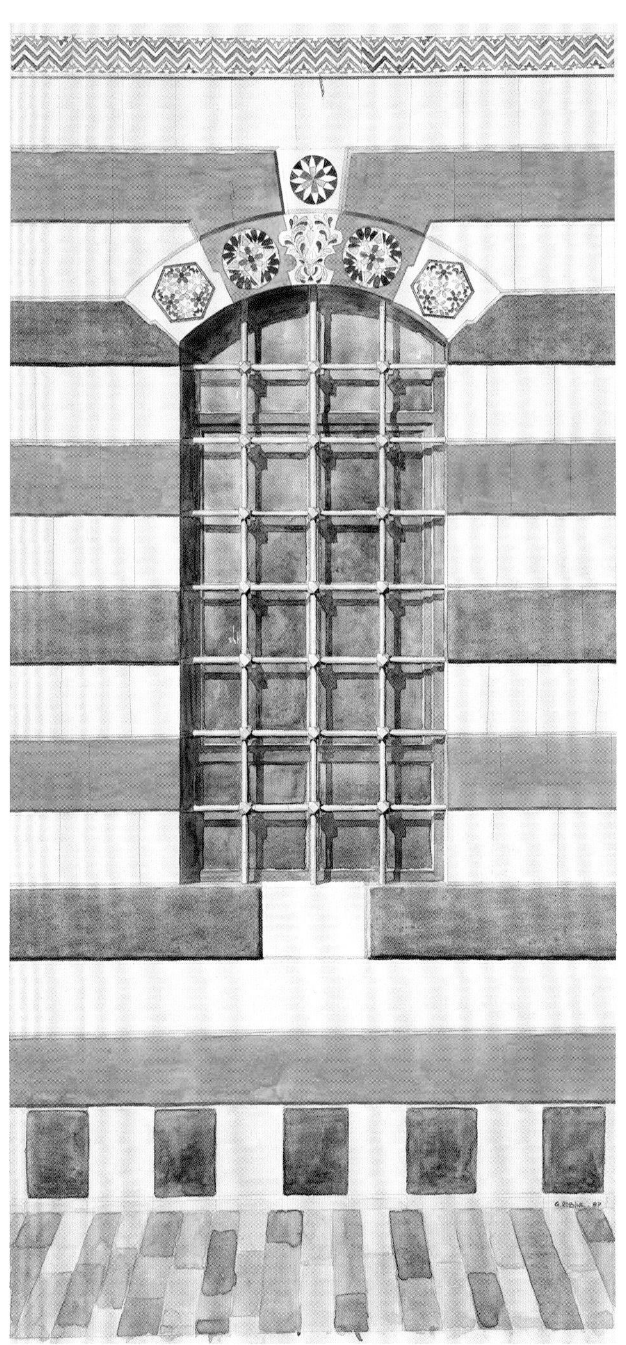

住宅底层的窗户。

通过圆的八等分、十等分和十二等分得到的玫瑰花结图案

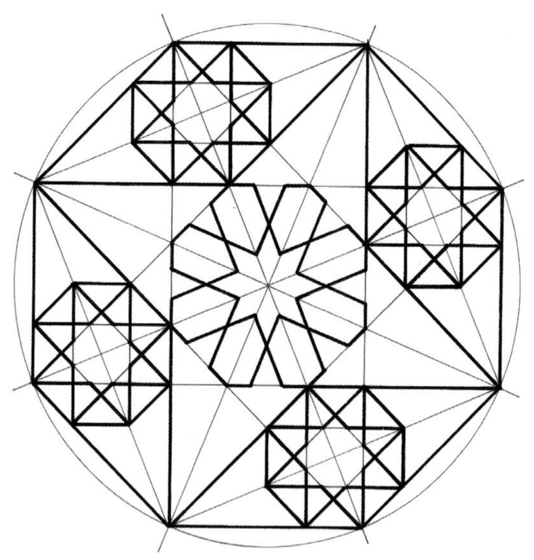

将已知圆八等分，并绘制其内切八边形。
将八边形的相对顶点相连，并延长相应线条得到一个四角星，在四角星与圆的空隙处画一组八边形。
将其相对的顶点分别连接，得到这组八边形的内切八角星。
最后绘制中央的玫瑰花结，条纹宽度可自由选择。

将已知圆十等分（红色），并将圆上切点每隔2个相连。
按照图中所示，画出既穿过切线的交叉点，又与切线平行的线条。补全10个五边形的第五条边，并画出其对角线。由此得到这些五边形的内切五角星以及中央的十叶玫瑰花结。

窗户上方的拱梁装饰，大马士革（叙利亚）

通过圆的八等分、十等分和十二等分得到的玫瑰花结图案

窗户拱梁上的三块拱石装饰，大马士革（叙利亚）

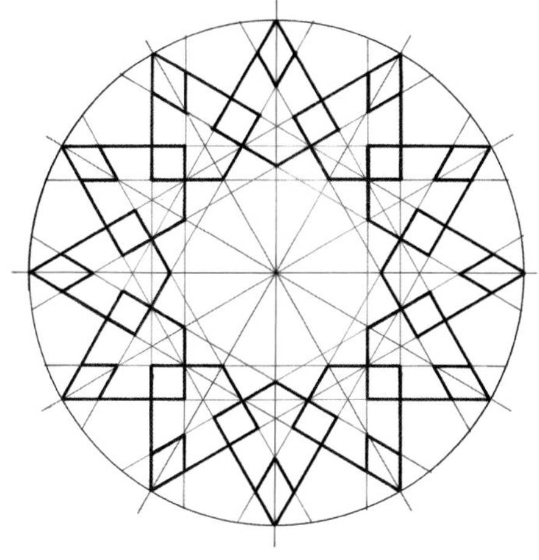

将圆十二等分（红色），并将切点每隔3个相连，由此得到4个圆的内切正三角形。
按照图中所示，画出既穿过三角形边上的交叉点，又与边平行的线条（蓝色）。
选出相应线条（黑色）。
图案中央十二角星内部的图案可以通过多种方式规划。

窗户上方的拱梁装饰，大马士革（叙利亚）

正方形和六边形组合

贾巴里之家，大马士革，叙利亚

大马士革18世纪和19世纪的住宅中藏有一系列非常珍贵的彩绘细木装饰，其中以顶棚上的尤为精美。这些彩绘木质顶棚覆盖着伊万和所有接待大厅，它们位于房梁上、藻井中和屋顶的其他结构表面，其样式可谓五花八门。即使是窗洞上方的部分，也时常会装饰着一块宽约60 cm的木质彩绘板。贾巴里之家就符合上述情况，但其装饰比起别家更有精美。插图131展示的就是其中一件装饰。这种几何图案广泛应用于土耳其、印度、乌兹别克斯坦和也门地区，但各地都有不同的图案特点。

叶片和四叶玫瑰花结图案

大马士革、叙利亚

在这一时期，大马士革住宅内部的墙面装饰同样采用了先雕刻后填充的工艺，并且室内装饰面积大于室外。除了之前提到的彩色条纹地基，以及位于窗户、壁洞和壁橱上方的玫瑰花结装饰，住宅的内部装饰还包括大面积的网格装饰。这些网格由狭窄的边框分隔开，使人联想到缝制而成的不对称印花布。装饰中采用了多种多样的几何图案。插图132和插图133中展示的就是其中最为传统的三种。

房屋内部的装饰，18世纪，大马士革。

正方形和六边形组合

1.如插图127所示，这幅装饰图案需要建立在一组并排的六角星网格中，随后依次画出其水平和垂直的轴线（红色和蓝色）。

2.该图案同样可以建立在一个外部正方形中：将该正方形中心点周围的空间十二等分，切线中包含正方形的对角线。

绘制一个穿过正方形与切线4个交叉点的圆（红色）。

如图所示，将圆上的切点两两相连（蓝色）。由此得到了一个所有顶点都在外部正方形上的正方形和一个图案中央的小正方形。

从小正方形的顶点出发，画出外部正方形边的平行线。由此得到一个正三角形，该三角形的其中一个顶角与小正方形的顶角重合，另一个顶角在外部正方形的边上。

将等边三角形的边长三等分，就可以得到六边形和半六边形的轮廓。

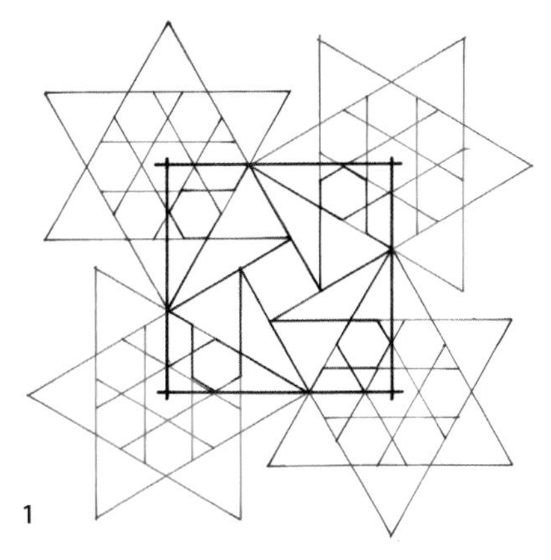

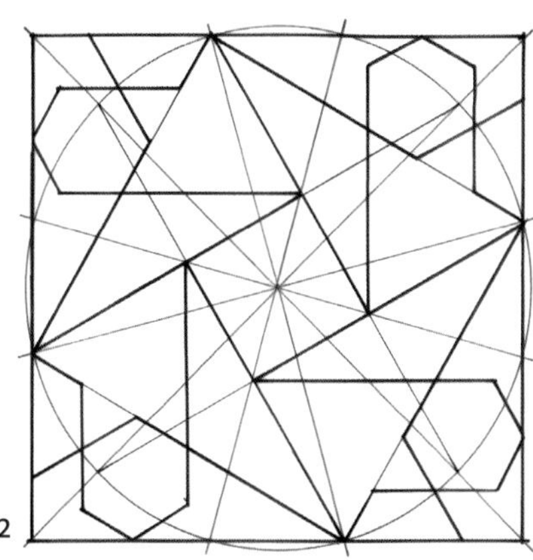

采用相同线条支撑的木质屏风，萨那（也门）

小型彩绘木质顶棚，贾巴里之家，大马士革（叙利亚）

叶片和四叶玫瑰花结图案

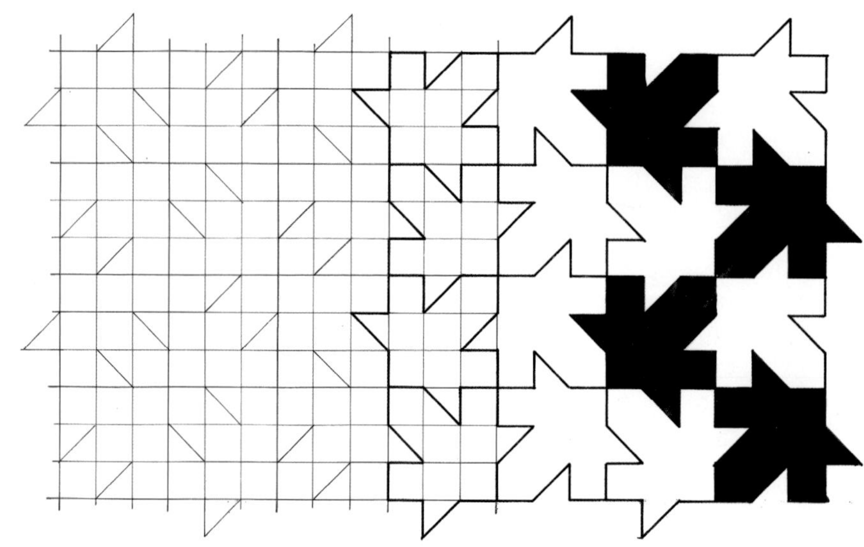

1. 将一张方格网中（红色）的网格边长三等分，并绘制次级网格（蓝色）。
按照图中所示连接相应顶点并选择图案线条。

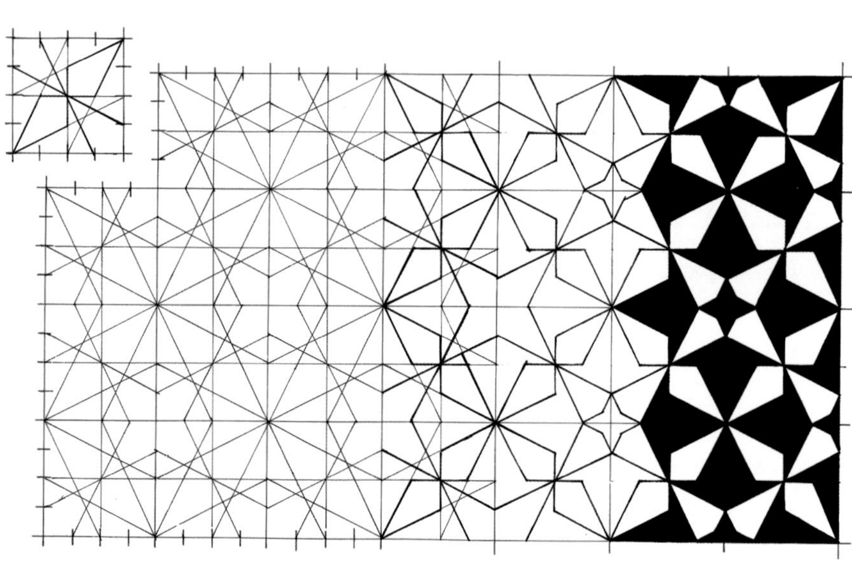

2. 将正方形网格中每一个网格的边长四等分。按照图中所示连接相应切点，并选择图案线条。

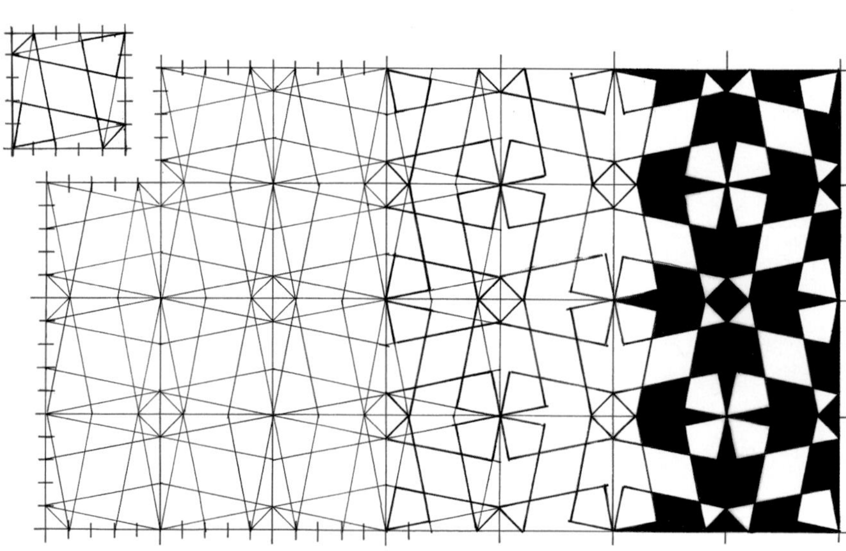

3. 将一张方格网中的网格边长五等分。按照图中所示连接相应切点，并选择所需线条。

房间内部的装饰图案，大马士革（叙利亚）

叶片和四叶玫瑰花结图案

1

2

3

房间内部的装饰图案，大马士革（叙利亚）

撒马尔罕

乌兹别克斯坦有一座无与伦比的建筑和装饰帝国。这些源于建筑的传说与撒马尔罕和布拉哈这两座神话般的城市同样具有吸引力，并且一直无人企及。这些城市的名字本身就让人联想到丝绸之路上的那些传奇故事，这条通道在几个世纪中都作为中欧商贸的桥梁，并一直延续到海上丝绸之路通航。

正是在这里，在赭石的棱角和沙漠的沉寂中，出现了第一栋被马赛克装饰和彩色砖块覆盖的建筑，人们可以通过这些图案看到繁星满天、花开满园，就像是把古巴比伦的果园悬挂在空中。在这里，在那些光芒四射的巨大墙面上，绿松石、天青石和绿色颜料会随着昼夜交替、天气阴晴和季节变化而变换妆容。这足以证明着色艺术在传播到波斯帝国之前就已经被运用得炉火纯青。

乌兹别克斯坦将这种装饰的特殊性归结于中亚历史的动荡，及其文明十字路口的地理位置。从西方的亚历山大帝国，到北方的沙皇和苏维埃政权，之后被南方的阿拉伯人征服，最后又被东方的成吉思汗和帖木尔占领。这个国家见证了数个帝国和王朝的诞生、冲突、并存与消亡。

13世纪时，成吉思汗率领的蒙古大军对世界进行了一次血腥的征服，而这之后一场新的考验再次打击了波斯帝国及其周边国家。在接下来的一个世纪中，新一轮的征服浪潮席卷而来。这一次，帖木尔（Timur Leng，意为瘸腿的人）带领军队从中亚草原出发，奔向这些古老的文明中心。所到之处生灵涂炭，城市化为一片废墟，文化和灌溉系统不复存在，这条连接中西的商贸通道就此被切断。

帖木尔是成吉思汗的远亲，1336年出生在撒马尔罕城附近。1369年成为撒马尔罕首领，并重建了这座1220年毁于蒙古人铁蹄的城市。随后便走上了征服之路：1376年征服伊朗和美索不达米亚，1395年逼近莫斯科，1399年出征印度，1402年征战安纳托利亚和叙利亚。最终，帖木尔于1405年在进军中国的路途中逝世。

令人感到十分矛盾的是，这位谋划了历史上一次残暴大屠杀的刽子手，同时也是科学、艺术和文学的赞助人。事实上，帖木尔在征战途中召集了撒马尔罕地区才华横溢的工匠、艺术家、学者和文学家。他斥资修建了自己的宫殿，许多清真寺、陵墓以及客栈。所有来到这座城市的商队都会在回去之后向别人讲述这位征服者的辉煌战绩。帖木尔所做的一切都是为了鼓励商业贸易，他给英国和法国的皇帝寄去书信，宣布他战胜了奥斯曼帝国。同时，他承诺所有在撒马尔罕进行的贸易活动都会得到应有的尊重。这样一来，那些前来经商的外国商人就成了帖木尔最好的“信息传递员”。消息从一家驿站传到下一家，随着距离和城市的积累，撒马尔罕建筑上闪耀的蓝色圆顶变得愈发美妙、惊艳和传奇。

帖木尔之孙兀鲁伯（Oulough Begh）继承了他的皇位。与战争相比，这位皇帝对天文学更加着迷，他将撒马尔罕建设成15世纪的文化和科学中心，帖木尔王朝也因此被称为“东方的美第奇”。然而，这个庞大的帝国在15世纪末时由于军事和商业原因一步一步走向衰落，路上的商贸通道面临着海上丝绸之路的竞争，来自中国的商人纷纷通过波斯港口进行贸易。

撒马尔罕地区的建筑和装饰可以追溯到帖木尔和兀鲁伯的统治时期，也就是14世纪末到15世纪。而在布哈拉，这座被帖木尔忽视的城市中。我们可以看到在这之前和之后的文物和遗迹。事实上，自1500年以来，布哈拉城就独立于帖木尔王朝，并在整个16世纪繁荣发展，修建了许多大型建筑。这座城市有400多处历史遗迹，其中大部分是在这一时期建立的。

17世纪之后，这些中亚城市逐渐失去了光芒。而在之后的18世纪中，俄罗斯第一次展露了他们对于这片地区的殖民野心。在这一时期，只有位于俄罗斯商贸路线上的希瓦市维持着部分经济活动。

在20世纪初期，撒马尔罕和布哈拉城中的古迹与伊朗的情况一模一样，连同建筑表面的彩陶装饰，全部破败不堪。列宁开展了第一次古迹修缮工程，目的是让“人民群众”能够接受这些古老的文化。这一行动在20世纪下半叶扩大，1991年乌兹别克斯坦共和国独立并接下了复兴古老文化的旗帜。

从建筑的结构来看，19世纪在布哈拉和希瓦修建的清真寺和经学院与15世纪在撒马尔罕建造的同类建筑十分相似。因为在伊斯兰世界中，最初构建的建筑样式有着非凡的生命力。

从建筑的装饰和布景来看，陶瓷的使用无疑是中亚装饰艺术中最吸引人之处，而帖木尔的工匠们则是该领域的大师。第一件彩陶马赛克装饰出现于12世纪的布哈拉清真寺塔尖上，工匠们先在黏土板上雕刻，之后进行烧制，最后在灰泥墙面上进行图案拼装。随后，这种工艺逐渐被瓷砖技艺所取代，后者需要先在砖块上绘制花卉图案或彩色几何图案，再涂上一层清漆。

在帖木尔时代，陶瓷艺术家们的伟大艺术就是知晓如何选择装饰图案和颜色，使得作品从远处看不会显得混乱或难以辨认。并且在近处看时，能使观众从中发现意想不到的对比和组合效果。

帖木尔喜爱建造规模宏大的清真寺或是陵墓，而他的孙子兀鲁伯则更乐意投资教育。他在1420年斥资建造了一座经学院，招收了100多名学生。不论他们学习的是伊斯兰研究还是世俗科学，都由当时最优秀的学者进行指导，天文学甚至很有可能由国王亲自教授。这座经学院内外的马赛克装饰彰显出工匠们完美的技艺。黄褐色背景凸显了青色、绿色和各种蓝色的装饰图案，其中包括花卉图案和文字图案，但是占据墙面和塔顶表面的是几何装饰图案。这些柱状塔顶高33 m，塔尖处由蜂巢结构组成（穆卡纳斯）。

拉吉斯坦的第二座伊斯兰教经学院名为什尔·达，它的墙面上刻有一行文字：“攀登想象力绳索的思想家永远不会被塔尖禁锢。”这座经学院建于1619—1636年，位于当地第一座经学院的对面，两者不仅拥有相似的建筑结构，并且宽度都为51 m。什尔·达经学院内外都装饰着色彩丰富的几何或花卉图案。虽然这些图案与帖木尔时代相比稍显逊色，但这些装饰中的动物形象却极具特色。在经学院正门的三角楣装饰图案中，几头雄狮正在追逐一群奔向花丛的鹿。正是这些雄狮赋予了这座经学院

拉吉斯坦广场，撒马尔罕（乌兹别克斯坦）。

如今的名称——Chir Dor，意为“雄狮栖息地”。

拉吉斯坦广场上的第三座经学院与前两者相辅相成，名为提利娅·卡里经学院，建于1646—1660年。整个经学院的宽度达到75 m，采用了与其他两座经学院相同的建筑结构。建筑中的陶瓷装饰包括象征着太阳的符号、几何条纹饰以及与什尔·达经学院类似的花卉图案。这座经学院的学堂分上下两层，因此从外观就可以看出这座建筑的用途。经学院内部的黄金叶装饰熠熠生辉，诠释了提利娅·卡里这个名字由来，意为“镀金的”。同时，装饰图案还展现出挂毯和吊帘元素。

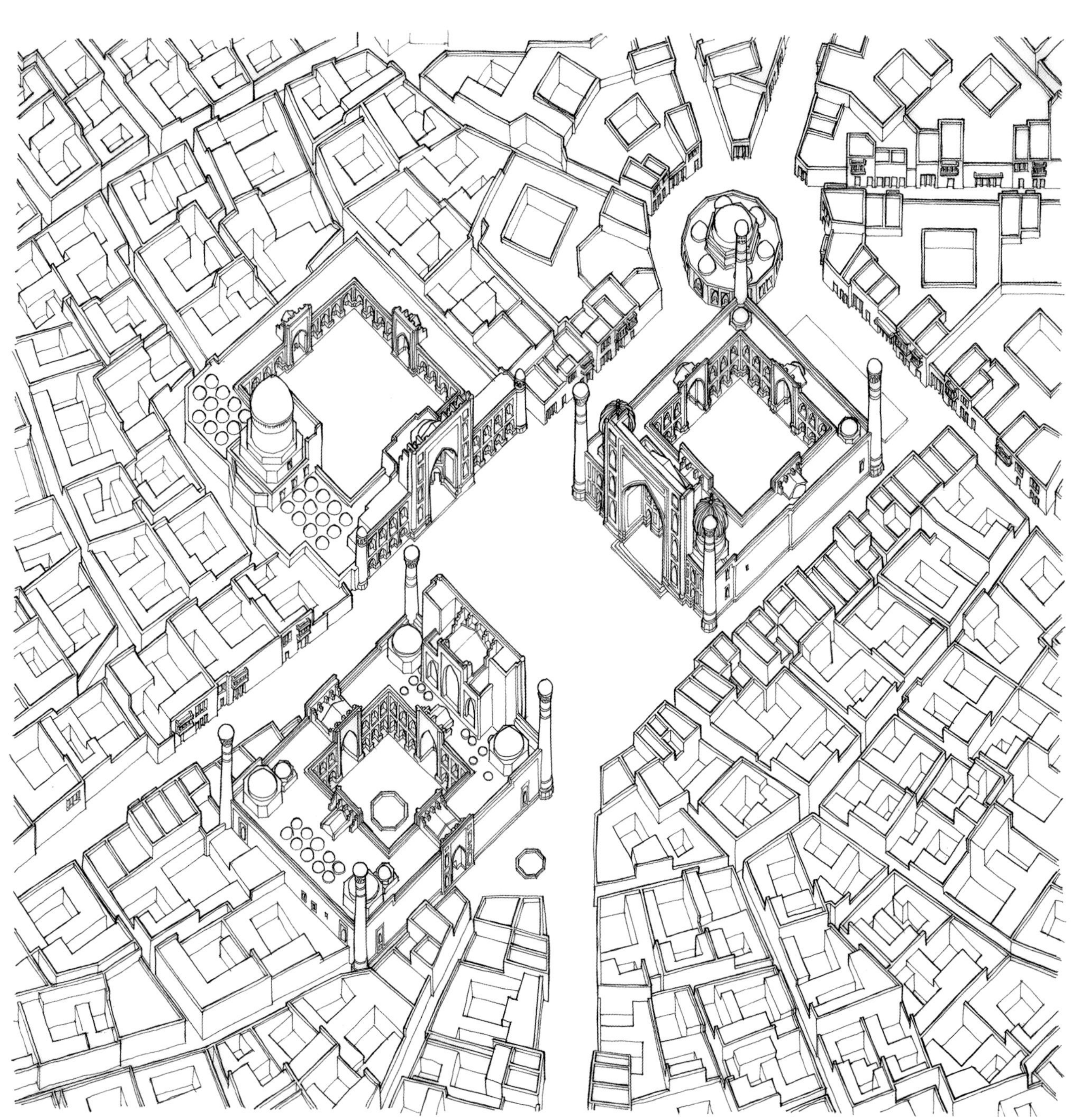

拉吉斯坦广场，撒马尔罕（乌兹别克斯坦）。
在这座位于城市中心的广场上，坐落着三座经过修缮后富丽堂皇的建筑物，
分别是：左侧的兀鲁伯经学院、右侧的什尔·达经学院和中间的提利娅·卡里经学院。

方格网中的图案

沙赫静达陵墓，撒马尔罕，乌兹别克斯坦；霍城，中国

在14世纪和15世纪，帖木尔王朝复兴撒马尔罕城的过程中，贵族家庭成员在城边名为沙赫静达（意为“活着的国王”）的山丘上修建了一座陵墓。事实上，自11世纪起这里就有一座大型墓地。这些陵墓的正面墙体上装饰有陶瓷贴面，主要位于大门及其两侧的装饰墙板和边框中。大部分的边框由彩釉瓷砖修建而成。工匠们只使用三种颜色，分别为浅蓝色或绿松石色，群青色或普鲁士蓝，以及白色。

虽然装饰制作的要求十分严格，但是这座墓地中的装饰图案却拥有丰富的变化。插图134中展示的图案来自最著名的几座陵墓中的意为“学识渊博的大师”陵墓。

这种装饰风格同样出现在同一时期的相邻地区。插图135中的图案与插图134相同，但使用的颜色相反。这件作品来自成吉思汗最后一位继承人的陵墓，于1363年建于新疆北部（中国）的霍城，紧邻哈萨克斯坦边境。

这些简单的装饰图案所营造的视觉效果十分强烈，远观更甚。

沙赫静达陵墓，撒马尔罕（乌兹别克斯坦）。

叶片图案

兀鲁伯经学院，撒马尔罕；卡梁清真寺，布哈拉，乌兹别克斯坦

帖木尔时期建筑的大门从墙面中凸出，两侧各修建一根细长的附墙柱。在撒马尔罕的兀鲁伯经学院（1420年）门口，这些石柱都装饰着一种重叠的叶片图案。

还有一种叶片图案的轮廓较为模糊，装饰在布哈拉卡梁清真寺大门的门柱上，建于15世纪晚期（插图136）。

带饰边框图案

兀鲁伯经学院，撒马尔罕，乌兹别克斯坦

在兀鲁伯经学院上下两层的凉廊外侧，装饰着由瓷砖组成的带状图案，恰似建筑上的一条花边。这条带饰上的图案设计得十分精妙，能让人从多角度观看（插图137）。

兀鲁伯经学院凉廊的外墙，撒马尔罕（乌兹别克斯坦）。

方格网中的图案

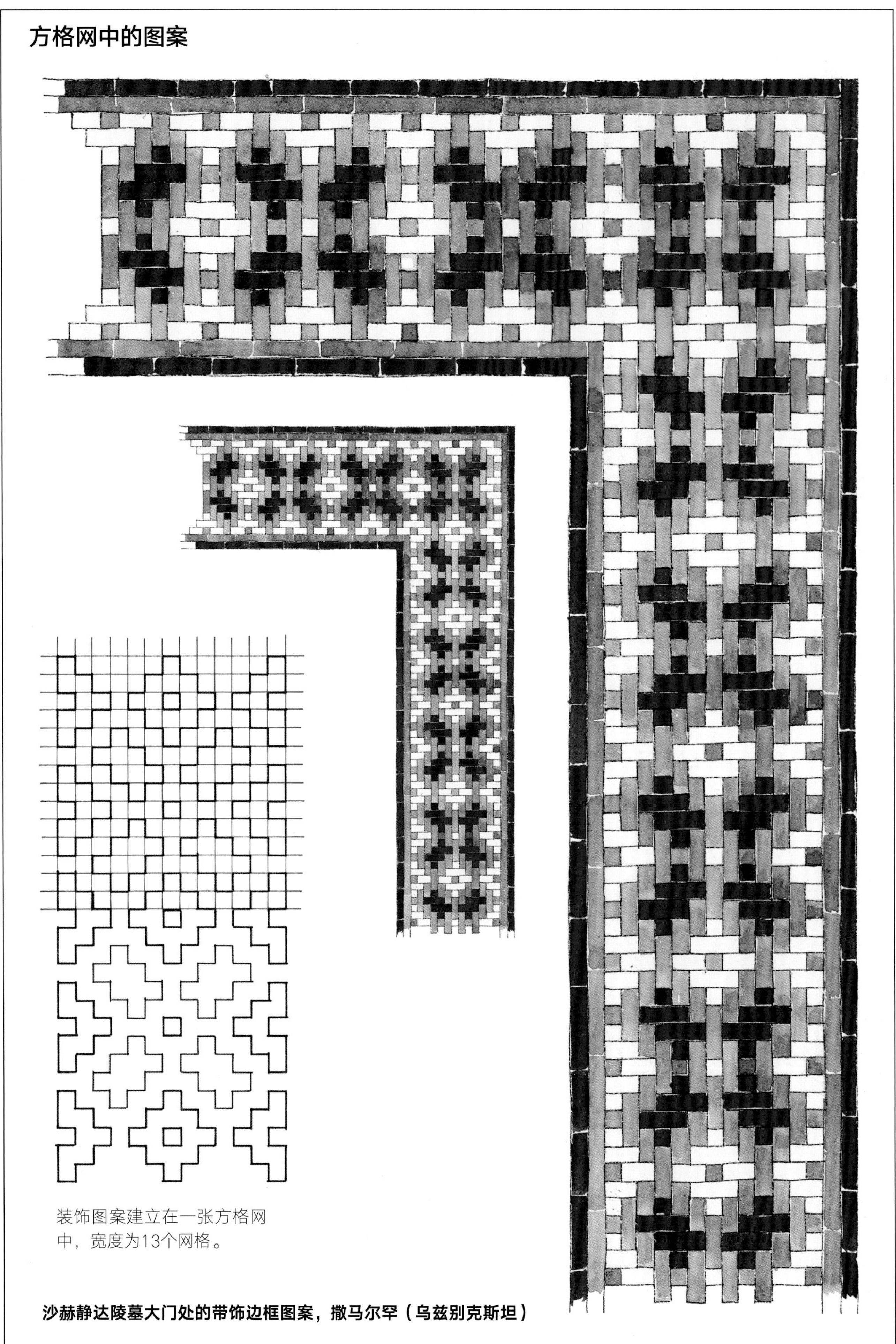

装饰图案建立在一张方格网中，宽度为13个网格。

沙赫静达陵墓大门处的带饰边框图案，撒马尔罕（乌兹别克斯坦）

方格网中的图案

两种图案都在方格网中绘制，宽度分别为13格和5格。

陵墓大门上的带饰边框图案，霍城（中国）

叶片图案

附墙柱上的瓷砖装饰，兀鲁伯经学院，1420年，撒马尔罕（乌兹别克斯坦）

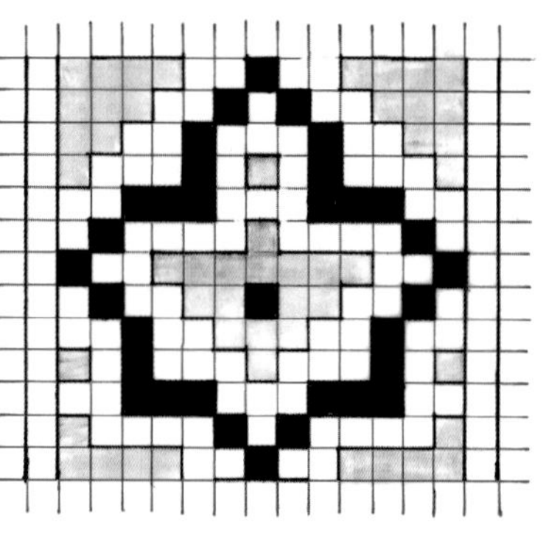

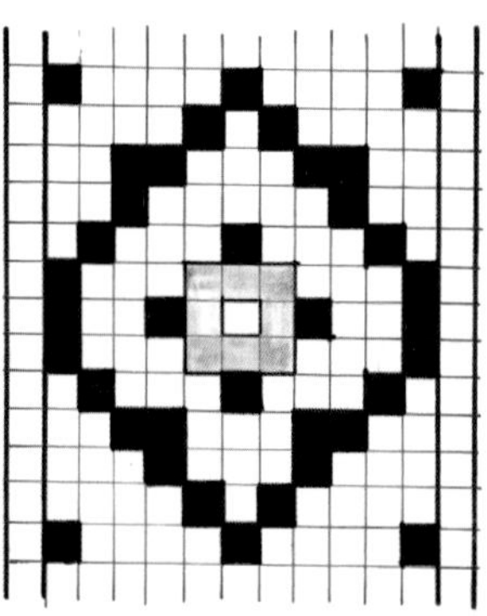

这两幅带状装饰图案的宽度分别为13格和11格。

带饰边框图案，卡梁清真寺，15世纪末，布拉哈（乌兹别克斯坦）

带饰边框图案

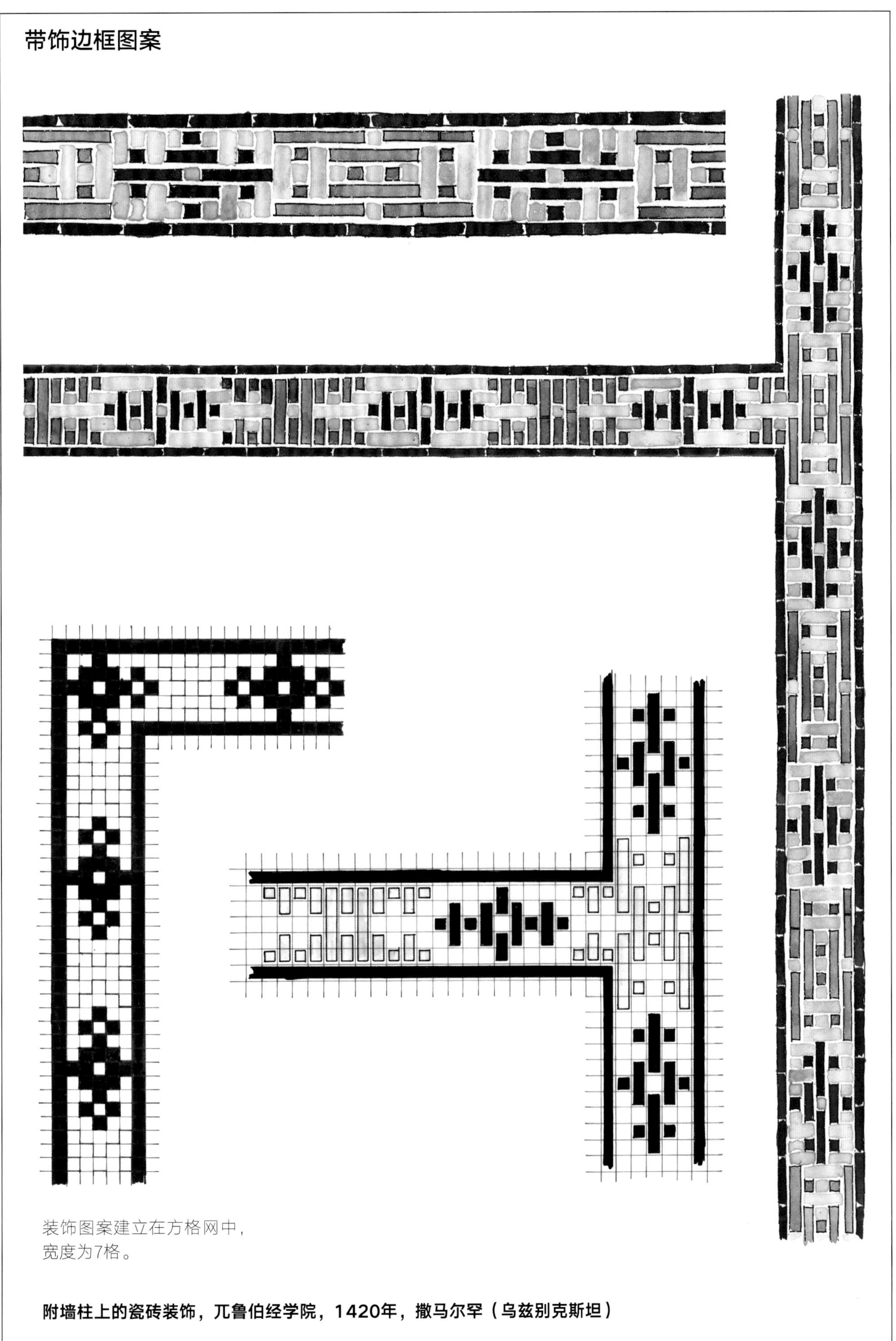

装饰图案建立在方格网中，
宽度为7格。

附墙柱上的瓷砖装饰，兀鲁伯经学院，1420年，撒马尔罕（乌兹别克斯坦）

切口边框图案和叶片图案

提利娅·卡里经学院，撒马尔罕；　布哈拉Mir-i-arab经学院，乌兹别克斯坦

提利娅·卡里经学院（17世纪）侧面的外墙是拉吉斯坦广场上的三大古迹之一，墙面十分平坦，没有任何凸出的线脚，并且整面墙都覆盖着彩陶贴片。应用在这面墙上的装饰图案使人联想到墙上的挂毯或帷幔。为了使这种编织效果更加真实，工匠采用了一种短小的边框图案，类似于人们为了防止布料开线而缝制的折边（插图138）。

Mir-i-arab经学院的正面部分于1536年在布哈拉建立，正门中央的拱洞两侧是两块边墙，墙面上叠放着一系列装饰面板。墙墩处有两块水平墙板，上面装饰着叶片图案的瓷砖贴片。墙面上的装饰在1980年得到了苏联人的修缮。虽然叶片图案是一种十分传统、使用广泛的装饰，但是Mir-i-arab经学院中的叶片装饰更像是来自现代的莫斯科艺术学院，而非16世纪的布哈拉，因为后者的质量与前者不相上下。

Mir-i-arab经学院的正面部分，布哈拉（乌兹别克斯坦）。

十字和方形组合

什尔·达经学院，撒马尔罕，乌兹别克斯坦

什尔·达经学院的侧墙修建于17世纪上半叶的拉吉斯坦，墙面上装饰着刺绣或编织图案的彩色瓷砖（插图139、插图140）。

切口边框图案和叶片图案

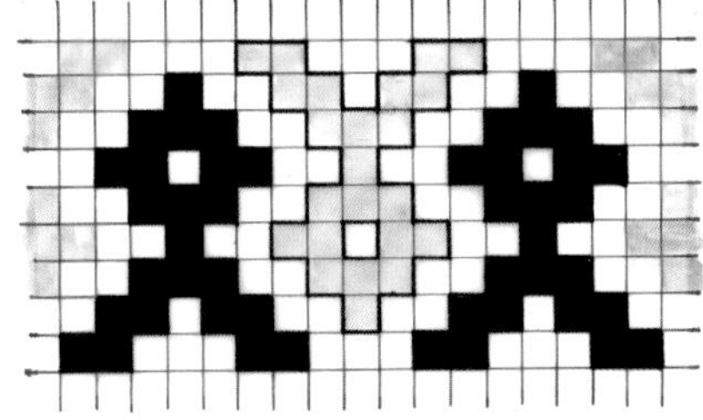

装饰图案建立在方形网格中，宽度为9格。

带饰边框图案，提利娅・卡里经学院，17世纪，撒马尔罕（乌兹别克斯坦）

该图案由并排的叶片组成，形成一幅带状装饰，同样在方格网中绘制，带宽为25格。

带饰边框图案，Mir-i-arab经学院，1536年，布哈拉（乌兹别克斯坦）

十字和方格图案组合

（a）

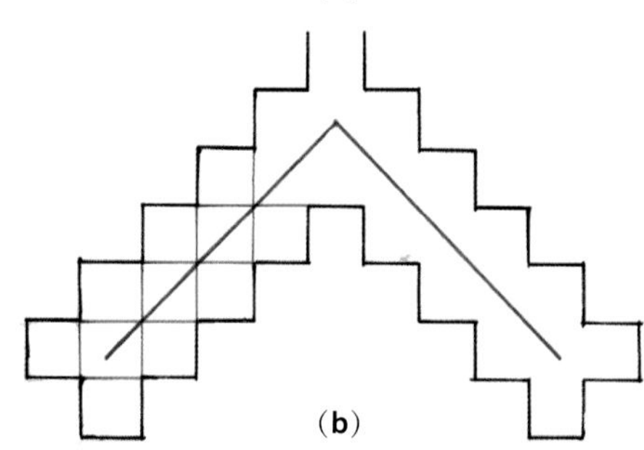

（b）

为了绘制装饰中的几何图案，需要将平面先划分成图（a）中所示的3个基础正交图形。
在这些分割的图形中，利用小正方形画出十字图案的宽度，如图（b）所示。
最后得到图（c）中的网格图案。

（c）

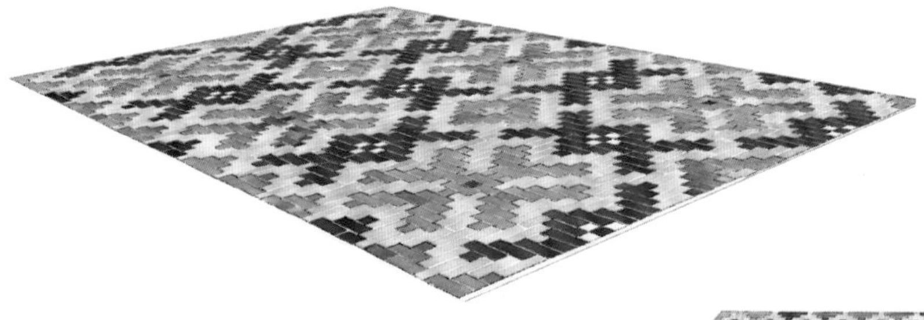

什尔·达经学院中的瓷砖装饰，17世纪，撒马尔罕（乌兹别克斯坦）

十字和方格图案组合

什尔·达经学院中的瓷砖装饰，17世纪，撒马尔罕（乌兹别克斯坦）

人字形、六边形和条纹图案

提利娅·卡里经学院，撒马尔罕，乌兹别克斯坦

提利娅·卡里经学院修建于17世纪中期的拉吉斯坦城，经学院中的装饰采用了蓝色、黑色、白色和黄色的瓷砖，并且预留出一块区域使用未上色的赭石。相比之前的建筑，这种色调更加热情。外侧凉廊的内壁上同样装饰着几何图案和笔直排列的文字。下页中的插图展示了一处使用人字形图案的内壁装饰，并且表明了走廊的开口位置。

面向庭院的凉廊，提利娅·卡里经学院，撒马尔罕（乌兹别克斯坦）。

墙面瓷砖装饰，提利娅·卡里经学院，17世纪，撒马尔罕（乌兹别克斯坦）。

四叶、八叶玫瑰花结与五边形、六边形的组合

卡梁清真寺，布哈拉，乌兹别克斯坦

在14世纪至16世纪的撒马尔罕和布哈拉建筑中，简单的正方形或矩形瓷砖修建的瓷砖装饰通常出现在建筑外侧，而那些精妙的几何图案、多种多边形的组合图案一般都用于建筑内部或大门的内侧。卡梁清真寺大门的边沿从上到下都覆盖着插图141中展示的图案（15世纪末）。

五角星、六角星和八角星组合

恺加·扎因艾德丁清真寺，布哈拉，乌兹别克斯坦

布哈拉的恺加·扎因艾德丁清真寺建于16世纪早期，使用了一种十分艳丽的装饰图案。这些图案中有很多都具有独特的创意性。例如插图142中展示的这幅图案，由多种多角星和玫瑰花结组成。从近处看图案稍显混乱，但随着距离的增加，整个图案会变得愈加清晰、富有条理。

十叶玫瑰花结和五角星组合

总督府，希瓦，乌兹别克斯坦

希瓦的总督府建于1806年，府中的接待室内装饰着陶瓷贴面。这幅装饰墙板由5种类似的图案元素组成，因此对比并不鲜明。但是这种搭配反而突出了由接缝处的灰泥勾勒出的十叶玫瑰花结和五角星图案（插图143）。

十二边形、八边形、六边形和五边形的条纹图案

Mir-i-arab经学院，布哈拉，乌兹别克斯坦

Mir-i-arab经学院修建于1536年，位于布哈拉市。经学院大门两侧的墙面上覆盖着装饰墙板，虽然规模很小，但却是该地区几何装饰的杰出作品。除此之外，它很可能是受16世纪末伊朗萨非王朝装饰风格影响的早期作品（插图144、插图145）。

四叶、八叶玫瑰花结与五边形、六边形的组合

以八边形（蓝色）的每一个顶点为圆心，边长的二分之一为半径画圆。
在其中的4个圆中绘制内切五边形。
在五边形外侧的边上绘制一组正方形，并在正方形的其他3条边上各画一个五边形。
通过对称原理扩展图形即可。

卡梁清真寺入口处的瓷砖装饰，布哈拉（乌兹别克斯坦）

五角星、六角星和八角星组合

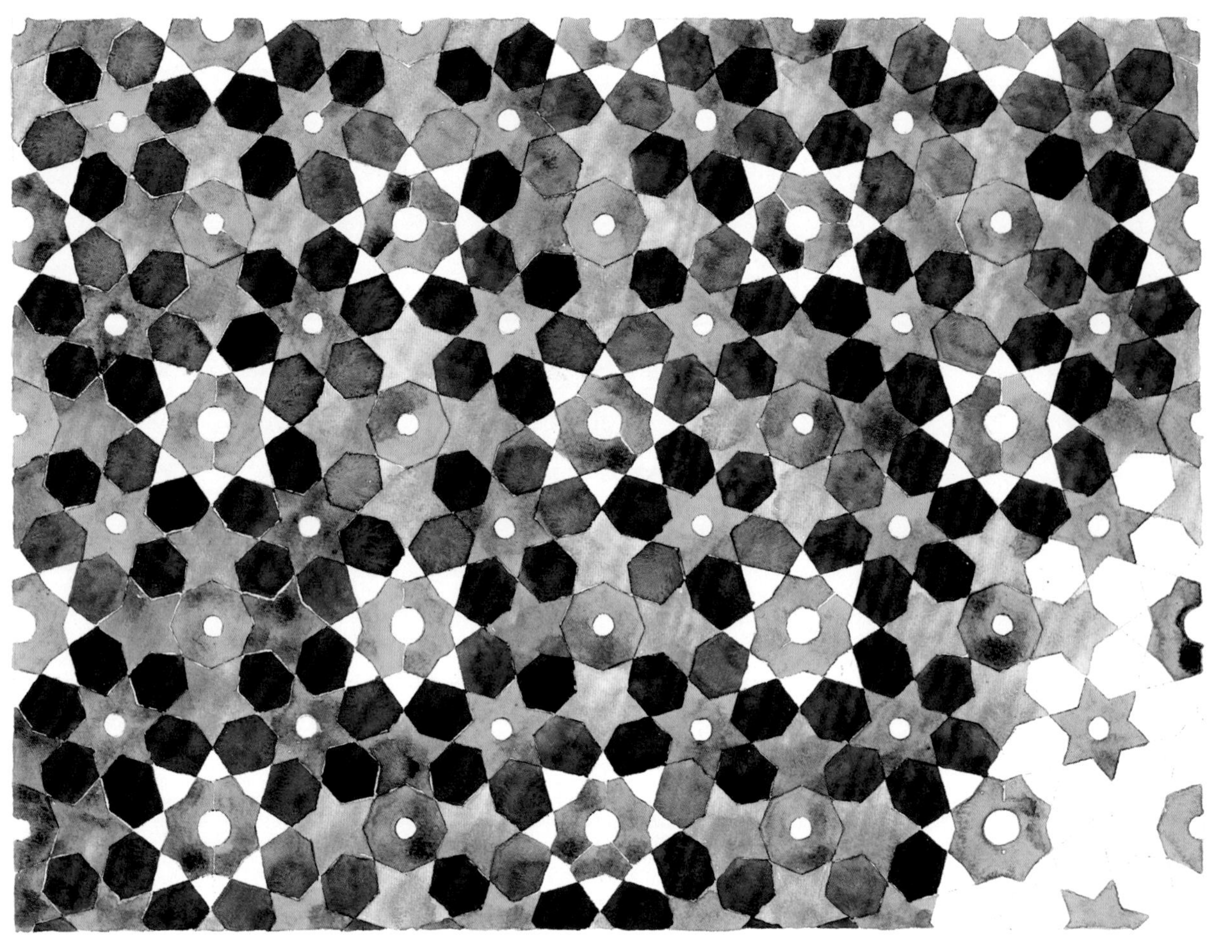

整个装饰图案是通过复制一个组合图形（红色）得到的：
在中心小正方形的每个边上绘制一个五边形；
在每两个五边形中间的三角形边上画一个六边形；
将六边形的相对顶点相连，由此得到其内切六角星（或者说星形六边形）；
将六角星的边延长；
在中心小正方形的外切圆内绘制一个八边形；
由此得到五边形内部的五角星轮廓；
按照图中所示延长相应线条，即可得到装饰图案。

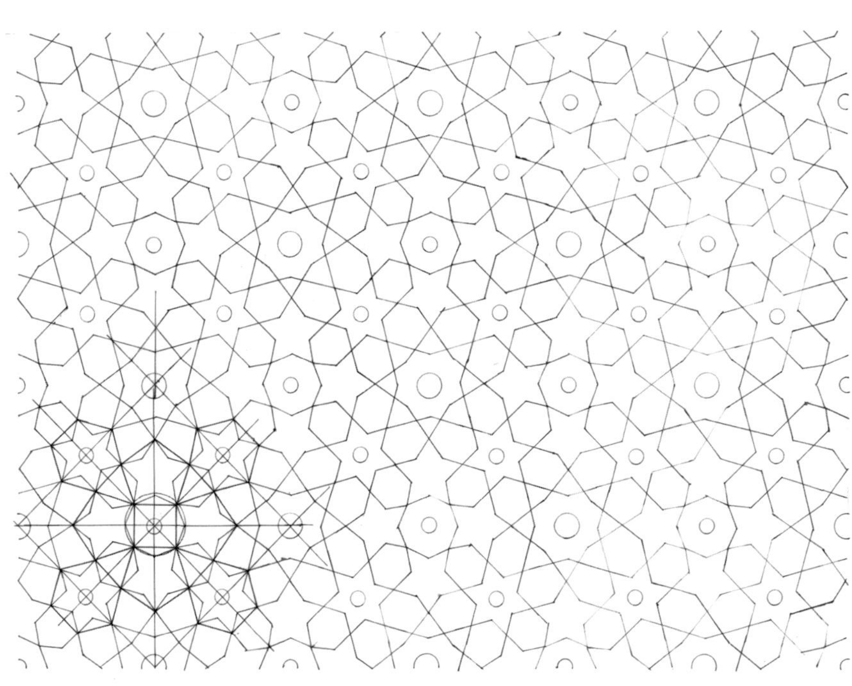

装饰墙板，恺加・扎因艾德丁清真寺，16世纪，布哈拉（乌兹别克斯坦）

十叶玫瑰花结和五角星组合

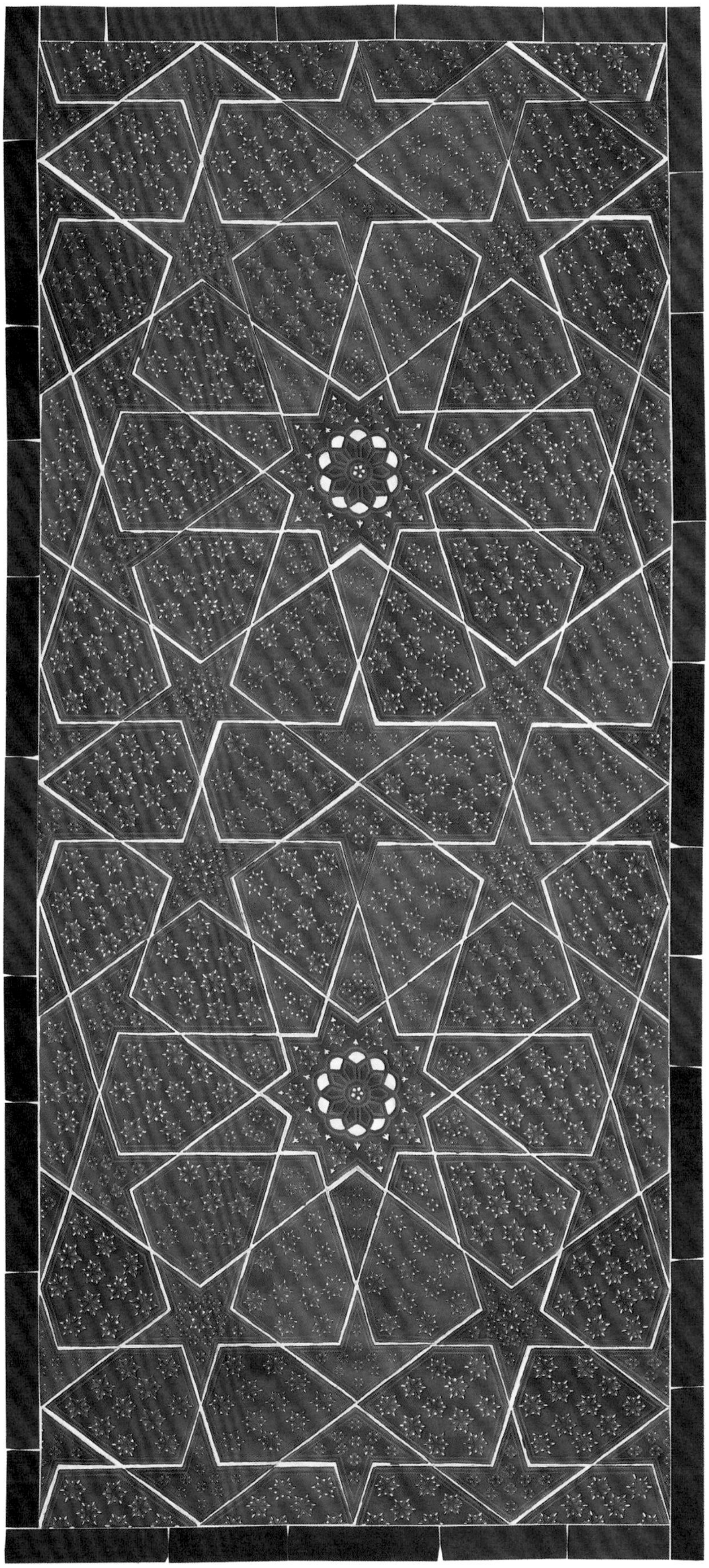

将图中2个相切的圆二十等分。
将圆上切点每隔3个相连，由此得到2个圆的内切十角星（或是2个五边形）。
延长五边形的边。每个五边形中2条边的延长线与另一个圆的2条切线相交，通过交点确定玫瑰花结内部圆形的直径。
小圆上的10个切点限定了玫瑰花瓣的宽度。

装饰墙板，总督府，19世纪，希瓦（乌兹别克斯坦）

十二边形、八边形、六边形和五边形的条纹图案

这件装饰中的几何图案构建在一张方格网中。将网格所有顶点周围的空间十二等分，同时将网格中心点处的空间十六等分（红色）。

以每个切分线的交点（每个网格中有8个）为圆心，绘制一组两两相切的小圆（蓝色）。

按照图中所示，在每个小圆中绘制一个五边形（不规则），并将其边延长（黑色）。

上方的插图展示了几何图案中布局的细节。

Mir-i-arab经学院大门处的装饰墙板，布哈拉（乌兹别克斯坦）

十二边形、八边形、六边形和五边形的条纹图案

Mir-i-arab经学院大门处的装饰墙板，布哈拉（乌兹别克斯坦）

伊朗

在古代，伊朗又被称为波斯，它位于土耳其、俄罗斯、阿拉伯国家、印度和中国的交界处，并受其影响。波斯帝国曾经被帕提亚人、古希腊人、阿拉伯人、土耳其人、蒙古人和阿富汗人侵略，然而却始终保持着其独有的特征，并在西方和远东之间成长为一座“中部帝国”。这种独特的文明拥有旺盛的生命力，每次被侵略后都会再次复兴。

伊朗的建筑和装饰遗迹同时证明了其文化的持久性和复兴的持续性。丰富的装饰和大胆的用色是伊朗不变的特色。在这里，建筑师从灰泥雕饰进阶到砖石技艺，再到彩釉瓷砖工艺，每一次转变都能创造出极致的装饰题材。伊朗的艺术就像大自然一样，充满着不可预知的新奇事物。

波斯帝国曾经被成吉思汗率领的蒙古游牧部落征服，这给波斯带来了毁灭性的打击。许多建筑师和工匠都被迫逃往他国。然而，侵略者很快就转变为艺术发展的赞助人。他们敕令建造的建筑规模宏大、令人惊叹，拥有宽敞的入口和巨大的圆顶，以及赏心悦目的精美陶瓷装饰。

帖木尔和他的继承人在1380—1502年统治着辽阔的疆域，除了首都撒马尔罕之外，还包括今天的乌兹别克斯坦、土库曼斯坦、阿富汗、巴基斯坦、伊朗和伊拉克。在这一时期，之前的建筑和装饰风格得到了进一步的改善：几何和花卉图案更加精妙、配色更加丰富、建筑与装饰的搭配更加和谐。

帖木尔王朝于1502年被萨非王朝取代，由伊斯兰神秘主义派领导。在该王朝的统治下，伊朗进入了为期两个世纪的繁荣时期，直到18世纪结束。

萨非王朝的君主阿巴斯一世在1598年决定将帝国首都定在位于沙漠地带的伊斯法罕，并且想要将这座城市建造成波斯神秘主义文章中的天堂之城。他想将这座古老的城市打造成一个高端的文化中心，让所有游客，尤其是西方旅行者为之赞叹。因此，伊斯法罕城中的建筑一座比一座宏伟、一座比

帖木尔时代的装饰图案，亚兹德聚礼清真寺，1437年。

面向大广场的希克斯罗图福拉清真寺，建于17世纪，伊斯法罕。

一座奢华，无论是经学院、客栈、集市、宫殿、陵墓还是清真寺一律如此。在最后一类建筑中，最著名的当属希克斯罗图福拉清真寺和伊玛目清真寺，它们位于这座城市中心的广场上，人们在此欢庆节日、游览集市、开展马球运动。

伊斯法罕17世纪的建筑装饰十分独特：使用的图案几乎一律是花卉和文字，几何图案的比例较小。从这一角度看，17世纪的建筑完全打破了16世纪建筑的传统。这是否证明了在萨非王朝的设计师眼中，只有模仿和再现大自然才能够建造出天堂之城，而几何图案并不具备这种特性呢？尽管如此，几何艺术在这一时期仍旧出现在库姆、马什哈德和马汉的神庙中。例如在沙赫·内玛托瓦力陵墓的穹顶上，设计师使用了星形瓷砖装饰，该图案的制作十分具有挑战性。

然而，几何图案的萧条只持续了一个多世纪。从18世纪初开始，甚至在萨非王朝还未结束之前，建筑中的几何元素已经明显回归，而且图案的精密度有了大幅提升。

萨非王朝从18世纪初之后逐渐衰落，使得一些阿富汗部落乘虚而入。部落间的战斗一直持续到18世纪末，中间穿插着几段短暂的和平时期。直到沙·卡扎尔成为伊朗的领导者，并建立了恺加王朝，该王朝对伊朗的统治持续到1925年。这一时期的建筑经常被人诟病，人们认为它们简陋、没有天赋，然而有几座位于设拉子、德黑兰和克尔曼的建筑十分引人注目。

最后要谈的是伊朗的几何装饰，它们并不是单纯地为了打造建筑中的装饰墙板，而是在修建过程中扮演着一个更为重要的角色：事实上，从11世纪

圆形穹顶上镂空壁板高处的装饰，
希克斯罗图福拉清真寺：伊斯法罕为数不多的几何图案之一。

开始，设计师们就已经通过墙面上砖块的排列来创造几何装饰图案；这种工艺同样用于砖块搭建的拱顶和圆顶。例如，伊斯法罕的聚礼清真寺拱顶结构是根据几何图形设计的。这种借助几何图案的建造方式在之后用于创造外形新颖的交叉拱顶，其应用一直持续到19世纪。

聚礼清真寺的众多砖砌穹顶之一，伊斯法罕。

沙赫·内玛托瓦力陵墓的圆顶，18世纪，马汉。
从下往上看，圆顶依次覆盖着由八角星、十角星、十一角星、十二角星、九角星、七角星和五角星组成的装饰图案。

易卜拉欣可汗浴场，19世纪，克尔曼（伊朗）。
支撑穹顶的8根支柱组成一个八边形，围绕在中央浴池四周。
穹顶上的分段式拱梁将八边形的顶点每隔2个相连。

棋盘格装饰

加兹，伊朗；马汉，伊朗

布祖格清真寺位于加兹城中，于1315年进行翻修，其名称来源于一位统治过伊拉克和伊朗中部的塞尔柱王朝的总督。建筑内部的装饰由裸露的砖块和蓝黑瓷砖共同组成，这也是这一时期的装饰特色。插图146中再现的图案是一个简单的棋盘格装饰，其中插入了一些大小不一的方格，使得图案整体更具活力。

马汉小镇位于克尔曼南部，1436年人们在此建立了一座神庙，以纪念苏菲派的奠基人努尔丁内玛托瓦力。这座朝圣之地以其蓝色圆顶而闻名，上面装饰着一种十分精妙的条纹图案。除此之外，建筑中还使用了15世纪上半叶的装饰素材，特别是在砖块中插入瓷砖而得到的组合装饰图案（插图147）。

带有编织纹理的棋盘格图案

哈罗恩·维拉亚特陵墓，伊斯法罕，伊朗

神秘主义者哈罗恩·维拉亚特陵墓坐落于伊斯法罕，建于1513年，是萨非王朝初期的众多建筑作品之一。陵墓拥有一座巨大的入口，两侧各有两个叠放的壁龛。壁龛中的装饰依旧是由砖块和彩釉瓷砖建造而成，并且直接将纺织和编制纹理引用到此处（插图148、插图149）。

哈罗恩·维拉亚特陵墓，1513年，伊斯法罕。

棋盘格图案

这幅带状图案建立在一张宽27格的方形网格中。

带有部分彩釉的砖块装饰，加兹（伊朗）

棋盘格图案

这幅带状图案建立在一张宽13格的方形网格中。

带有部分彩釉的砖块装饰，马汉（伊朗）

带有编织纹理的棋盘格图案

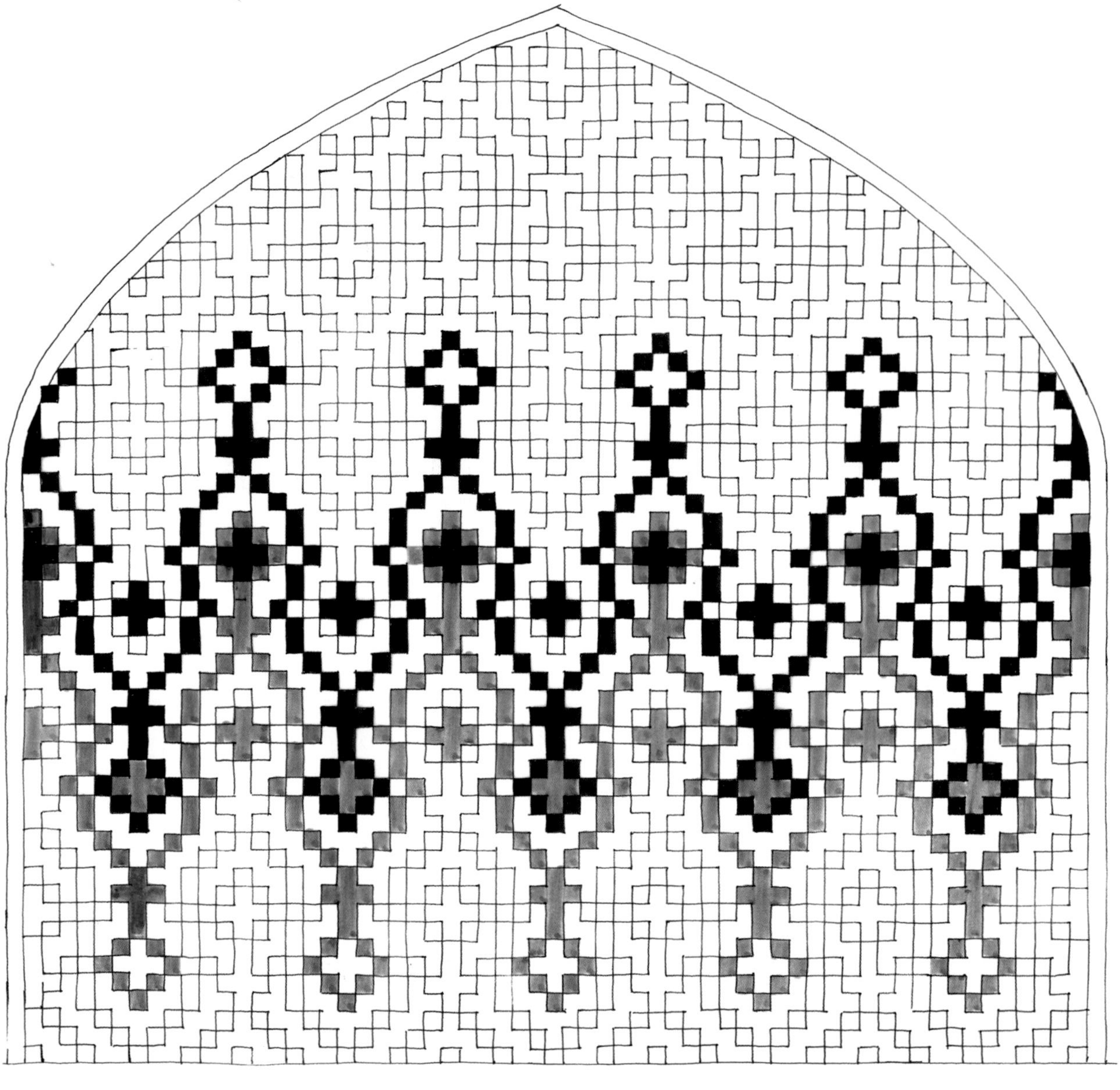

这幅锯齿状条纹图案在高28格的方格网格上建立，并可以通过平移2个网格进行扩展。

带有部分彩釉的砖块装饰墙板，哈罗恩·维拉亚特陵墓，16世纪，伊斯法罕（伊朗）

带有编织纹理的棋盘格图案

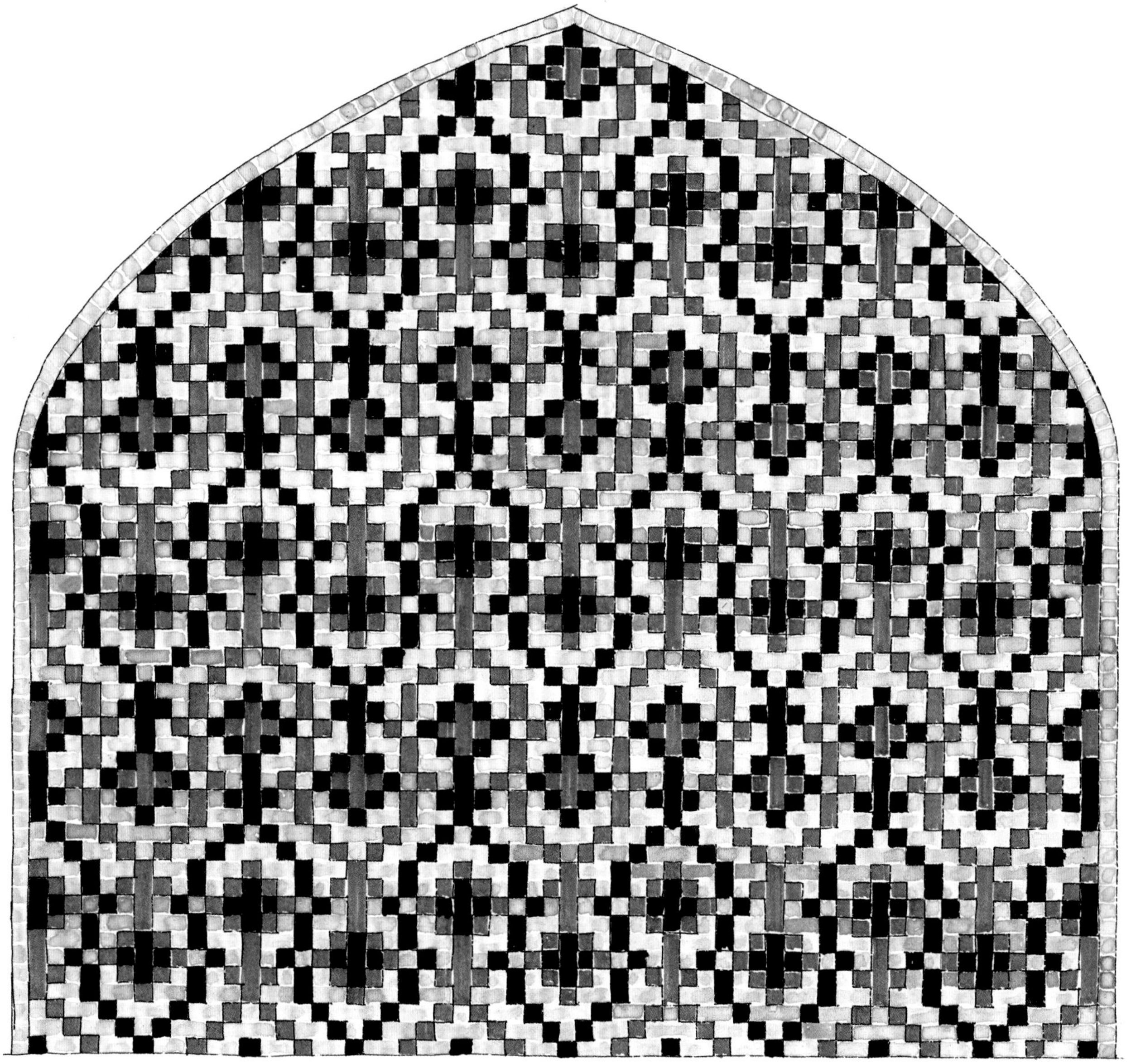

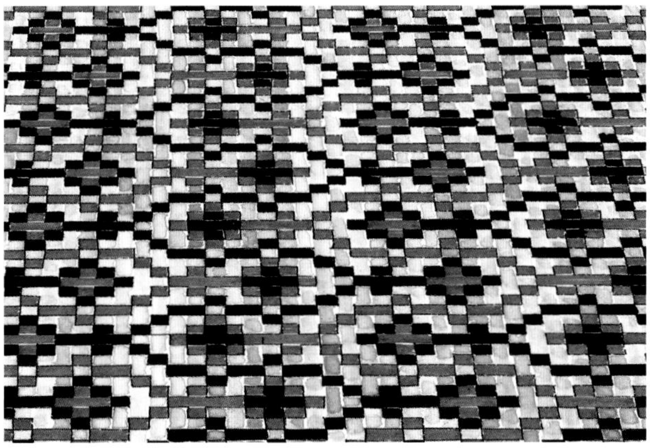

带有部分彩釉的砖块装饰墙板，哈罗恩·维拉亚特陵墓，16世纪，伊斯法罕（伊朗）

不同图案的组合装饰

马拉盖，伊朗

伊朗北部有一座名为马拉盖的城市，成吉思汗之孙旭烈兀在1256年将此地定为首都。今天，马拉盖拥有多座建于13世纪和14世纪的陵墓古迹，其中都配有砖块和彩陶装饰。其中一座陵墓名为Gunbad-i Ghaffariya，建于1328年，陵墓主人是一位马穆鲁克的士兵。这座建筑的正面有许多附墙柱，并装饰着奢华的蓝色、黑色和黄色的马赛克。在图案的中央，也就是门梁的上方有一块叠加的蜂巢状装饰。仅仅这一面墙板就应用了不少于14种不同的几何图案。插图150展示了其中最新颖的4幅装饰图案细节图。

Gunbad-i Ghaffariya陵墓，马拉盖。

不同图案的组合装饰

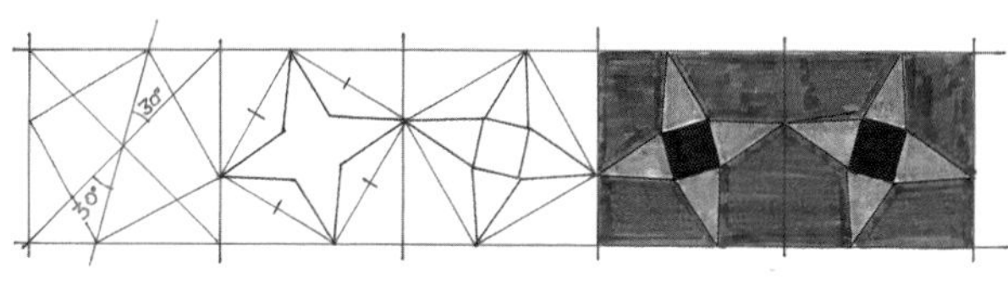

1

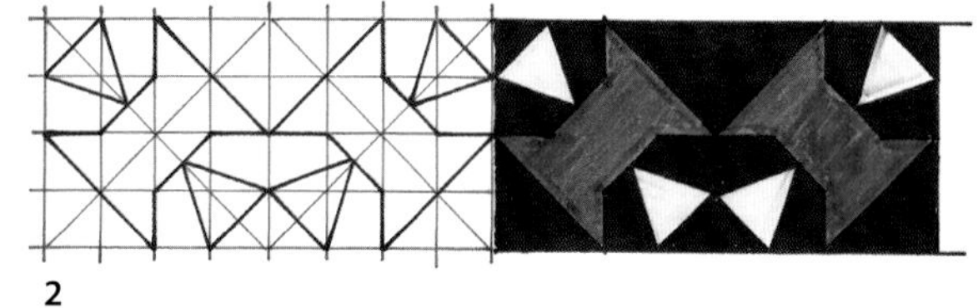

2

1.每一个四角星都内切于一个正方形。在该正方形内部再绘制另一个正方形，使内外2个正方形边的夹角依次成30°和60°。为了确定内部正方形的定点位置，要将外部正方形中心点的位置二十四等分，每等分的夹角为15°。更简单一些的方法是画一条与外部正方形对角线成30°夹角的线条。最后画出内部正方形的中线，由此得到其内切四角星。

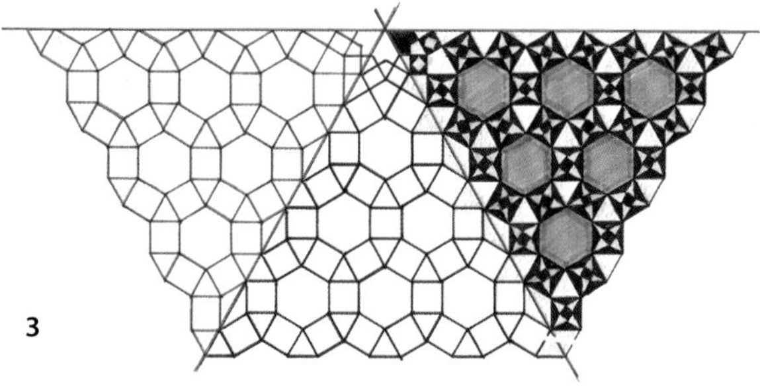

3

2.这幅带状图案以一张高4格的正方形网格为基础，绘制方式十分简单。

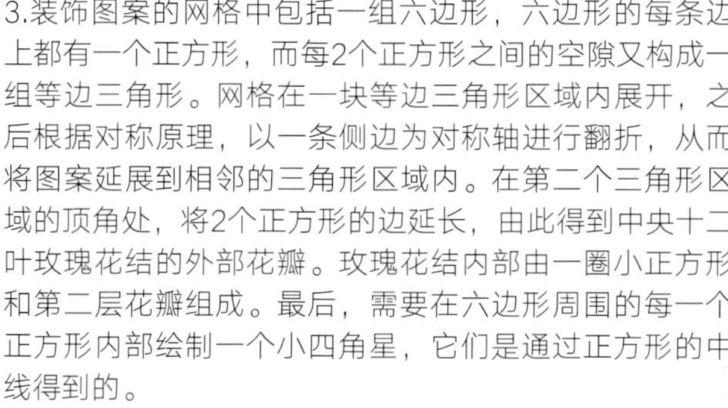

3.装饰图案的网格中包括一组六边形，六边形的每条边上都有一个正方形，而每2个正方形之间的空隙又构成一组等边三角形。网格在一块等边三角形区域内展开，之后根据对称原理，以一条侧边为对称轴进行翻折，从而将图案延展到相邻的三角形区域内。在第二个三角形区域的顶角处，将2个正方形的边延长，由此得到中央十二叶玫瑰花结的外部花瓣。玫瑰花结内部由一圈小正方形和第二层花瓣组成。最后，需要在六边形周围的每一个正方形内部绘制一个小四角星，它们是通过正方形的中线得到的。

4

4.这幅图案中的玫瑰花结是根据一张等边三角形网格绘制而成的。以每个三角形的顶点为圆心，画与对边相切的圆形，也就说圆的半径等于三角形的高。按照图中所示，将圆上的切点相连，由此得到玫瑰花结图案。从图形中我们可以看出，所有玫瑰花结的花瓣都是相同的，并拥有3条对称轴，也就是说每一片花瓣都属于3个不同的玫瑰花结。

Gunbad-i Ghaffariya陵墓中蜂巢装饰图案的细节图，马盖拉（伊朗）

螺旋十字和横杠图案

夏合扎代·易卜拉欣陵墓，阿拉克，伊朗；马汉，伊朗

有两件装饰作品可以证明伊朗对于瓷砖装饰的研究跨越了整个恺加王朝，并一直延续到19世纪末。其中一件创作于1894年，位于阿拉克（库姆和伊斯法罕之间）的夏合扎代·易卜拉欣陵墓中（插图151）；另一件诞生于同一时期的马汉城中（插图152）。

麻花图案

阿卜杜勒·萨曼墓地群，纳坦兹，伊朗

纳坦兹城位于伊斯法罕省，是现代尤为著名的核能中心。这座城市中还保留了不少精美的建筑，其中就包括阿卜杜勒·萨曼墓地群，建于1304—1325年。陵墓的主墙面结合了灰泥雕饰和彩陶装饰。在这面墙的入口处，围绕着一条狭窄的瓷砖装饰带，上面的图案让人联想到一条几何条纹装饰，由星星和十字缠绕而成（插图153）。

阿卜杜勒·萨曼墓地群正面入口处的装饰图案细节，纳坦兹，伊朗。

六边形和V字形条纹图案

阿卜杜勒·萨曼墓地群，纳坦兹，伊朗

在阿卜杜勒·萨曼墓地群的祷告室中，壁龛两侧各有一根覆盖着灰泥和瓷砖装饰的附墙柱。装饰图案十分传统，曾应用于波斯、叙利亚、埃及和阿拉伯地区。而在这两根支柱上的图案更为优雅，采用了两种瓷砖颜色，并利用泥浆接缝产生装饰效果：一方面，这些接缝勾勒出六角星图案的轮廓，另一方面描绘出V字形图案的形状。并且，后者的接缝宽度必须足够将V字形图案彼此分开（插图154、插图155）。

螺旋十字图案

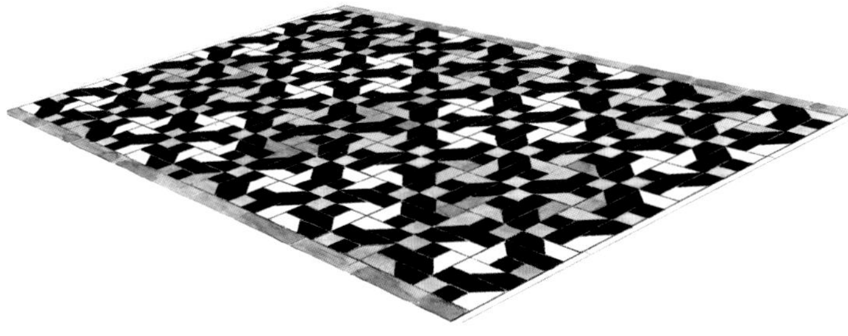

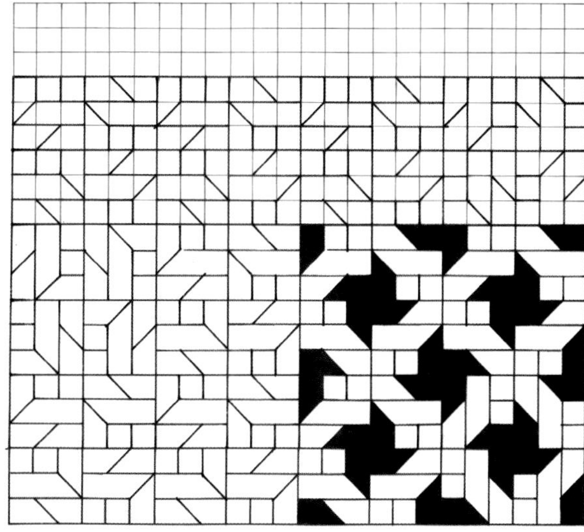

这幅图案建立在一张方格网中，其中部分网格由其对角线分割。

瓷砖墙板，夏合扎代·易卜拉欣陵墓，阿拉克（伊朗）

横杠图案

图案建立在方形方格中，颜色搭配千变万化。

瓷砖墙板，19世纪，马汉（伊朗）

麻花图案

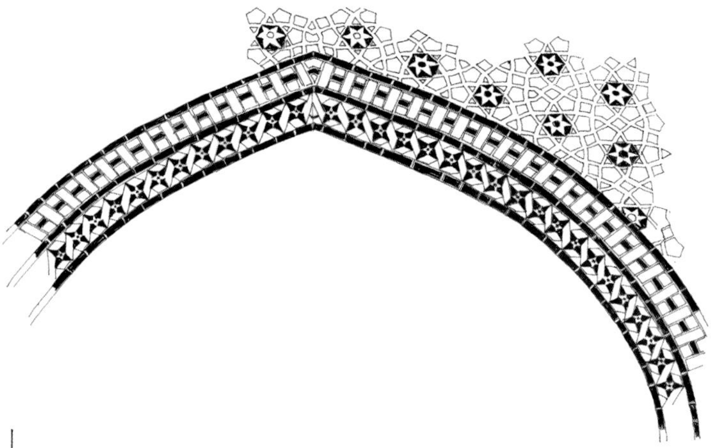

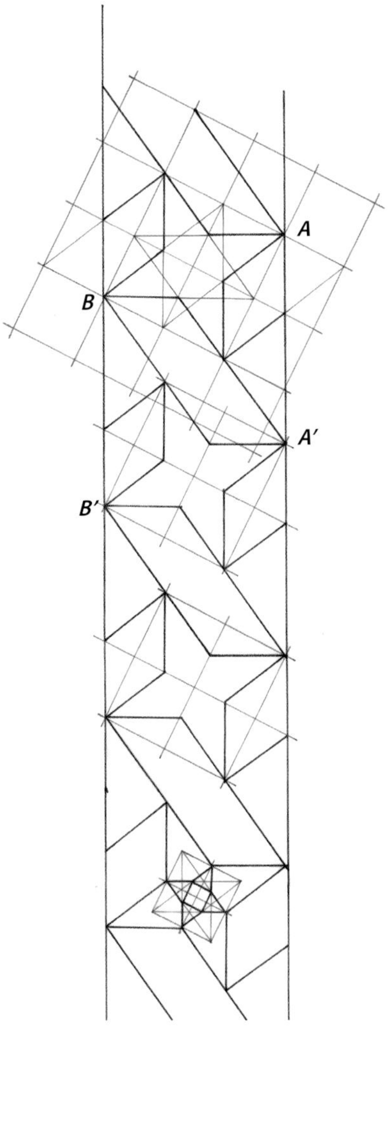

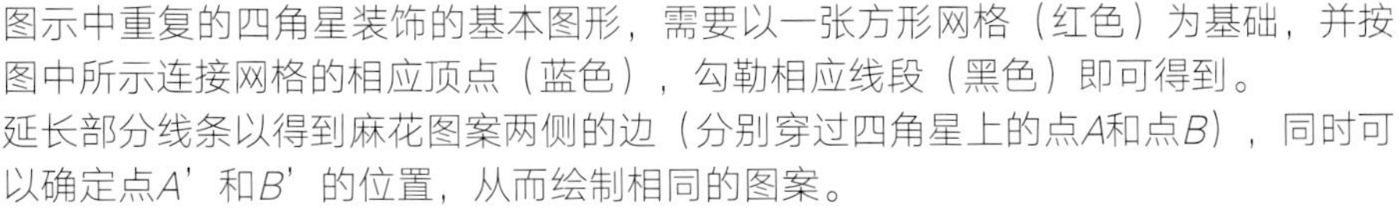

图示中重复的四角星装饰的基本图形，需要以一张方形网格（红色）为基础，并按图中所示连接网格的相应顶点（蓝色），勾勒相应线段（黑色）即可得到。
延长部分线条以得到麻花图案两侧的边（分别穿过四角星上的点*A*和点*B*），同时可以确定点*A*'和*B*'的位置，从而绘制相同的图案。

带状瓷砖装饰，阿卜杜勒·萨曼墓地群，纳坦兹（伊朗）

六边形和V字形条纹图案

在正三角形网格中绘制交错的V字形图案和围住的六边形，得到装饰图案。

附墙柱上的瓷砖和砂浆装饰，阿卜杜勒·萨曼墓地群，纳坦兹（伊朗）

六边形和V字形条纹图案

附墙柱上的瓷砖和砂浆装饰，阿卜杜勒·萨曼墓地群，纳坦兹（伊朗）

三角形和半六边形组合、十字形和菱形组合、八边形和卐字形组合图案

阿米尔·乔赫马克清真寺，亚兹德，伊朗

在伊朗中心的沙漠地带有一座名为亚兹德的城市，人民信奉琐罗亚斯德教。由于亚兹德逃过了蒙古大军的侵略，因此这里不但保存了许多古老的传统，还为13世纪的艺术家、学者和科学家提供了避难所。沙漠商队来到这里经商，繁荣的景象一直持续到18世纪。

城中的阿米尔·乔赫马克清真寺建于1537年，正值萨非王朝建立之初。虽然建筑中有帖木尔时期留下的烙印，但是建筑比例和装饰却独树一帜。

祷告室中的壁龛使用大理石建造，上方是穆卡纳斯装饰，外围边框处有三条瓷砖带饰，分别采用了简单的三角形图案、十字形图案，以及一种独特的八边形与卐字形的组合图案（插图156）。

亚兹德，阿米尔·乔赫马克清真寺，祷告室中的壁龛。

三角形和半六边形组合、十字形和菱形组合、八边形和卐字形组合图案

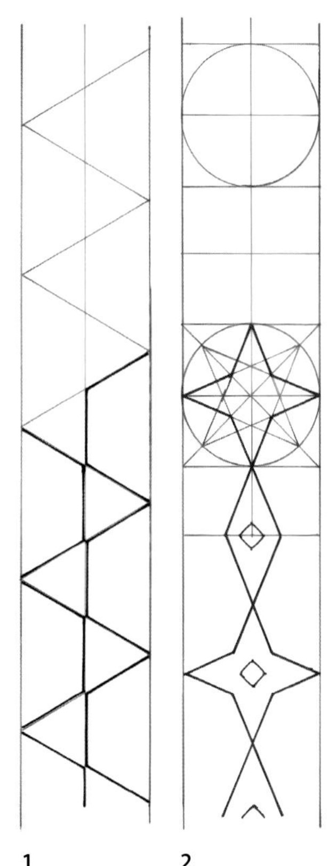

1 2

3

1.将正三角形依次叠放，并纵向分割，即可得到该带状图案。

2.这幅带状装饰图案是根据叠放的正方形得到的。选择一半的方形网格并画出其对角线和内切圆。将圆上的切点每隔2个相连，由此得到一个四角星。
最后将四角星顶角处和底角处的线条延长。

3.如图所示，装饰图案建立在八边形网格中。网格布局需要确保每4个八边形为一组，并且拥有延长线重合的边长。

框架带饰，
阿米尔·乔赫马克清真寺，亚兹德（伊朗）

十边形和卐字形带饰；六角星和卐字形带饰

阿米尔·乔赫马克清真寺，亚兹德，伊朗

在阿米尔·乔赫马克清真寺的院子中，通向祷告室的入口两侧分别有一个通往底层和二层的平台，并附带两个窗口。平台上方的文字墙板中还带有卐字形、十边形和六角星图案。这些装饰在伊朗的建筑中可以算得上是首屈一指的（插图157、插图158）。

亚兹德，阿米尔·乔赫马克清真寺，院子正面的装饰墙板。

亚兹德，阿米尔·乔赫马克清真寺，庭院正面（1437年）。

菱形和正方形组合；十二边形、六边形和正方形组合图案

伊斯法罕的复合型宗教学校，伊朗

18世纪初期，伊斯法罕对于建筑中几何装饰的“禁令”有所放宽，于是这种装饰很快就在城市中复苏。这次回归并没有采用原先的图案模型，而是采用一种将多种图案和色彩结合在一起的新风格。例如建于1714年的伊斯法罕复合型宗教学校中，有两块十分特殊的装饰墙板，并且都采用相同的正方形元素。这些重复的正方形在经过分割和布局后，令人联想到一种中国符号。而第二幅装饰图中的花卉图案则像是为法国塞夫尔的蓬帕杜夫人而画（插图159、插图160）。

十边形和卐字形带饰

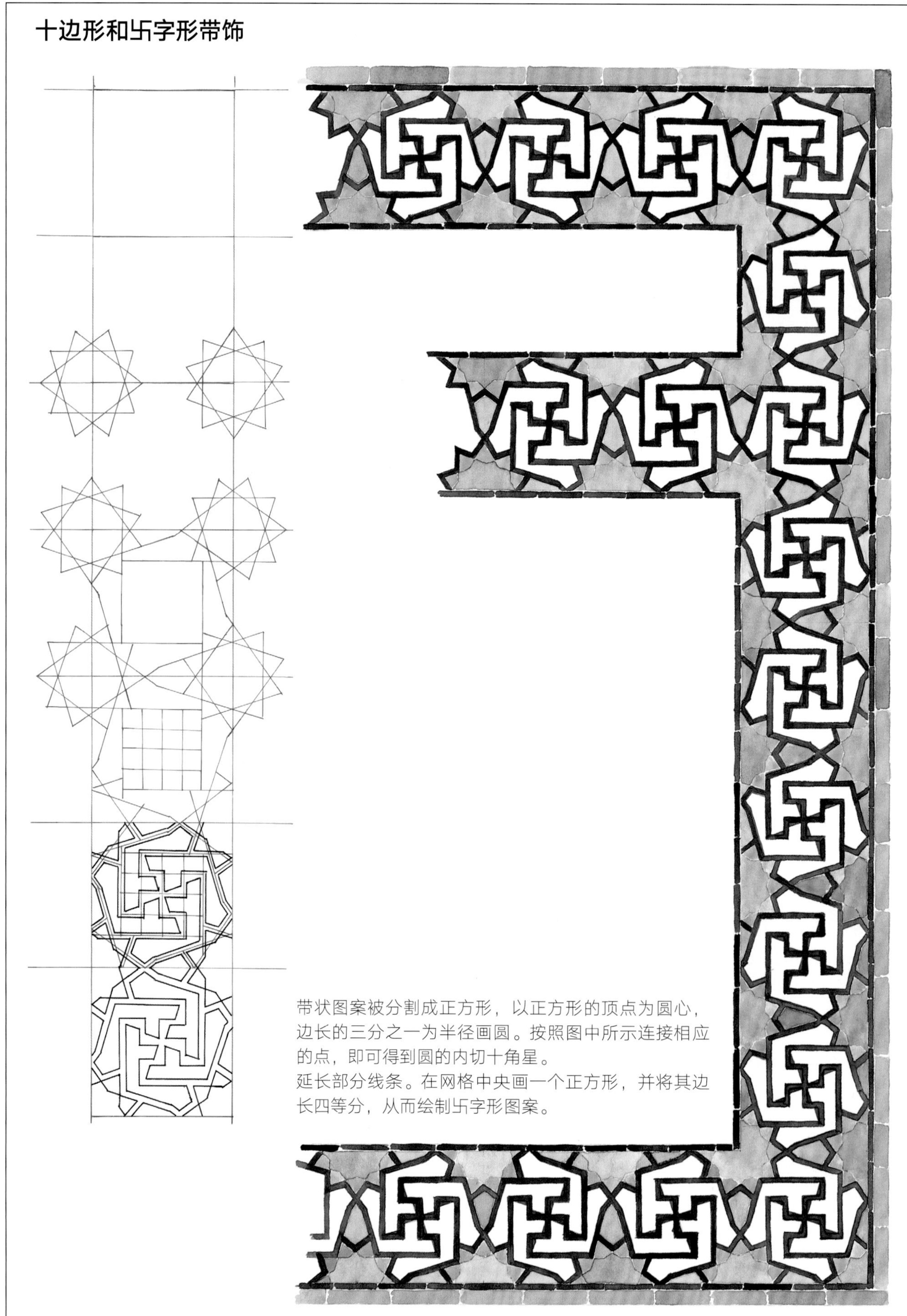

带状图案被分割成正方形，以正方形的顶点为圆心，边长的三分之一为半径画圆。按照图中所示连接相应的点，即可得到圆的内切十角星。
延长部分线条。在网格中央画一个正方形，并将其边长四等分，从而绘制卐字形图案。

框架带饰，阿米尔·乔赫马克清真寺，亚兹德（伊朗）

六角星和卐字形带饰

带状图案被分割成正方形。
绘制两条穿过正方形中心点并与对角线成30°夹角的直线。由此确定内部小正方形的顶点位置，内外两个正方形夹角为30°。在所有方格中交替变换倾斜的方向。
以第二个正方形的边长中点为顶点，绘制第三个正方形。
将该正方形的边长十四等分，从而绘制卐字形图案。
以最初的正方形网格顶点为圆心，画一组穿过第三个正方形顶点的圆。
将圆十二等分，圆上的切点每隔2个相连，从而得到装饰中的八角星图案。

框架带饰，阿米尔·乔赫马克清真寺，亚兹德（伊朗）

菱形和正方形组合图案

1

2

1.在一张方格网中，取网格一边上的任意一点。
在网格的另外3条边上也各取一个位置相同的点，将这些点顺次连接，得到内切于网格中的正方形。
在其余网格中重复上一步操作，并交替变换正方形倾斜的方向。所选的点离网格的顶角越近，得到的菱形空隙越大。如果所选的点离边的中点越近，那么空隙处的图案就越像正方形。
最后将内部正方形的边长四等分，并选择图示中的相应线条。

2.图案建立在一张正三角形网格中。
将三角形网格的所有顶角四等分。以顶角为圆心，绘制穿过角分线交点的圆。
在每个圆中绘制一个十二角星，并在分支之间插入12个正方形。
最后将这些正方形的边长四等分，并完成剩余图案。

瓷砖墙板，伊斯法罕的复合型宗教学校，伊朗（1714年）

十二边形、六边形和正方形组合图案

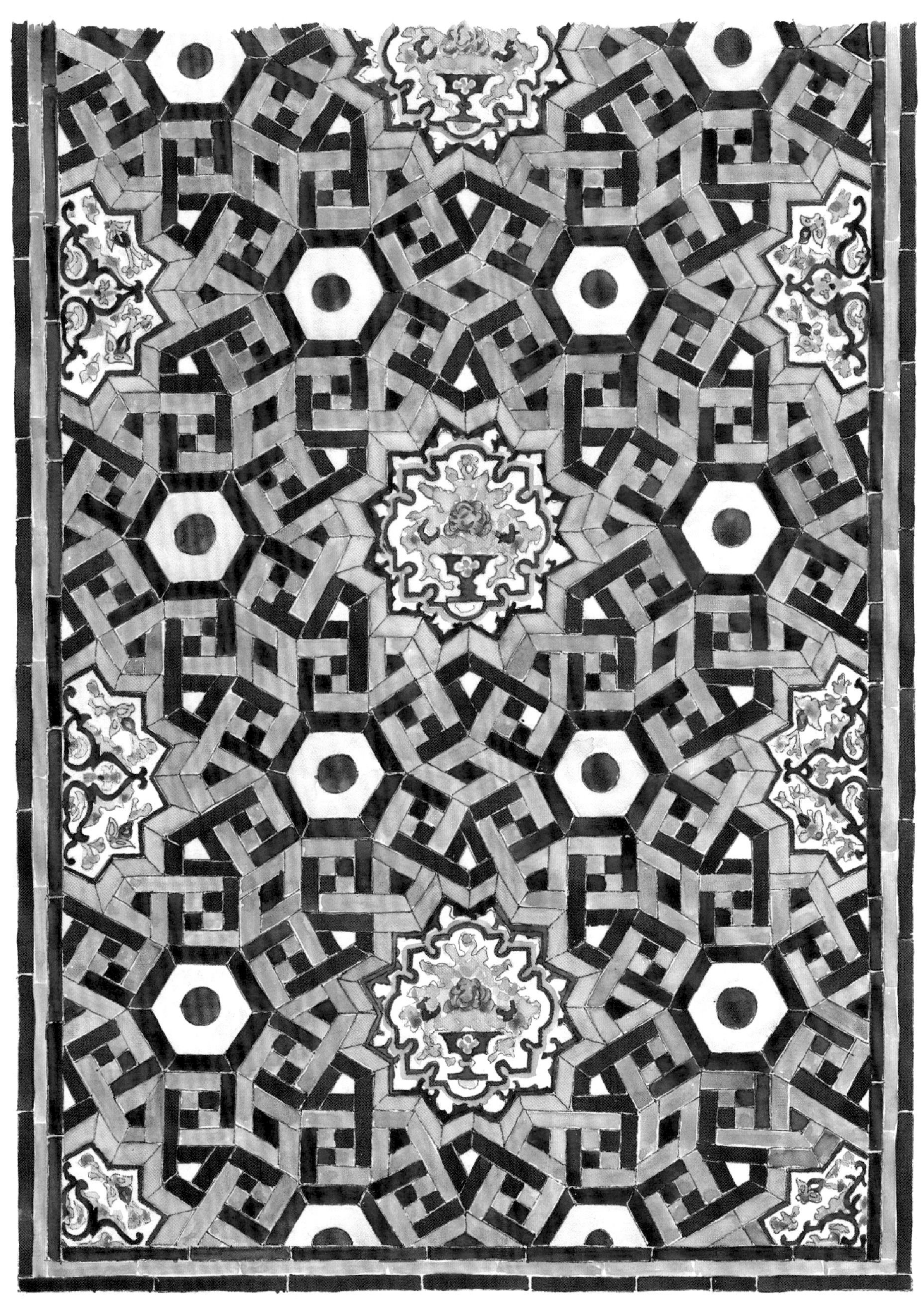

瓷砖墙板，伊斯法罕的复合型宗教学校，伊朗（1714年）

印度

几何装饰图案自中世纪早期就出现在印度建筑中，并在16—17世纪经历了发展的繁荣阶段，这一期间国家的北部由莫卧儿大帝统治。对于他来说，将这种以严谨的数学为基础的艺术移植到印度世界可谓是一次冒险，因为这里自远古以来就形成了一种与希腊、阿拉伯、波斯和西方世界都不同的宗教特性。然而在这两个世纪中，这次大胆的嫁接为建筑装饰领域带来了许多精美的成果。

印度艺术的灵感来源于印第安万神庙，它对雕刻艺术有着执着的追求。所有的人形神明、动物条纹和植物的螺旋图案全都是丛林的写照。虽然印度人从7世纪起就开始使用几何装饰图案，但似乎只是一个巧合。

和古埃及艺术相同，印度艺术几乎是在真空环境下形成的，很少受到外界影响。因为虽然印度位于亚洲大陆的中央，但是从地理角度来讲比较偏僻，多种屏障将这片地区封锁起来。北部和东部屹立着无法逾越的喜马拉雅山脉，将印度和中国分开。再来看海路情况，由于水手们没有开展远航，因此印度只能和西北部的地中海地区进行来往。而西部的俾路支沙漠几乎无法穿越。因此，唯一进入印度的陆上通道是位于兴都库什山脉中、喀布尔和伊斯兰堡之间的开伯尔山口。古代的中亚移民、军队和商队就是通过这里进入印度。这条通道最初由阿契美尼德人开通，随后亚历山大大帝命人从山口到印度河之间设立路标，这使得印度艺术或多或少受到了古希腊文明的影响。

在此之后，印度历史在很长一段时间内没有发生大变动。在进入现代之前，印度经历的最大变革大概就是穆斯林的征服。这次征服十分缓慢，持续了几个世纪。到了16世纪，随着帖木儿的去世和突厥人巴布尔的到来，莫卧儿王朝就此建立。这座帝国的疆域在印度河和恒河流域延伸，并一直持续到18世纪。历史上有六位莫卧儿大帝，分别为：巴布尔（1526—1530年）、胡马雍（1530—1556年）、阿克巴（1556—1605年）、查罕杰（1605—1627年）、沙贾汗（1627—1658年）和奥朗则布（1658—1707年）。在此之后莫卧儿帝国便开始走向衰落。

历代莫卧儿王朝统治者不仅是伟大的军事领导者，同时也是出色的政治家以及艺术与文字的保护者。他们知晓如何将一个国家改造成奢华的代名词。其中，阿克巴大帝的成果最为显著，在他统治的半个世纪中，这个人口数量达到1亿甚至2亿的国家经历了一次工业和商业的繁荣发展。

莫卧儿王朝的国王们也是伟大的建筑商。从拉贾斯坦邦到克什米尔再到德干，坐落着许多宏伟的清真寺和堡垒、为死者修建的陵寝、迷人的花园，以及能与皇宫媲美的富人住宅，这些都在印度的建筑领域占有一席之地。印度和穆斯林这两种看似截然不同的世界和思维方式在碰撞之后，成功地结合在了一起，这也许是因为双方都做出了让步和妥协。一方面，穆斯林的建筑大师舍弃了一些波斯装饰的传统；另一方面，印度的艺术家放弃了大量使用的雕刻艺术。印度教的热情和伊斯兰教的精致在一种花卉装饰中得到体现，该图案虽复杂，但却有许多保留，这使得装饰中的主要位置拥有优美的造型、干净的线条和匀称的比例。其中最完美的范例当属泰姬陵中的花卉装饰，这座建筑由国王沙贾汗为纪念其1631年过世的年轻王妃而建造。

然而当时莫卧儿帝国的西部，也就是今天巴基斯坦的领土上，建筑依旧沿用当地古老的砖砌工艺和彩陶装饰。但与之前不同的是，陶瓷工艺不再遵循撒马尔罕和伊朗的习俗，也就是说工匠们不再使用陶瓷覆盖一整面墙壁，而仅用它铺设几条水平带饰，并与裸露的砖石交替排列。从整体来看，墙面上的几何图案占据了绝对优势。

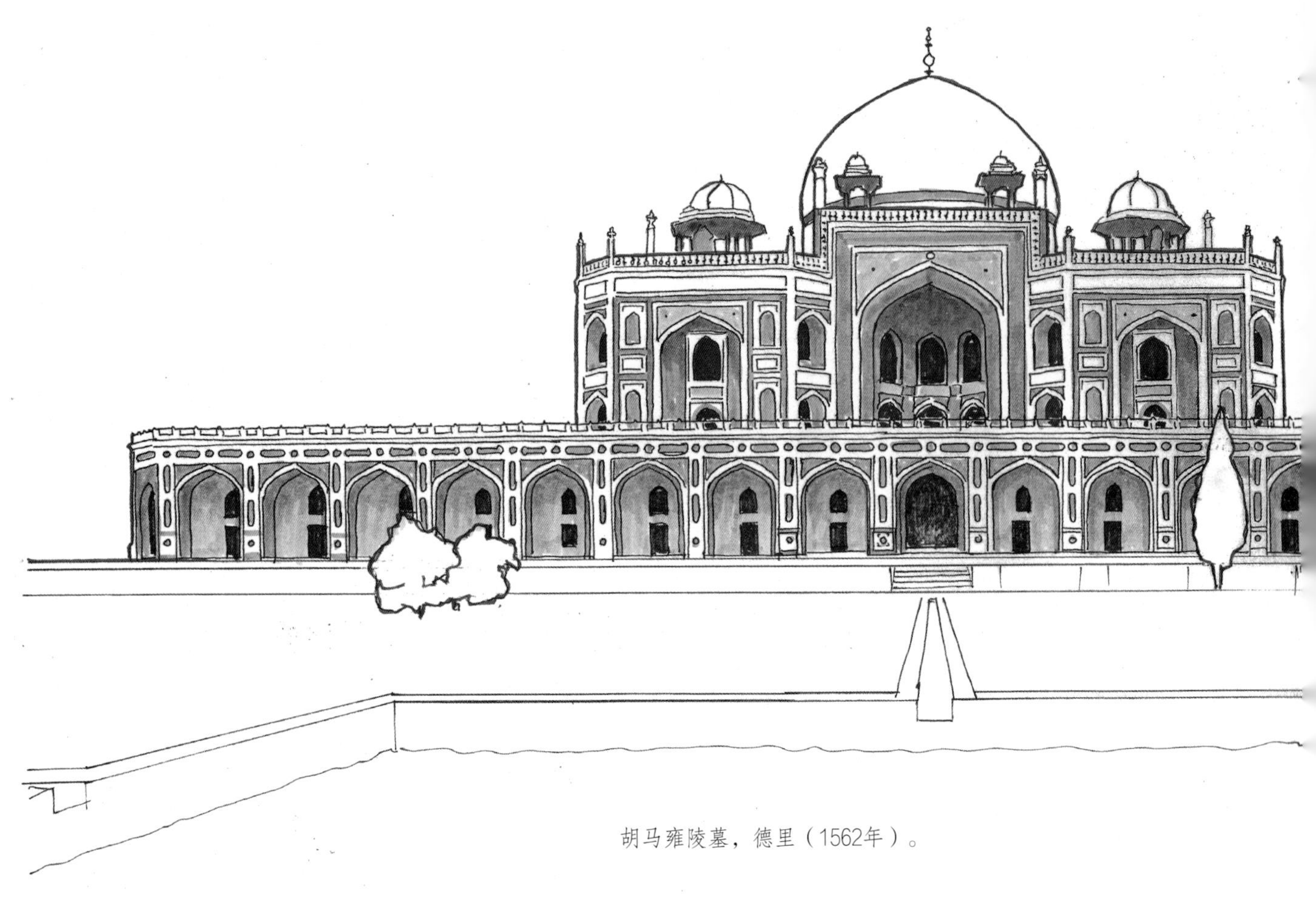

胡马雍陵墓，德里（1562年）。

在帝国的中心地区，这里的装饰艺术则与传统习俗进行了彻底的决裂。人们不再使用花卉和几何装饰覆盖整个墙面或其中的一部分，因为建筑商们好像更钟爱当地原料的天然纹理，例如红砂石和白色大理石。

面对这两种装饰间的冲突，一种是外来的覆盖工艺，另一种是本地的镂空技术。最终，在贵族优先的前提下，人们选择展现建筑材料自然状态下的优美。德里的胡马雍陵墓就是一个很好的示例，这座建筑由他的儿子阿克巴出资建造于1562年，建筑师是一位波斯人。

对于那些放弃了在砖石表面贴片的莫卧儿建筑师来说，印度的建筑传统给他们提供了一种理想的方式来使用这种源自波斯的装饰素材，尤其是几何图案。这些装饰图案与印度镂空技术结合后经历了一次惊人的发展，也就是说根据波斯的图案素材进行镂空。自中世纪早期开始，印度人就在神庙的外墙修建石头镂空墙板，用来保持室内的阴凉和通风。印度最古老的镂空石板可追溯到7世纪，但在这之前很有可能已经出现了木质镂空墙板。人们在阿布山上的台加帕拉寺院中找到了一件证据，这座奇迹般的大理石建筑修建于13世纪。莫卧儿建筑师在遵循传统的同时加入了一些图案素材。例如，在建于1573年的艾哈迈达巴德大清真寺中，镂空壁板采用了印度传统装饰图案，而建于同一年的沙利姆·奇斯蒂陵墓中的镂空墙板则使用了波斯传统的几何装饰图案。另外，拉贾斯坦邦的宫殿和住宅的门窗上也装有这种砂岩或大理石制成的镂空壁板，但使用的装饰图案相对有限，而且工匠们更加追求装饰的精致而非原创性。

台加帕拉寺院（阿布山），
院子正面的镂空壁板（1230年）。

艾哈迈达巴德，西迪·布·赛义德清真寺中10处镂空壁板中的1处（1573年）。

十叶玫瑰花结和五角星的组合图案

夏希清真寺，吉尼奥德，巴基斯坦

吉尼奥德市位于巴基斯坦的旁遮普地区，在海拜尔和德里之间。这座城市的工匠技艺高超，以至于被召集建造阿格拉的泰姬陵。

夏希清真寺建于16世纪，祷告室西侧的墙上排列着一条不透光的陶瓷拱廊装饰。上面的几何和花卉图案全都遵循波斯传统。图案中略显艳丽的颜色表明了装饰品的建造时间要比清真寺晚一到两个世纪，因为那个时期的陶瓷技术允许工匠们使用比传统色板更加大胆的色彩（插图161）。

夏希清真寺中的祷告室，吉尼奥德，巴基斯坦（16世纪）。

十叶玫瑰花结和五角星的组合图案

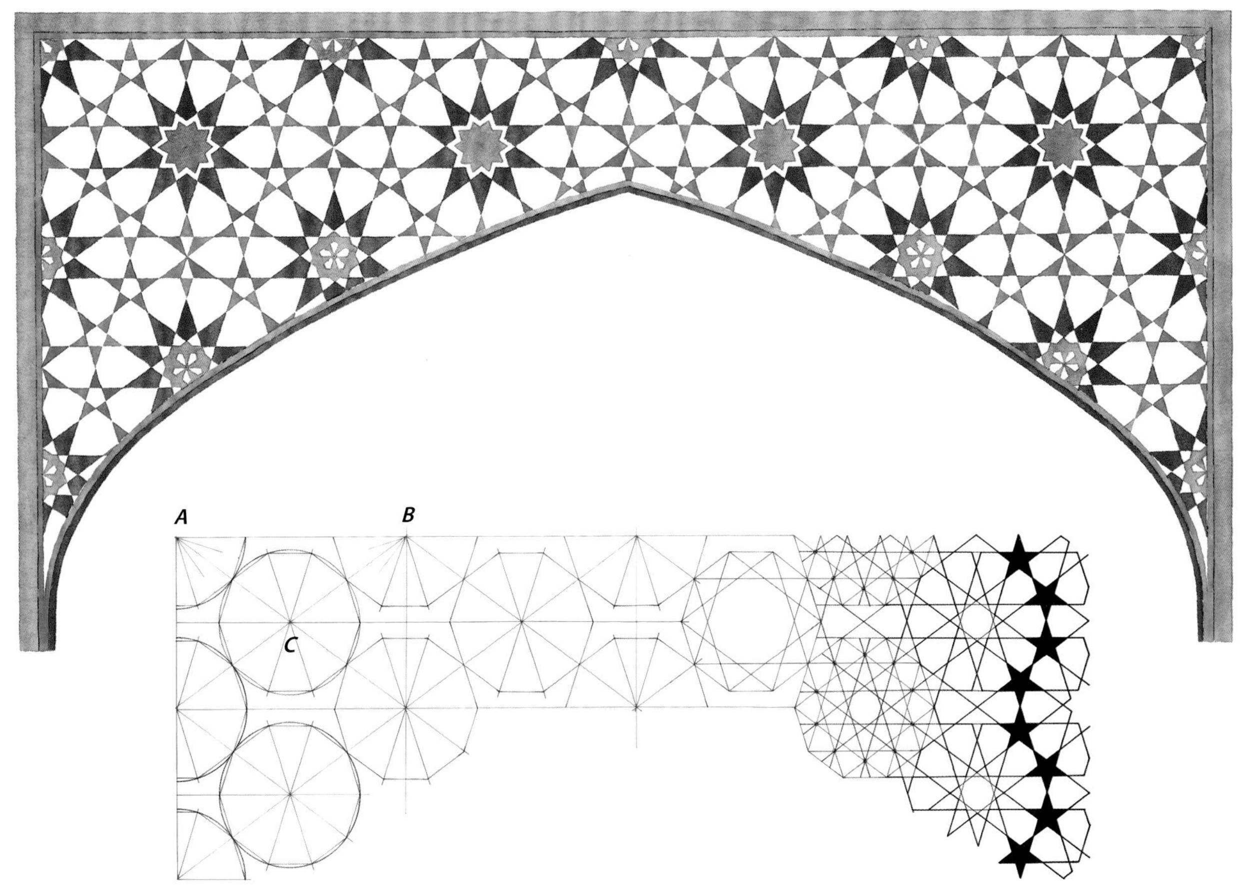

装饰图案建立在一张布满十边形的网格中，布局如图所示。为了绘制这张网格，我们将线段*AB*两端的直角五等分。
以*A*、*B*、*C*三点为圆心，其中点*C*为上一步角分线的交点，*AC*长度的二分之一为半径画圆。通过圆上的切点和圆与圆之间的交点绘制十边形。延长所需的线条。
将十边形的顶点每隔2个相连，由此得到十角星图案。将10个顶角先顺次相连，再每隔3个相连。延长并选择相应线条，最后得到十叶玫瑰花结和五角星组合图案。

夏希清真寺中的瓷砖装饰，吉尼奥德（巴基斯坦）

八边形和不规则五边形的组合图案

插图162、插图163和插图164中的几何线条图案在一张方格网中绘制而成（红色）。
以方格的中心点及4个顶点为圆心，对角线的二分之一为半径画圆。
之后画第二组圆，圆心位于网格边的中点，并与第一组圆相切。随后在网格的中心点和4个顶点处画同样的小圆。在这些小圆中绘制内切八边形。
选择相应线条并根据需要确定线条的宽度。
最后在多边形中插入图中所示的图案。

镂空壁板装饰，法塔赫布尔西格里（印度）

八边形和不规则五边形的组合图案

法塔赫布尔西格里，印度

阿克巴大帝于1571年在阿格拉附近建立了一座新的都城，名为法塔赫布尔西格里。为了纪念当地一位伊斯兰教的圣人沙利姆·奇斯蒂（1572年去世），在大清真寺的院子中建造了一座陵墓。这座建筑的平面为边长14 m的正方形，全部使用白色大理石建造，因四面外墙上的镂空壁板而闻名于世。原本厚重的大理石在工匠手中变成了轻盈、透风的镂空壁板，每一块都称得上是装饰工艺的奇迹（插图161中的几何图案构成了插图162中的装饰）。

纽约的大都会艺术博物馆收藏了一件来自法塔赫布尔西格里的镂空壁板，其底板为高1.85 m的红砂岩（插图163、插图164，同样由插图161中的几何图案组成），上面的几何图案和沙利姆·奇斯蒂墓穴侧墙上的一模一样。这些来自印度的大型镂空壁板有两种完全不同的观赏效果：当人们在外部有阳光照射的位置观看时会欣赏到一种景致，而从内部逆光的角度看则会体验到另一种完全不同的效果，后者就像彩色玻璃窗一样将窗外的景色割裂开来。同时我们还要注意光线透过壁板投射在大理石地板上的阴影效果。

谢赫·沙利姆·奇斯蒂陵墓中心建筑的镂空壁板图案，法塔赫布尔西格里。

夏希清真寺中的祷告室，吉尼奥德，巴基斯坦（16世纪）。

八边形和六边形组合图案

法塔赫布尔西格里大清真寺，印度

法塔赫布尔西格里大清真寺修建于1571年，图中的这扇窗户位于祷告室，配有7个大理石镂空壁板，并且每一块壁板使用的几何图案都不尽相同（插图165、插图166）。

八边形和不规则五边形的组合图案

沙利姆·奇斯蒂陵墓中的大理石镂空壁板，法塔赫布尔西格里

八边形和不规则五边形的组合图案

红砂岩镂空壁板的外侧，法塔赫布尔西格里（印度）

八边形和不规则五边形的组合图案

红砂岩镂空壁板的内侧，法塔赫布尔西格里（印度）

八边形和六边形组合图案

1

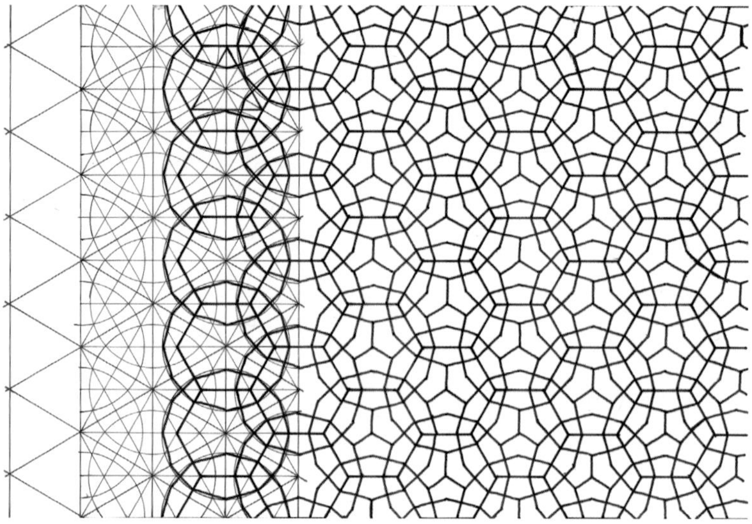

2

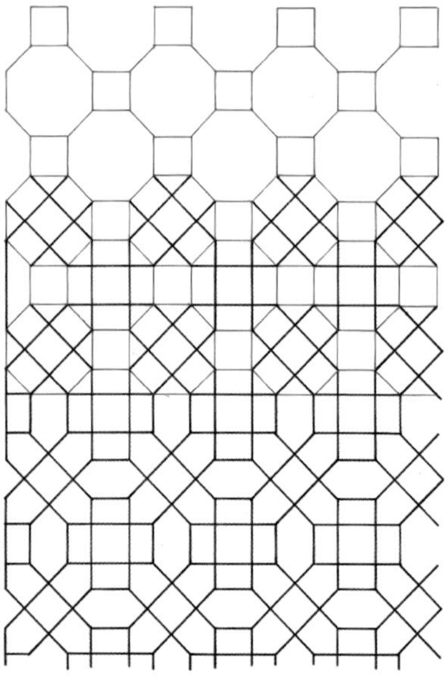

3

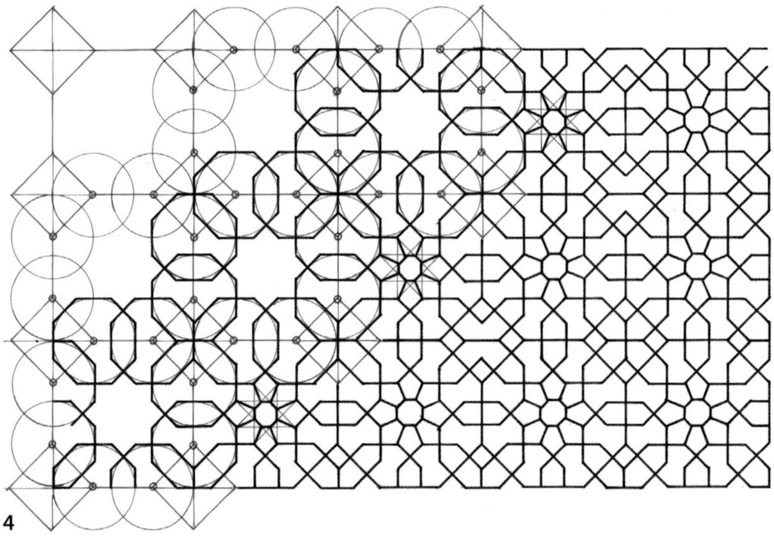

4

5

6

法塔赫布尔西格里大清真寺中的镂空壁板（印度）

八边形和六边形组合图案

1.装饰图案建立在一张由正方形和八边形组成的网格中（红色）。将八边形所有边长的中点按照隔1个和隔2个相连。选择需要的线条，从而得到2个内部的八边形。将最小的八边形顶点与相邻网格中最小的八边形顶点相连。

2.图案绘制在一张正三角形网格中（红色）。将三角形网格的每个顶点都等分为12份（蓝色），由此得到六边形图案。以每个三角形网格的顶点为圆心，以该顶点到一交点的距离为半径画圆，此交点为网格边与六边形两边中点连线的交点。依次连接圆上的切点得到十二边形图案。

3.装饰图案建立在一张由正方形和八边形组成的网格中（红色）。选择其中一半的八边形，将其顶点用倾斜45°的线段相连。剩下的八边形顶点用水平和垂直的线段两两相连。最后补全中心的横杠图案。

4.装饰图案建立在一张由正方形和八边形组成的网格中（红色）。以正方形的4个顶点为圆心，对角线长度的一半为半径画圆。之后画出这些圆的外切八边形。每8个八边形所夹的空间为一个八角星，将八角星的凹角两两相连，由此得到中央的小八边形。最后连接将小八边形的顶点与八角星的凹角相连，就完成了整个图案的绘制。

5.图案绘制在一张方形网格中（红色）。将网格每个顶点处的空间十六等分，并以这些顶点为圆心，网格对角线长度的二分之一为半径画圆。将圆上的切点每隔一个相连，得到圆的内切八边形。随后按照图中所示连接4个八边形中间的图案内的点。随后在第一组圆心的位置再画一组圆，半径为第一组的一半。将小圆上的切点每隔5个相连，由此得到其内切八角星。最后根据图示选择所需的线条。

6.这幅十分传统的装饰图案建立在正三角形网格中，由六边形和六角星构成，绘制方法十分简单。

法塔赫布尔西格里大清真寺中的镂空壁板（印度）

四角星组合图案

阿格拉泰姬陵，印度

泰姬陵在《一千零一夜》中被刻画成世界的圣地，这座用白色大理石建成的陵墓，是由莫卧儿皇帝沙贾汗为纪念其1631年过世的王妃姬蔓·芭奴（被誉为“皇家珍珠”）而建造，后于17世纪中期完工。工地中的两万多名工人由一位拉合尔的建筑师领导，其中不乏一些来自中亚和欧洲的建筑大师。拉贾斯坦邦的白色大理石上镶嵌着来自旁遮普、西藏、斯里兰卡、波斯和也门的彩色宝石。这座莫卧儿王朝的艺术极品拥有无与伦比的完美线条、精致装饰和璀璨花园。

建筑的外墙和内壁几乎没有使用几何元素。然而整座陵墓和相邻建筑中约一万平方米的地板上，建筑师却使用了两种传统的几何图案（参见大马士革，格林纳达），包括不同的四角星以及会随着视角变化的特殊图案。地板原料是一米多长的白色大理石板和红砂岩石板。

阿格拉泰姬陵中的大理石地板（印度）。

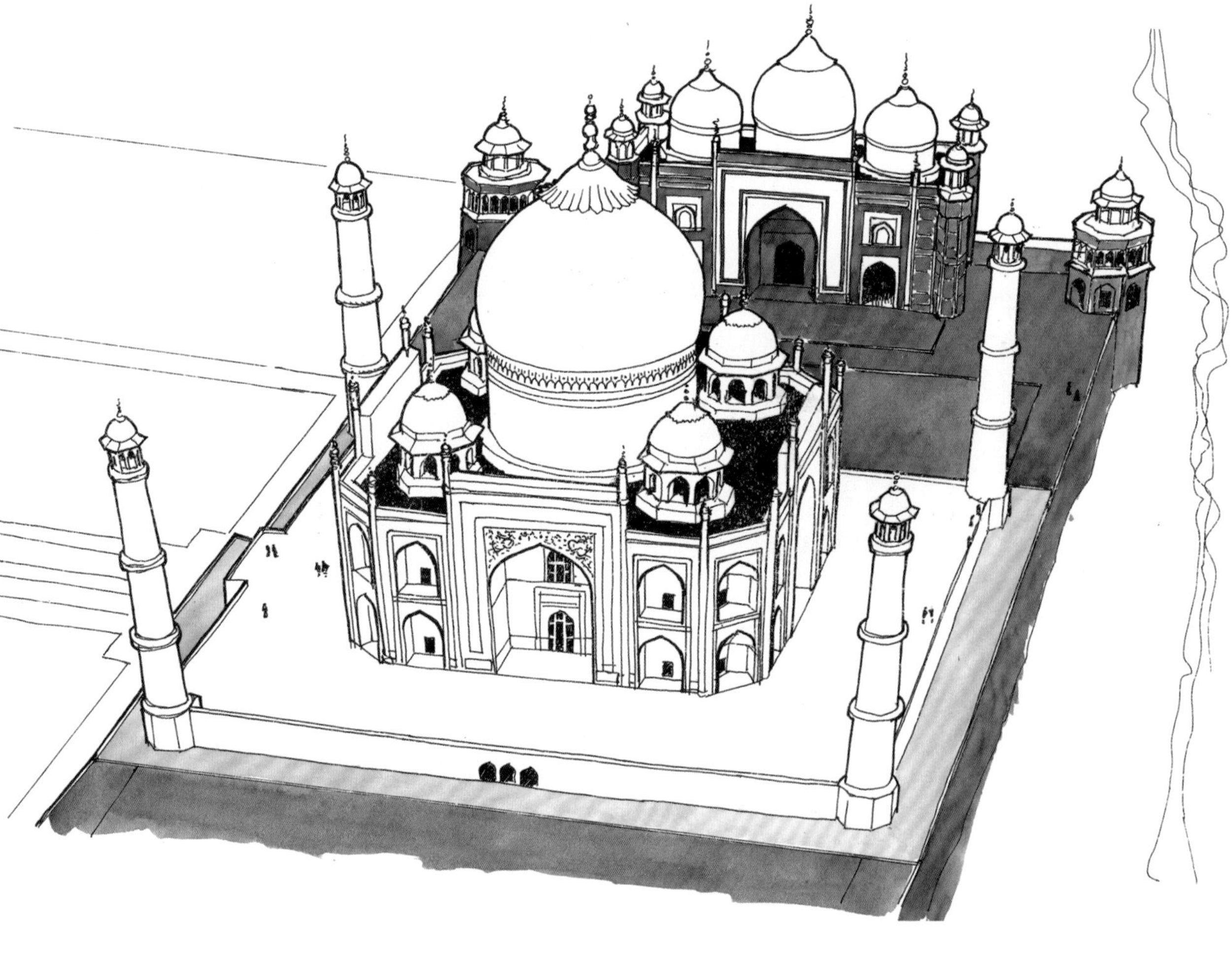

阿格拉泰姬陵（1631—1650年）。

阿格拉泰姬陵中的大理石地板（印度）。

中国

中国是一座拥有几千年历史的文明大国，留存了大量文物古迹。直到今天，中国仍以丝绸、青铜、玉器、象牙、漆器、陶器和餐具制品闻名，而中式建筑并不在这个行列当中。

中式建筑的特点在于其严格的标准。这种标准的由来非常古老，使得中式建筑在几个世纪中都保持着单一的形式和统一的用料。在该标准下，不论公用还是私有的建筑，都是先修石基，然后使用木材盖房，最后再覆盖上瓦顶。

在这些建筑中，花窗是必不可少的基本元素。无论是在建筑外侧还是在通往内部住宅院落的墙面上，这些精致的木质花窗都能够保证室内的通风并过滤强光。为了防止花窗遭到恶劣天气的破坏，人们在其上方修建了宽阔的房檐，下方堆砌了石头台基。这两种特点鲜明的建筑结构都充满了一些令人惊奇的幻想，不论是规模或大或小的台基还是任意弯曲的屋顶，只需一眼就足够惊艳。但实际上，这两种建筑结构只不过是保护精美花窗的工具，后者才是建筑的精髓。从这个角度看，中国木匠修建的木质建筑与印度艺术家和莫卧儿人修建的大理石建筑有着异曲同工之妙。

当人们通过这些古代的精致花窗评价中国建筑时，就相当于是在评判花窗上的规则图形和几何图案，这些花窗既确保了花窗的坚固，又具有装饰功能。另外，在这些中国工匠制作的花窗中，有一些自蒙昧时代起就闻名于世，使用的是传统的装饰图案，例如“蜂巢”图形；而另一些花窗采用了独创的布局，与其他地区的几何装饰图案没有任何共同之处。在中式建筑的装饰领域，无论是在非宗教建筑还是宗教建筑中，即使工匠刻意突出房梁上的花卉图案或天花板上的人字形和藻井图案，但到头来还是几何图案占据着主要地位。

在这种基础线条固定不变的建筑中，也许只有位居次要的细木装饰品才能够体现出工匠的才智和创造力。就目前所知，中国工匠拥有原创的装饰图案素材库，不需要依赖国外的模板。

多种中式建筑外形。

中国一直与外界保持着联系，即便在公元前2世纪丝绸之路开通之前也是如此。从地理角度看，中国受到多重制约：北部是戈壁沙漠和西伯利亚森林，西面是塔克拉玛干沙漠，南面耸立着喜马拉雅山面，东面被太平洋围绕。但尽管如此，中国并没有在孤独中发展。起初，中国对于外国观念和影响的态度是接受的，但在意识到外国文化会给中国文明统一带来威胁之后，立马转变了态度。然而中国西部的新疆维吾尔自治区却是一个例外。这个省级行政区位于地中海和中国东海之间，地处中亚地区，并且经过陆上丝绸之路。据我们所知，新疆的建筑和装饰并没有严格遵循中式标准，而是将波斯、中国中部和东部的建筑风格结合在一起。建筑师一边采用西方传统，用彩色陶瓷覆盖整片墙面；

木质屋架结构。

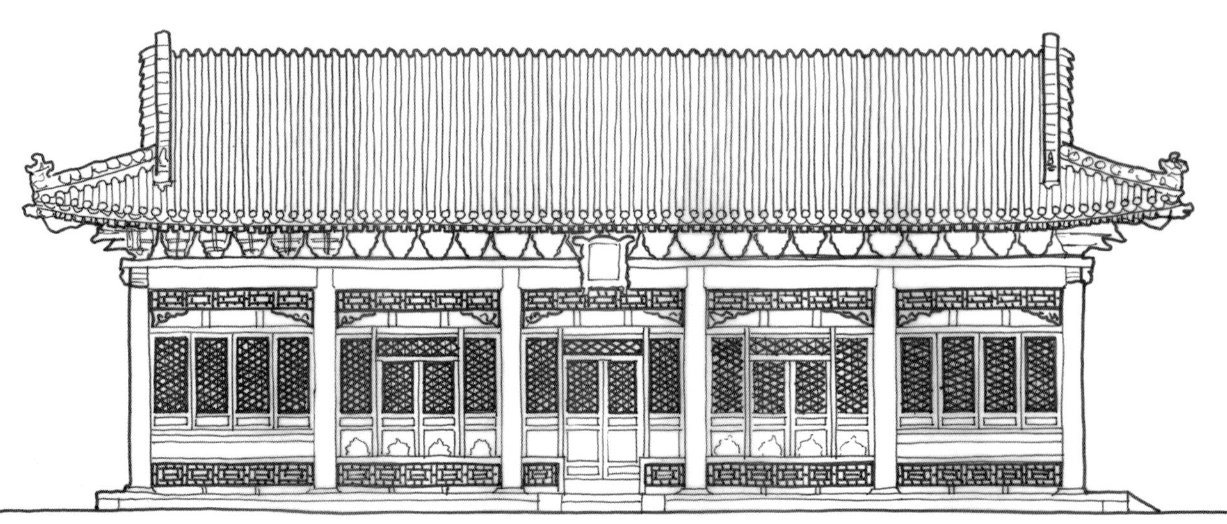

建筑正面结构。

同时又按照中式做法，使用当地十分稀有的木材来建造入口和花窗的支柱。

整个中亚、乌兹别克斯坦、伊朗、阿富汗、巴基斯坦和印度都流行着一种在建筑砖石表面铺设彩陶装饰的传统，但是这种工艺在传播到中国时遇到了阻碍。中国是陶瓷生产大户，也是彩陶装饰的先行者，因此这种外来的建筑工艺无法渗透其中。事实上，在中国的建筑中，城墙、墓地、桥梁、路面和地基都必须用砖石建造，地基上的房屋使用木头修建，只有屋顶上的瓦片是用陶土烧制而成的。至于从地中海到中亚，从撒马尔罕到德里的复杂条纹装饰，似乎也没有触动中国的建筑装饰传统。

中国建筑的第一次大繁荣时期出现在汉朝，大约是公元前206年至公元220年。这一时期的建筑备受赞赏，是之前西方不曾有过的。同样是在这一时期，中国颁布了最古老的建筑法典。这部法典受到了儒家，也就是孔子学说的启发（公元前5世纪到公元前4世纪），从官方层面制定了建筑规章。该法典对建筑的木质结构、支柱、房梁和支托进行了规定。

中国建筑的第二次绽放发生在公元7世纪至9世纪的唐朝，是中国历史上最辉煌、最璀璨的一次建筑盛宴。与此同时，跨越中亚的贸易往来也到达了顶峰：那时的唐朝都城长安是全球的国际化大都市，各个文化领域都在蓬勃发展。这一时期颁布的新建筑法典更为细致地规定了建筑和建造的各个方面。从建筑的设计方案到房顶的形状以及装饰的选择，一切都要根据房屋所有人的社会地位进行安排。这样一来，建筑就成了中国封建社会等级的写照。几个世纪以来，中国的建筑师们都按照这一传统修建房屋，从未打破常规，随着20世纪初期最后一个封建王朝的结束，这一传统才告一段落。因此，今天我们在中国看到的所有古代建筑都与更早期的建筑有着不可分割的联系，这些建筑更应该属于封建社会的大时代背景下，而不仅仅是某一个朝代的产物。

宋朝时期（960—1279年），科技得到了发展，书法和风景画百花齐放，与此同时，建筑和装饰也取得了进步。那些古老的文字和画作证明了镂空装饰在10世纪时就已经出现在中国了。在这一时期，人们会在镂空结构的内侧粘上浆糊，每到过年就进行更换。

随后，成吉思汗之孙忽必烈改国号为“大元”，元朝的统治从1279年持续到1368年。那时的首都是蒙古帝国内所有贸易线路的终点，来自中东、中亚、俄罗斯和欧洲的商人、学者和宗教人士都能在朝廷中谋得一职。其中最著名的欧洲大臣就是1275年来到中国的马可波罗。外来文化无疑给中国建筑的发展带来了新的动力。来自阿拉伯的建筑师和尼泊尔的雕塑家被任命建造北京的宫殿。中国建筑的墙面装饰在这一时期达到了创新和精致的顶峰。

在明朝（1368—1644年）和清朝（1644—1911年）统治期间，中国宫廷建筑没有实质上的创新，而是力求在建筑规模和装饰密度上取得突破。北京在1406年成为首都，世界上独一无二的大规模皇家宫殿建筑群——紫禁城就是在这里修建的。随后，扩建、翻新和修缮工程一直持续到19世纪，紫禁城是24位中国皇帝外朝和内廷的所在地。皇城的周围约有800座建筑，其中包括宫殿、寺庙、阁楼、书房和寝宫。这些庄严、雄伟的建筑被一条1km长、760m宽的巨大城墙包围起来。在这座“皇家禁地”之中，皇帝与外界社会完全隔离，他们在这里享受着天伦之乐，而皇权则被朝堂中的阴谋一点点蚕食。因此，中国从16世纪到19世纪经历了漫长的衰落期，而建筑领域的形势尤为严峻。紫禁城经历了几个世纪的修缮和重建，而今天我们在这几百座建筑的外墙、门板和隔板上，只能看到由4种到5种几何装饰图案制成的镂空壁板。至于北京其他建筑上的装饰，只有很少一部分逃过了19世纪和20世纪发生的动荡和破坏。

如今，一些私人收藏家收藏了保存至今的中国古代木质装饰，他们有时还会将收藏品以照片的形式进行展览，使人们可以欣赏到这些精美作品的影像。但迟早有一天，这些作品会出现在博物馆的展柜中，就像一百年前人们将伊斯兰艺术作品展示给大众时那样。

戴谦和在第二次世界大战期间绘制了1200幅木质花窗的复刻图，并由哈佛大学于1937年整合出版。这些复刻图提供了宝贵的信息，使人们可以更加深入地了解17世纪到20世纪初制作的木质花窗图案，尤其是成都及其周边地区的作品。这本名录的创作条件异常艰苦，它向人们证明了花窗技艺的创造力和活力。

创作于明代或者宋代的花窗图案与始于巴格达学院的中亚几何装饰的繁荣相对应；创作于汉代的花窗图案是中国历史上第一次以数学为基础进行线条绘制，它与亚历山大学院时期的几何发展相对应，那么还有没有更古老的图案创作呢？每年都有大量文物出土于中亚、蒙古和新疆地区，这些文物可以追溯到公元1世纪前，同时证明了商贸交易的重要性。一些人甚至认为现在已发现并登记的这些遗迹和文物仅占总量的10%～20%，而其余的仍然埋藏在那些布满文化瑰宝的房间中。如果这种假设成立，欧洲和中东的古代史和中世纪历史将会在未来的某一天水落石出。到那时，科学史将会得到极大的丰富，几何领域也是如此。

以八角星为中心的条纹图案

艾提尕尔清真寺，香妃墓，喀什，中国

喀什市（原名喀什噶尔）是新疆维吾尔自治区最大的绿洲城市，位于中国西部临近塔吉克斯坦和吉尔吉斯斯坦的边境地区，是全世界距海最远的城市。两千年以来，喀什一直作为塔克拉玛干沙漠北部和南部道路的汇合点。喀什本地的维吾尔族人从10世纪开始先后信奉了萨满教、佛教和伊斯兰教。《一千零一夜》中的一则童话故事（裁缝、罗锅、犹太人、管家和基督徒的故事）就发生在这片土地上。

喀什大清真寺是中国最大的穆斯林宗教圣地，也是新疆地区清真寺的典范。这些宗教建筑同时采用了中国的木质建筑工艺，以及布哈拉和阿富汗的彩陶砖石装饰。喀什大清真寺建于1442年，之后经历了多次扩建和翻新。祷告室入口的陶瓷几何装饰似乎是18世纪修缮时建造的。这种几何装饰取材于印度的莫卧儿王朝，而颜色的使用则更为自由（插图167、插图168）。

喀什，艾提尕尔清真寺，朝向庭院的木质柱廊。

香妃墓是喀什的第二大建筑。这座家族陵墓修建于17世纪，后来变成了所有穆斯林贵族的安葬地。主陵墓位于巨大的圆顶下方，其正面装饰着深绿色的陶瓷装饰，两侧各有一个塔尖。陵墓圆顶上的灯笼式天窗以及几何图案的花窗都带有《一千零一夜》中的特色（插图167）。

喀什，香妃墓圆顶上的灯笼式天窗。

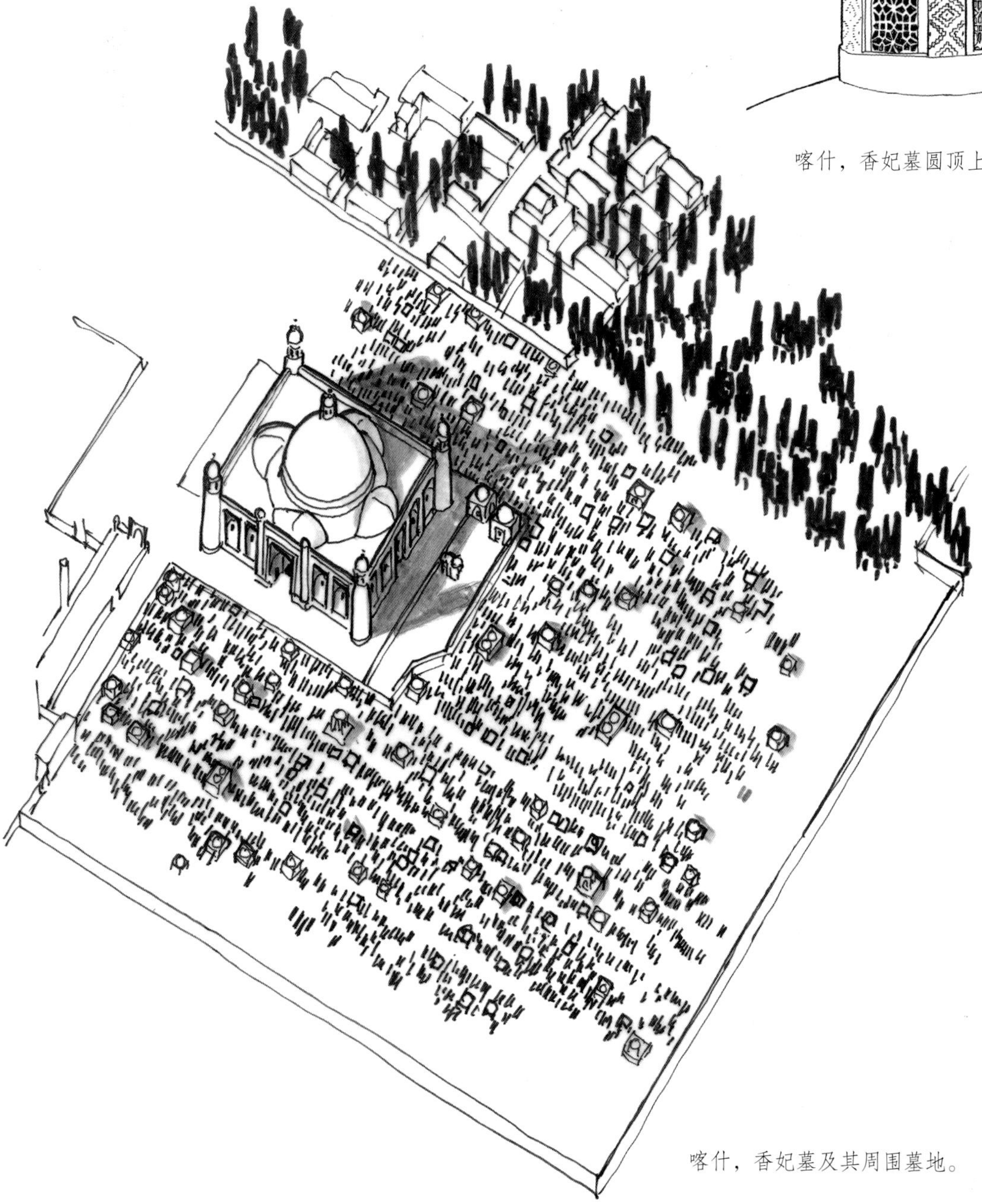

喀什，香妃墓及其周围墓地。

以十角星为中心的条纹装饰

1

1.图案建立在一张正方形网格中（红色）。
以每个正方形其中的2个顶点为圆心，对角线长度的一半为半径画圆。并画出同时与4个圆相切的小正方形。
以小正方形的每个顶点为圆心，边长的二分之一为半径画圆。在每个小圆中绘制一个内切八角星。在大圆中点绘制一个大小相同的八角星。最后如图所示，选择并延长需要的线条。

2.在一张方格网中（红色），以网格的顶点为圆心，边长的二分之一为半径画圆。之后绘制圆的内切八角星。
最后根据需要延长线条。

2

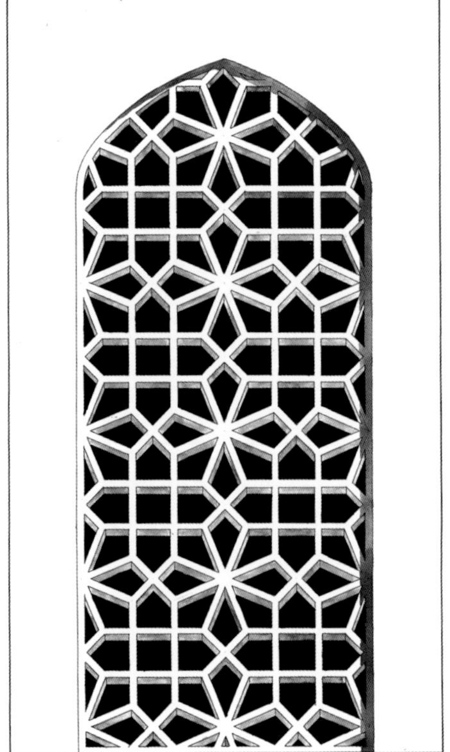

陶瓷壁板，喀什清真寺（中国）；灯笼式天窗上的镂空壁板，喀什（中国）

以十角星为中心的条纹装饰

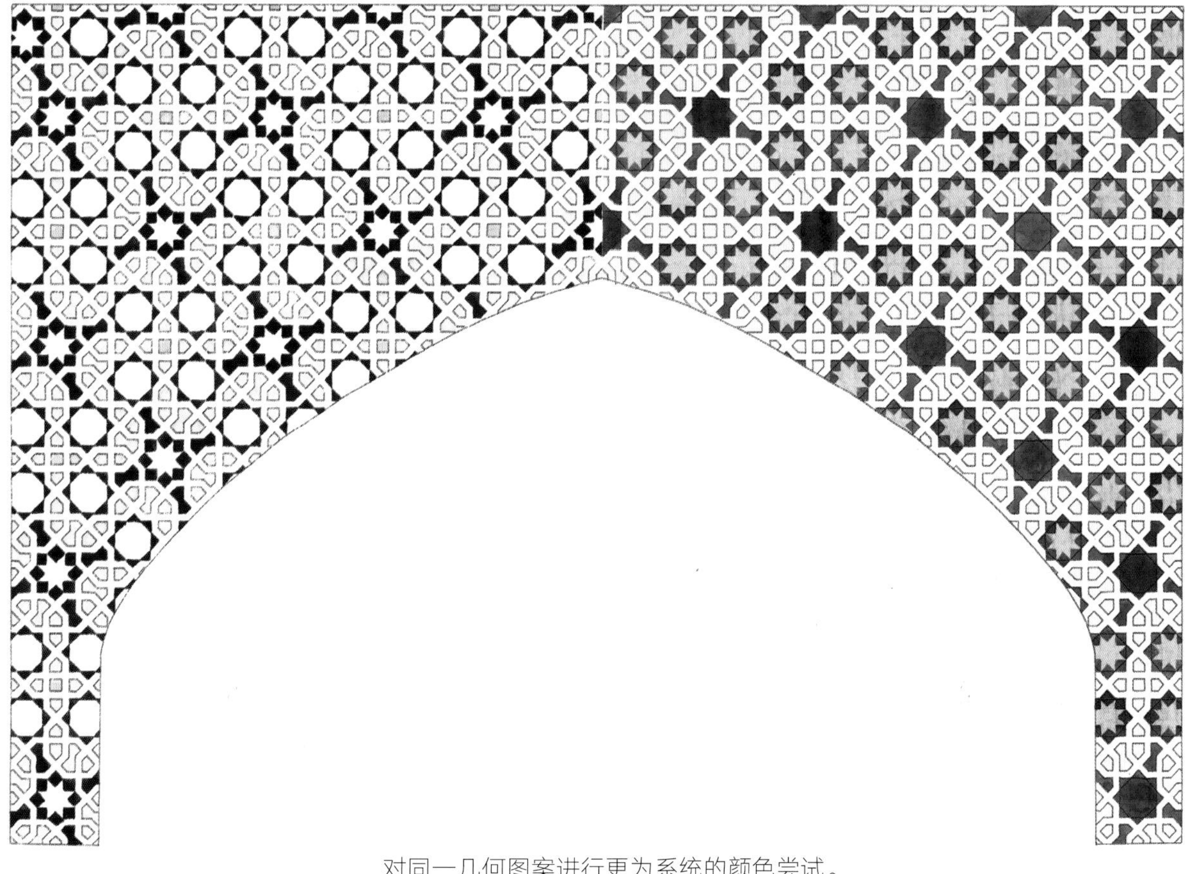

对同一几何图案进行更为系统的颜色尝试。

陶瓷壁板，喀什清真寺（中国）

方形网格中的菱形、星形和正方形组合图案
皇家陵墓，叶尔羌，中国

叶尔羌（或称莎车）距离喀什不远，其南边是一片沙漠，同时还位于印度拉达克与丝绸之路的交叉路口。叶尔羌可汗的夫人是一位诗人和音乐家，她的陵墓建于16世纪，位于当地的大清真寺旁。17世纪时，几位继承人陆续被安葬在该陵墓附近，因此这座陵墓逐渐成了一座大型墓地。这些建筑展现出令人惊叹的多样性，借鉴了来自乌兹别克斯坦、波斯、印度的艺术风格。

插图169和插图170中展示了17世纪的镂空壁板细节。这种在建筑四面使用镂空装饰的方法模仿了印度的法塔赫布尔西格里陵墓；而墙板上的几何图案则取材于中国的装饰。当人们站在远处观赏时，这些图案能够将装饰效果发挥得淋漓尽致。

叶尔羌，皇家陵墓（17世纪）。

正方形和不规则八边形组合图案
和田大清真寺，中国

和田位于叶尔羌东部350 km处，也是一座古老的商贸古城。这座城市以丝绸、玉石和香料闻名于世。公元440年，一位嫁给和田国王的中国公主在这里发现了被中国人守护了几千年的制作丝绸的秘密。人们还在这里发现了玉石矿层，这种矿层出产一种白绿相间的坚硬稀有矿石。

在中国的传统中，这种石头象征着皇权，在远东地区拥有极高的价值。而和田向整个阿拉伯世界出口的香料则是从羚羊的肚脐中取出的。

和田大清真寺建于1870年，采用了新疆的建筑传统。这座多柱式的木质建筑建造在台基之上，四周由一圈带有栏杆的靛蓝色柱廊包围，并设有三个入口。入口门板上的装饰具有中国传统图案的特色（插图171）。

和田大清真寺的外侧柱廊（1870年）。

方形网格中的菱形、星形和正方形组合图案

1

2

图1、图2、图4和图5建立在方形网格中，这四种图案都是通过选取网格的边长和对角线得到的。
图3中两种相似的图案全部建立在正三角形网格中，其中一幅是水平排列，另一幅是垂直排列。

3

木质镂空壁板，叶尔羌陵墓的外墙（中国）木质镂空壁板，叶尔羌陵墓的外墙（中国）

方形网格中的菱形、星形和正方形组合

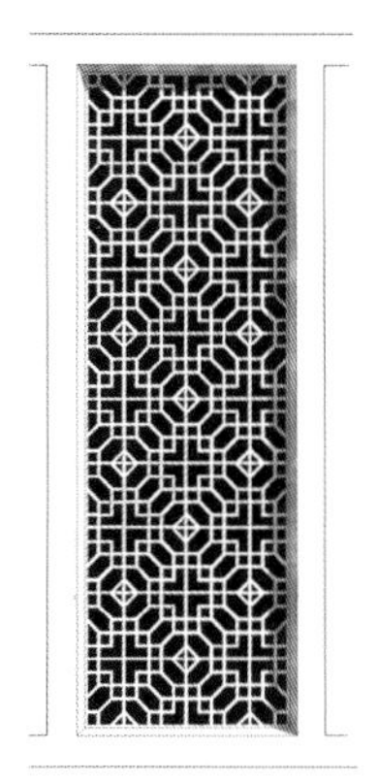

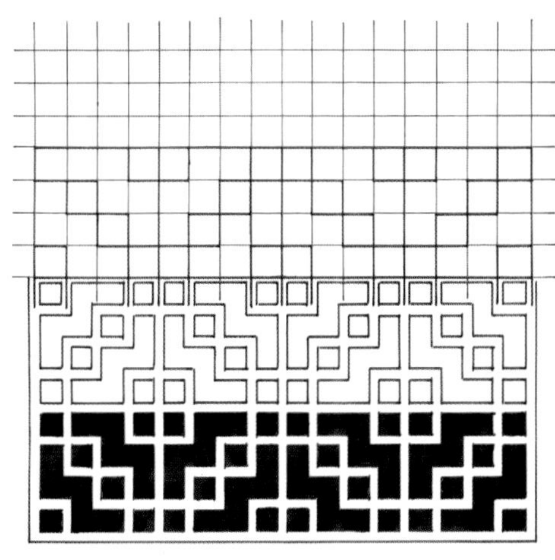

4

5

木质镂空壁板，叶尔羌陵墓的外墙（中国）

方形网格中的菱形、星形和正方形组合

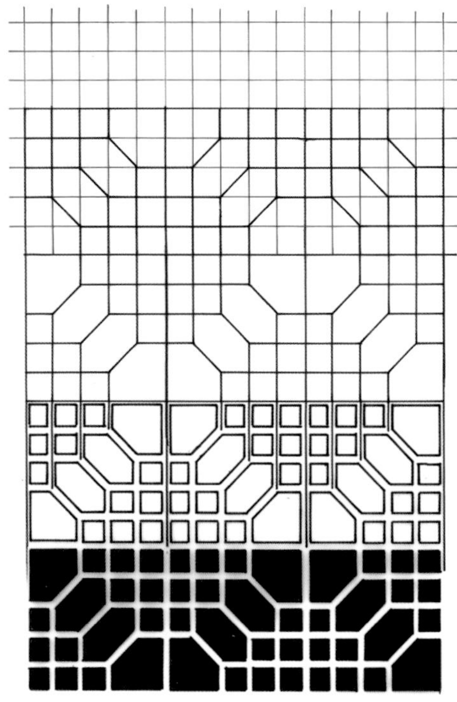

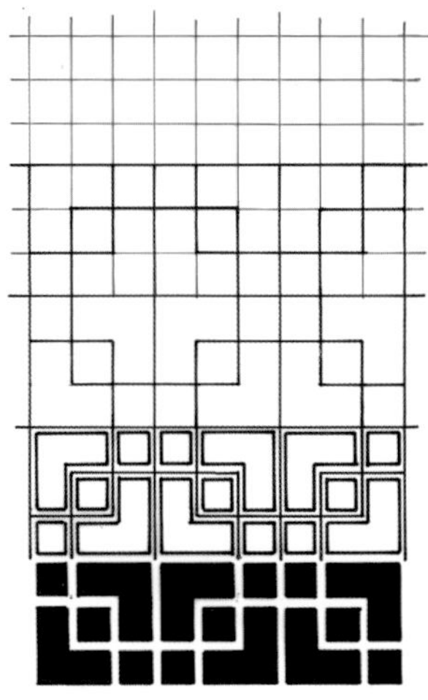

图案建立在方格网中，只需选取相应的网格边长和对角线。

和田清真寺的外侧细节

正方形组合图案

成都，中国

在中国西部的中心，有一块位于西藏高原脚下和四川盆地的肥沃土地，这里的丝绸文化和纺织品名扬四海，它就是成都。

1960年初，成都的城墙被拆毁，在之后的“文革”中，这座古老的皇家城市备受摧残。如今，老城区中的古代木质房屋正在一步步消逝。

插图172和插图173中展示的是一座老房子中的多层百叶窗和高处通风口处的装饰图案。在这些装饰中，特别是其中的非几何图案有着鲜明的中国特色，人们在远观和近看时能观赏到不同的效果。

一座传统住宅的院子，成都地区。

方形网格、三角形网格和任意组合的图案
成都，中国

这些木质雕版图案是戴谦和博士在20世纪20年代时记录的，共有1200件。我们挑选出的这些图案是其中最精美，也是最具有创新性的，是其他中亚地区所没有的。

这些图案源自成都市和四川省周边的居民住宅或宗教建筑（佛教寺庙）。

其中的大部分图案制作于19世纪。图案k、l和m时间更早，产于18世纪。而最古老的图案i和j甚至可以追溯到16世纪。图案n在朝鲜和日本也十分有名。

图案a、b、c是其中应用最广的。它们的装饰效果来源于对网格的分割。

图案k、l和m呈现出一种龟裂的绘画效果，虽然这些几何图案看上去杂乱无章，但实际上是在正三角形、正六边形和正五边形周围有序排列的。

图案n、o、p、q、s建立在正三角网格中。

图案t属于卐字装饰类别，也就是说来源于希腊。

图案u是一种排列简单并且在其他地区未曾发现的正五边形组合图案。

图案w在今天可谓家喻户晓，但是上面的平行线似乎已经淡化了。所有用于制造视觉假象的作品中都会用到它。令人震惊的是这种图案在19世纪就出现在中国，除了木质装饰之外，人们还将它用于陶瓷、刺绣甚至军队迷彩服上。

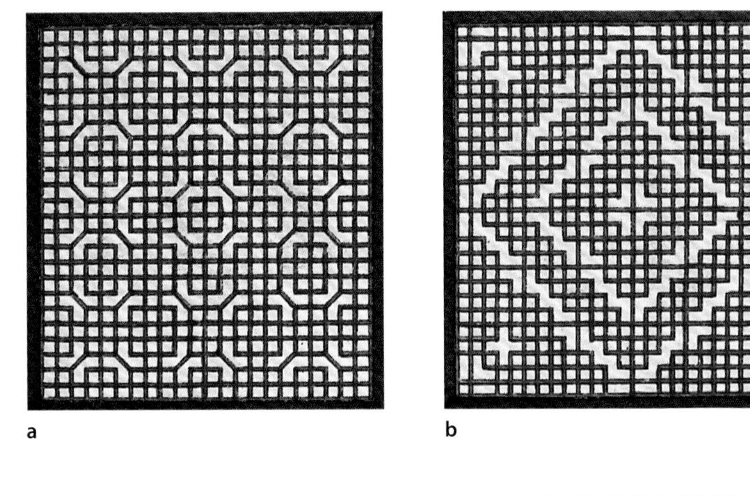

a b

c

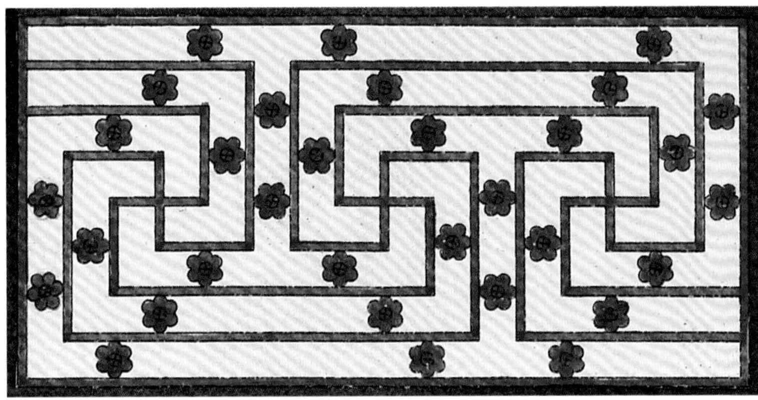

d

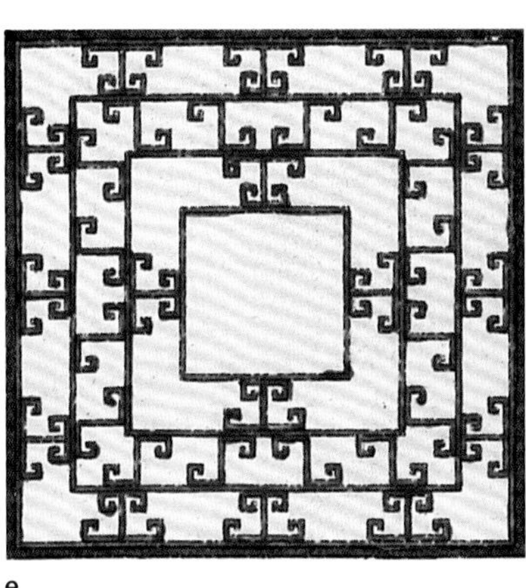

e

方形网格、三角形网格和任意组合的图案，民宅和宗教建筑中的木质雕饰，成都（中国）。

方形网格、三角形网格和任意组合的图案，民宅和宗教建筑中的木质雕饰，成都（中国）。

方形网格、三角形网格和任意组合的图案，民宅和宗教建筑中的木质雕饰，成都（中国）。

正方形组合图案

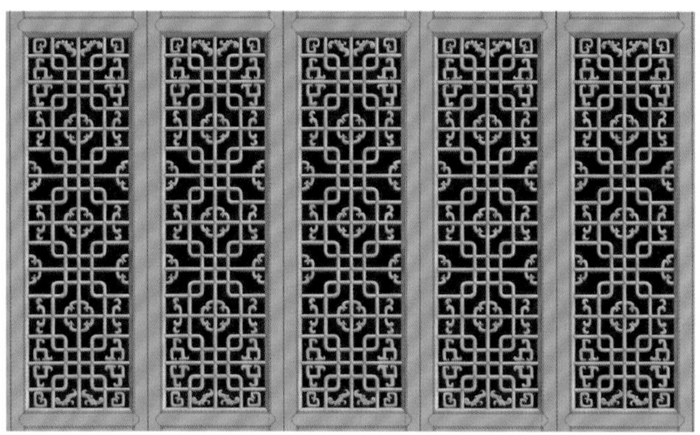

并列的5个相同的装饰壁板。

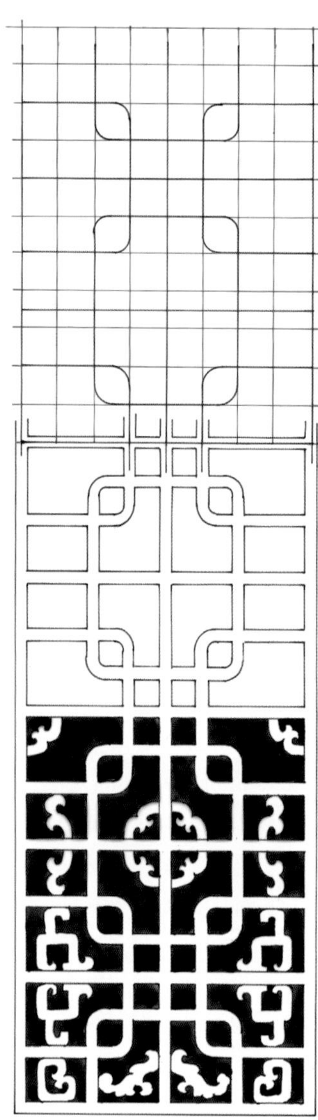

这幅图案建立在方格网中，需要选择部分网格的边长，并将部分顶角变圆。

住宅中的镂空门板，成都（中国）

正方形组合图案

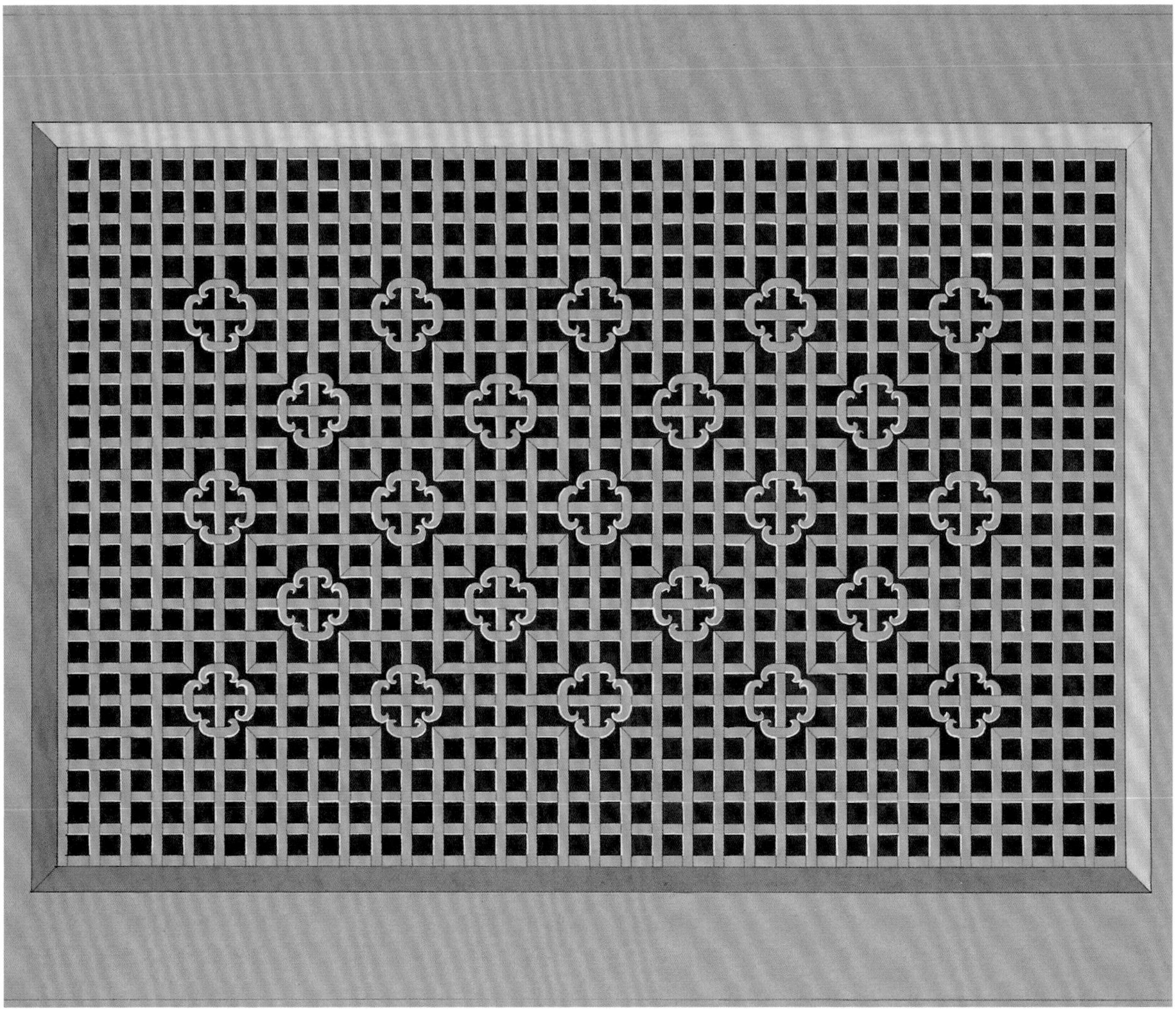

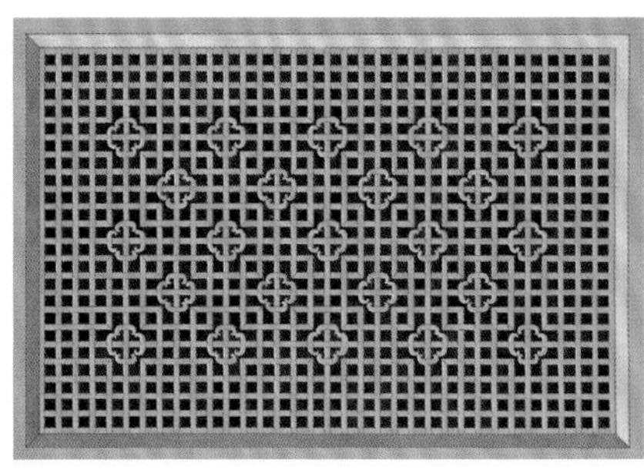

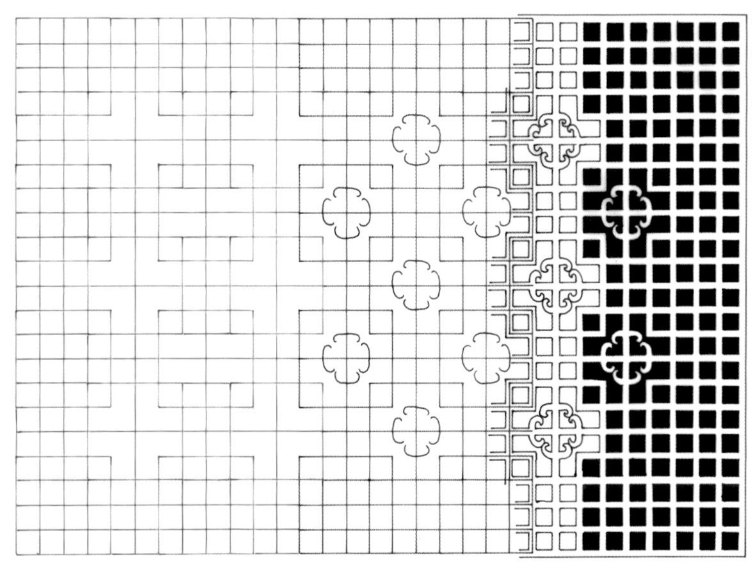

图案构建在一张被擦去部分边长的方格网中。这些边长的位置被曲边图案代替。

住宅中的镂空门板，成都（中国）

独特的“I”形、“t”形、“双t”形和十字形图案的组合

北京，中国

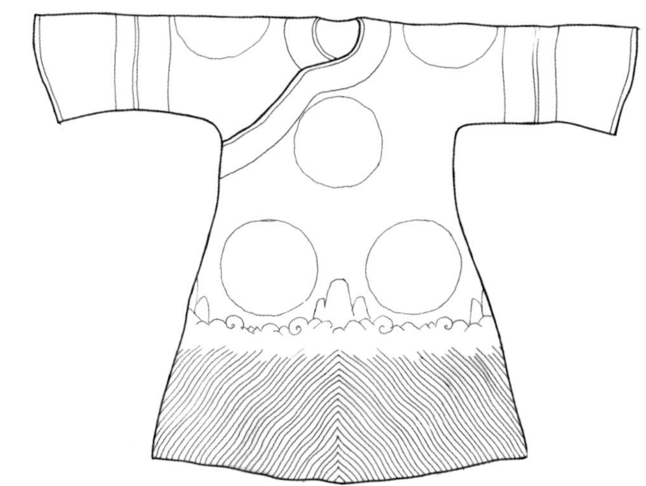

这些榆木门和榆木窗上的雕花装饰全部来自私人收藏，并且都属于同一种几何图案类型。整个装饰图案只由同一种图形组合而成，比如卐字图案（插图174至插图177）。

这类图案也应用在同一时期的刺绣品中，例如北京服装学院民族服装博物馆收藏的这件绸缎礼袍。

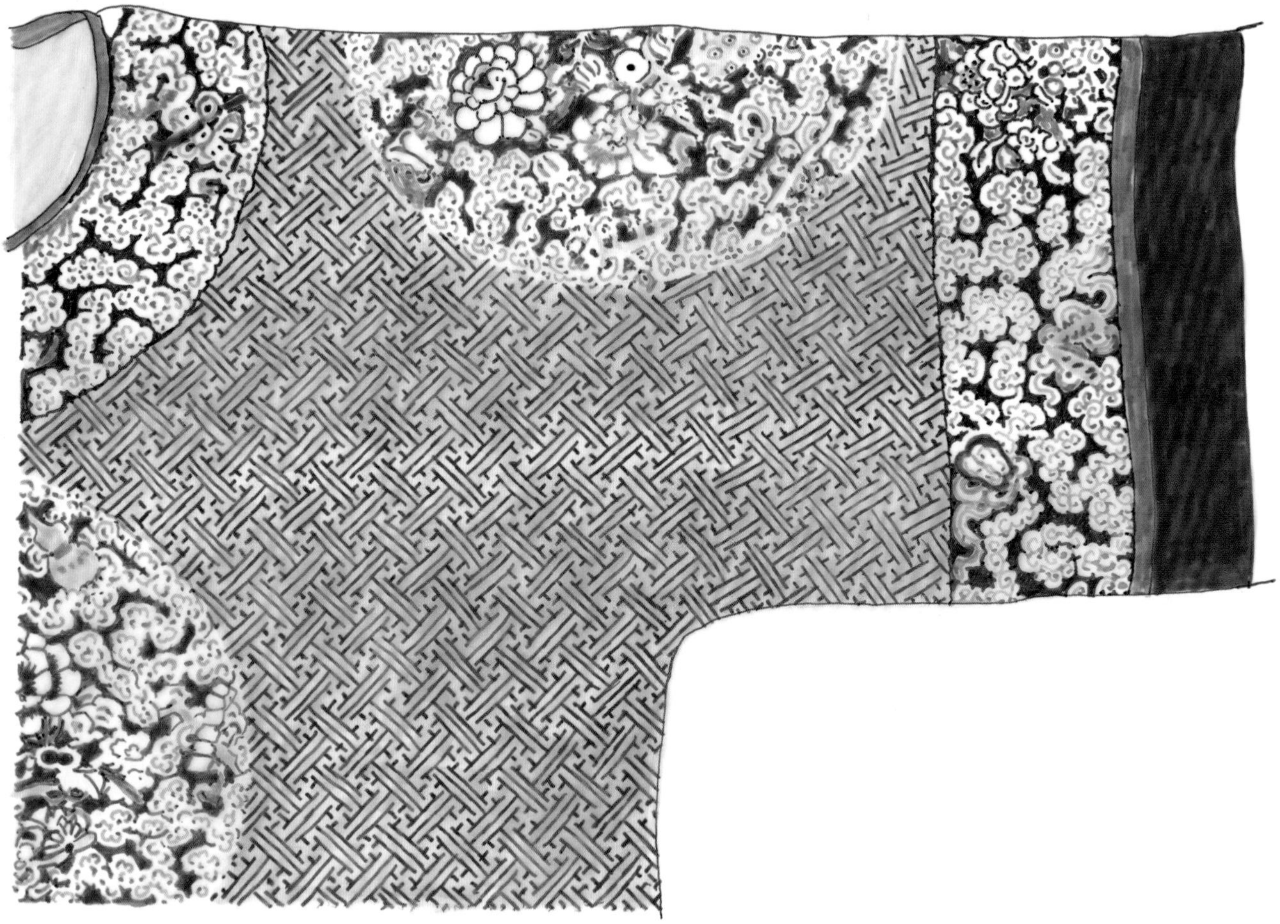

礼袍，19世纪。

三角形网格中的图案

北京，中国

在北京的紫禁城、天坛和先农坛的建筑中，几何装饰似乎被专门应用在木墙、木门和木窗上。装饰中只有三到四种以三角形网格为基础绘制的图案。为了给这些四米多高的门板刷上红色和金色的颜料，选择简单的装饰图案似乎比复杂的图案更明智一些（插图178、插图179）。

镂空门板，北京（中国），由单一的“卍”形图案组合而成。

单一的"I"形图案组合装饰

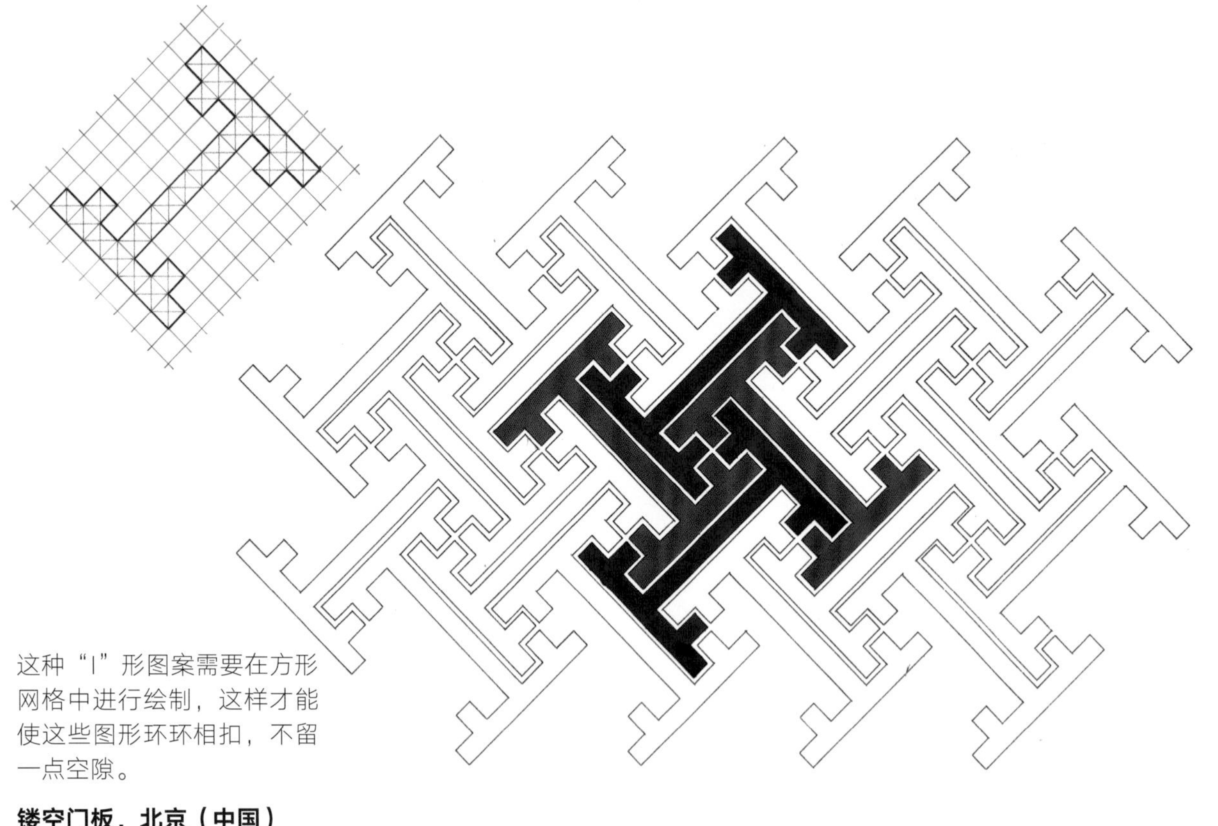

这种"I"形图案需要在方形网格中进行绘制，这样才能使这些图形环环相扣，不留一点空隙。

镂空门板，北京（中国）

单一的“t”形图案组合装饰

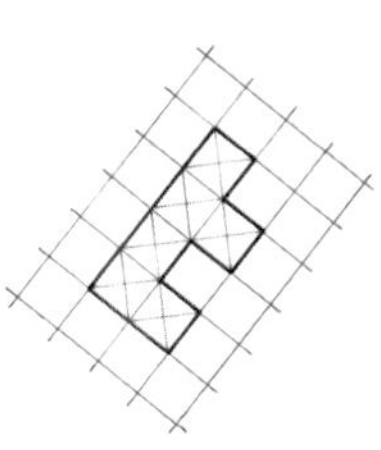

“t”形图案同样建立在方形网格中，以保证所有图形紧密相连。但需要在组合的过程中留出一点空隙。

镂空木板，北京（中国）

单一的“双t”形图案组合装饰

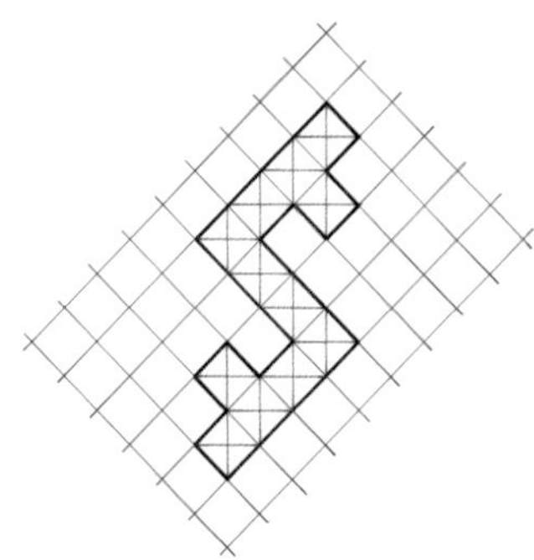

这种方向颠倒的“双t”图案需要建立在方格网中，以保证图形相互连接。同时需要在拼接时保留很小的空间。

镂空木板，北京（中国）

单一的“十字”形图案组合装饰

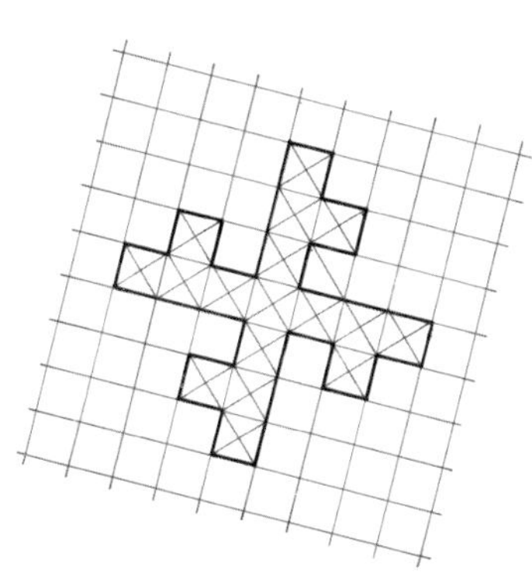

选择网格作为十字图案的底板，以保证图形在组合过程中紧密相连，不留空隙。

镂空木板，北京（中国）

三角形网格中的图案

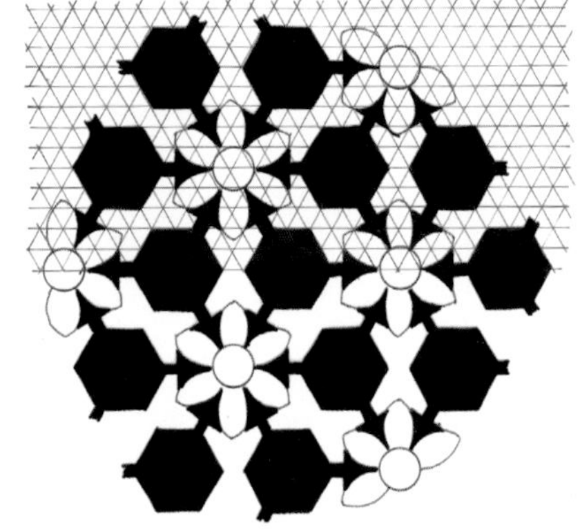

这幅图案建立在一张正三角形网格中。

四开门，北京紫禁城（中国）

三角形网格中的图案

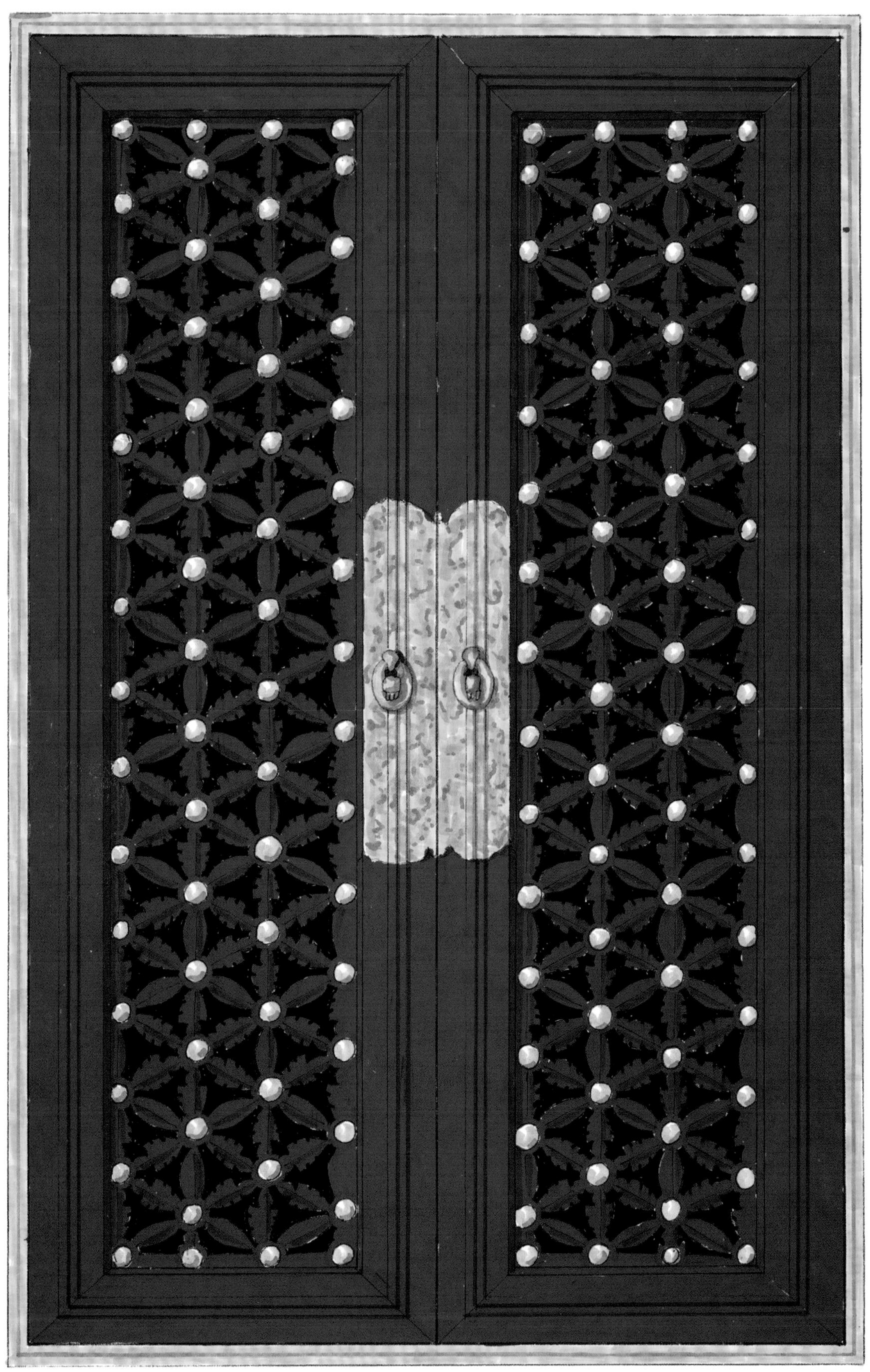

四开门，北京紫禁城（中国）

7

当代和现代

几何图案的衰败之路

那些作为建筑“外衣”的装饰和20世纪之前横跨于摩洛哥和中国之间的古老传统装饰，都不再适用于现代。现在，全球的建筑都是“光秃秃”的。人们不能容忍在建筑外表使用装饰，就连在室内也十分吝啬。这种建筑装饰的缺失似乎会持续下去，并且绝不仅仅是一时的风靡。一些人将这种缺失视作真正的文化认同和现代化的标志。但事实上，这种观念是建立在对传统的拒绝和放弃之上的。

如果我们仔细观察，会发现几何图案装饰并没有完全消失。虽然这些装饰不得不离开建筑的载体，但是又在设计图中找到了归宿。为了验证这一点，我们只需在网页搜索“几何图案”“平铺”“镶嵌”或“星形图案”等关键词，就能看到相关的文章和图片。

同时，我们还能在身边不起眼的地方发现一些几何图案装饰的身影，有的精致，有的粗糙，但大多都十分平庸，甚至被人忽视。

足球大概是现代最知名的几何形态的物体：根据国际足联（FIFA）的标准，一个足球包含32块合成纤

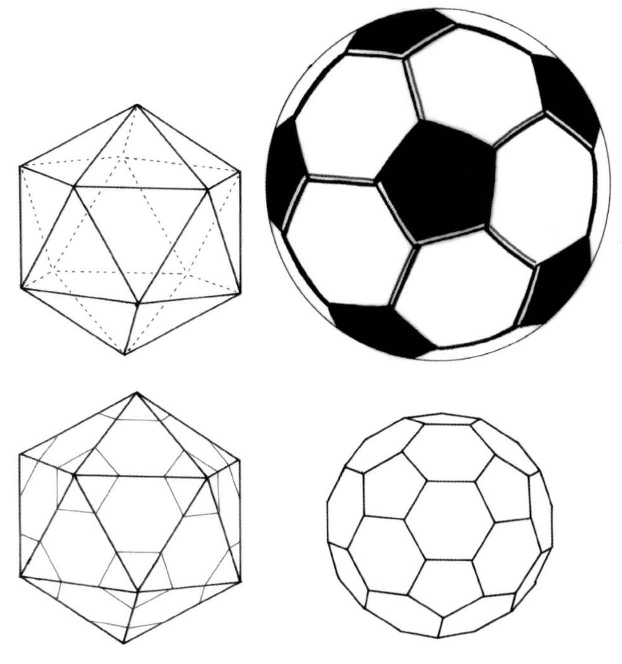

足球形状的截正二十面体。正二十面体是一个包含了20个面的多面体，每一面呈正三角形。截正二十面体包含20个六边形和12个五边形，是通过在每个顶点处沿着穿过棱上三分之一点的平面切割得到的。

维面料，每块面料相互连接并组成一个直径为22cm的球体，黑白相间的颜色可以保证观众能够在电视机中清晰地看到足球。从几何学角度来看，这个32面的球体可以被视作一个切割后的正二十面体，即一个半正多面体，或者说“阿基米德多面体”。这个多面体中有60个顶点和32个面，其中分为20个六边形和12个五边形，并具有相同的棱长。

同样是在体育领域，2014年索契（俄罗斯联邦）冬奥会的标志是一个传统五角星，或者说星形五边形的变形，令人联想到一片晶莹剔透的雪花。

20分欧元的硬币上有7个小缺口，形成了一个七边形。

家庭用品中也有许多类似的例子，比如下水口的塞子和厨房里的漏勺，这两者都是用金属或塑料制成的圆盘状物体，人们按照几何图纸在上面打孔。这种工业设计逐渐渗透到家庭用品中，以提高其商业性能。

现代汽车轮毂的造型展示出还未被自动化生产吞噬的想象力和创造力。尽管半个世纪以来这些轮毂的造型一直来源于航空领域，但是样式十分丰富。其中不仅包括图5、图6、图8和图12这类的传统造型，还有图7、图9、图11和图17这种出人意料的设计。

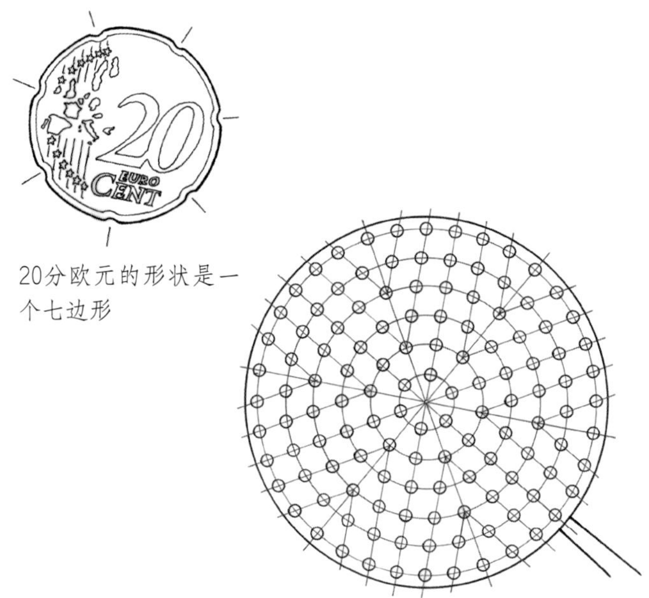

20分欧元的形状是一个七边形

传统漏勺的形态是一个微微凹陷的不锈钢圆盘，直径能达到几十厘米。圆盘上有126个直径为3~4 mm的圆孔，分布在6个同心圆和将外圆三十六等分的轴线上。

六角星和十角星，双分支五角星

法国

虽然现在颁发给运动员，尤其是奥林匹克运动员的奖牌造型没有任何的几何元素，但是一些以国家名义颁发的奖章，尤其是法国奖章仍然在使用传统几何图案。事实上，这些图案早在12世纪就已经出现了，并逐渐演变到今天的形态。

插图180中的第一幅图案是法国海外省骑士勋章的造型（该勋章在1963年被叫停，众多外交官都希望能将它收入自己的荣誉室中）。

第二幅图展示了法国农业成就勋章的图案，该勋章于1883年创立，旨在表扬为法国农业发展作出突出贡献的人士。

第三幅图案是法国荣誉军团的星形勋章，拿破仑在1804年选定了它的造型，而后由数位艺术家合力打造。

第四幅图案是法兰西第五共和国时期荣誉军团勋章的样式，于1962年由戴高乐创建。这枚勋章与前一版相同，都是由一个白色的双分支五角星和树叶花环组成。勋章正反两面的中央有一个金色的徽章，周围是一个海蓝色圆圈。整个勋章悬挂在一条波纹的红色带子下。

汽车轮毂。这些不同的圆形辐射图案分别是根据圆的五等分、六等分、七等分、八等分、九等分、十等分、十一等分、十二等分、十四等分、十七等分和二十等分绘制的。

星形王冠

欧洲

在带有国家、地区、城市或军事标志的旗帜中，有象征性意义的颜色条纹、十字图案、星形图案和徽章图案。这些组合都有十分精准的规划，以便能够正确地进行制作。举个例子，从规格上来讲瑞士国旗和梵蒂冈国旗都是正方形的；而另一些国家的国旗，例如法国，则采用长宽比为3∶2的规格；还有一些国家的国旗长宽比为2∶1，比如斯洛文尼亚；而美国的国旗则采用了1∶1.9的长宽比。

插图181展示了欧盟旗帜的图案。该方案是欧洲议会在1983年选定的，采用蓝色底板和12颗金星的组合。一经提出，就得到了欧盟成员国首脑和政府的同意。

卢克索神庙大门（公元前4世纪），斯特拉斯堡的欧盟议会大厦（1999年）：悬挂旗帜是一种古老而有效的装饰途径。

曲线玫瑰花结

吉尔吉斯斯坦和摩洛哥

鲁特琴是一种弦乐器，和吉他类似，但它的不同之处在于中央的玫瑰花结。与古典吉他相比，鲁特琴的玫瑰花结并不是直接掏空的，而是使用镂空工艺在木板上雕刻出来的。

今天的鲁特琴产地分布于马格里布、中东和中亚地区，因此不难理解琴师借鉴当地建筑中的几何图案绘制玫瑰花结。然而，人们发现这些琴师很少使用传统的直线条纹图案，反而更加偏爱曲线条纹图案。

插图182中的第一个玫瑰花结是一名吉尔吉斯斯坦的现代琴师的作品。第二个玫瑰花结所属的鲁特琴在1950年出产于马格里布地区，现被巴黎音乐城收藏。这些条纹图案全部构建在传统的几何网格中。其中，第一个玫瑰花结的网格十分容易绘制，只需通过的圆的八等分、十六等分和三十二等分即可得到。

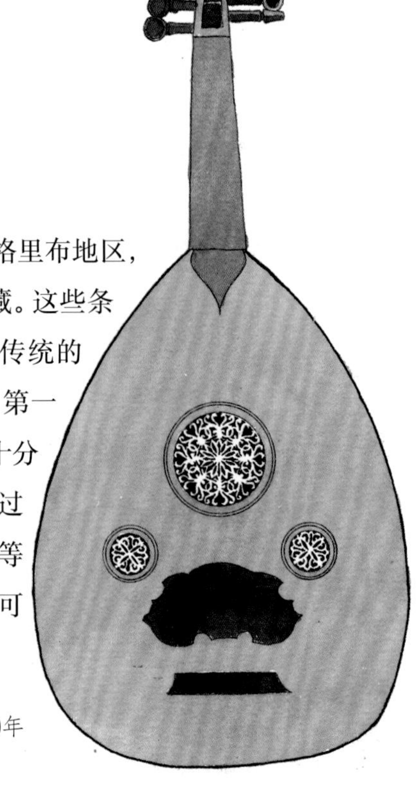

马格里布鲁特琴，1950年前后（巴黎音乐城）。

六角星和十角星，双分支五角星

1

1.首先将圆十等分。之后将圆上的切点每隔3个相连。中央徽章的直径由整体布局决定。

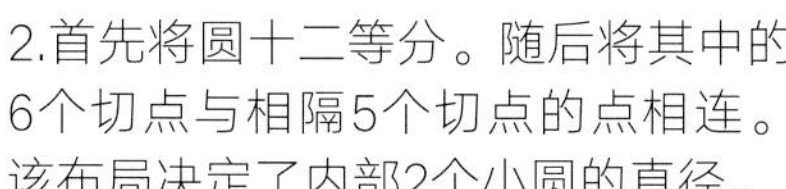

2.首先将圆十二等分。随后将其中的6个切点与相隔5个切点的点相连。该布局决定了内部2个小圆的直径。

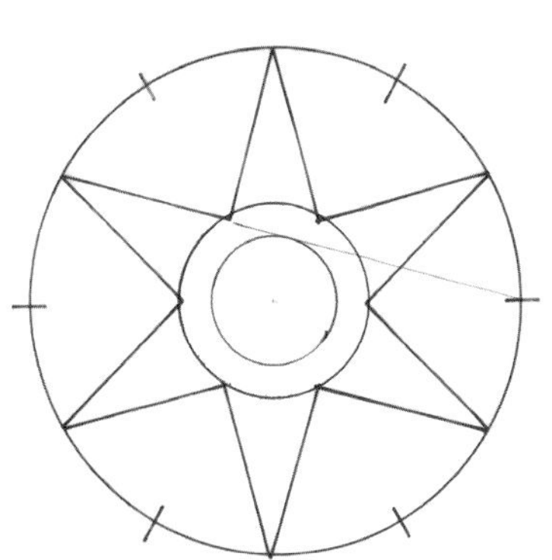

2

3

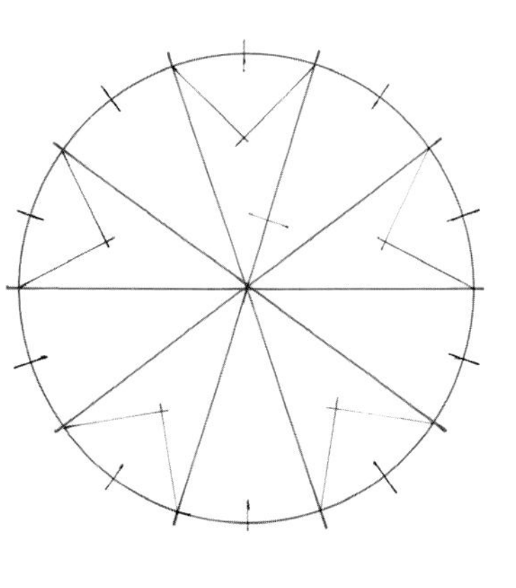

3.外部的圆被十等分，将部分切点沿着直径与其对应点相连（红色）。
之后将圆二十等分（蓝色），选择与5个红色分支顶点重合的切点，并将这些切点与相隔7个间隔的点相连。
最后随意连接圆上2个相隔8段间隔的点，从而确定内部圆的直径。

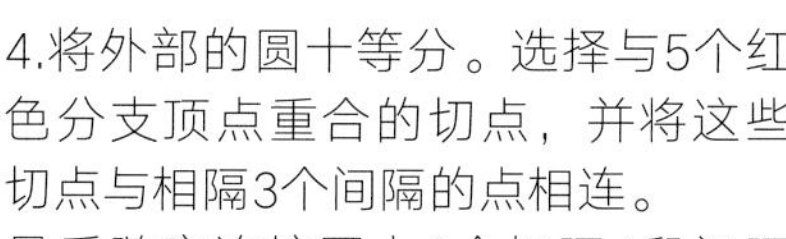

4.将外部的圆十等分。选择与5个红色分支顶点重合的切点，并将这些切点与相隔3个间隔的点相连。
最后随意连接圆上2个相隔4段间隔的点，从而确定内部圆的直径。

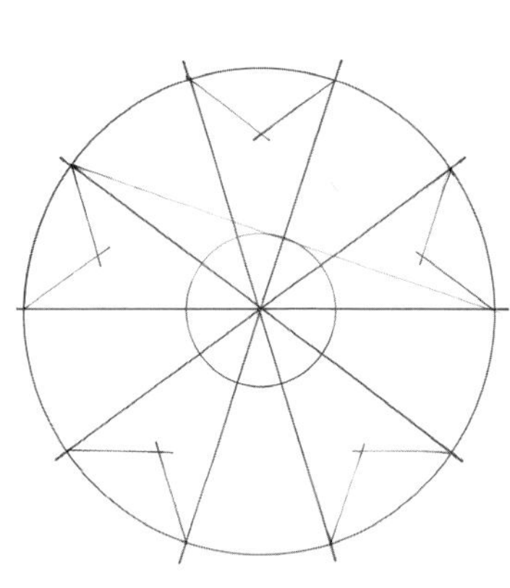

4

奖章和装饰图案（法国）

星形皇冠

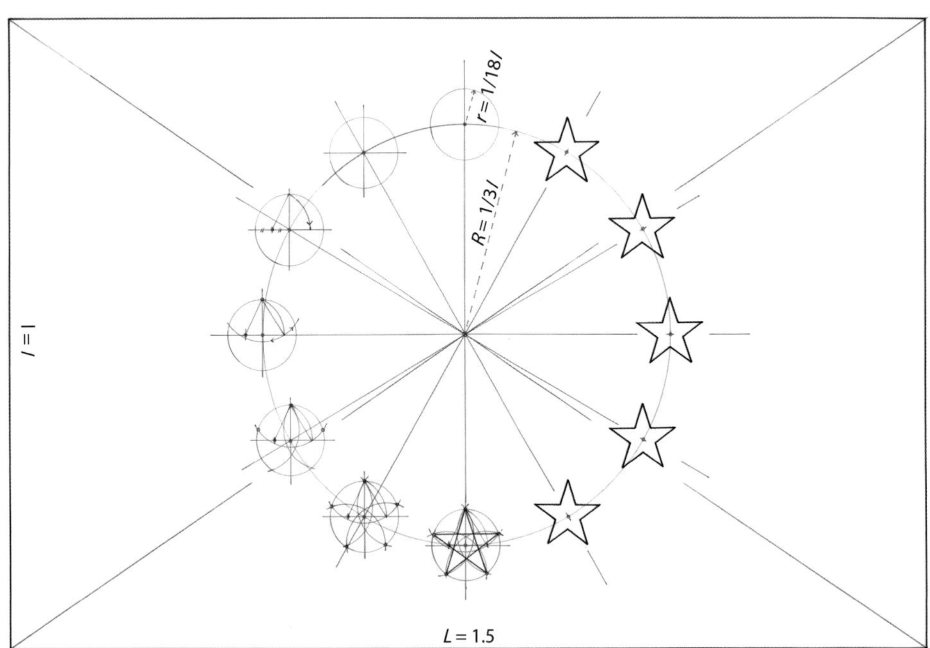

旗帜的图案绘制在一个矩形边框内，矩形的长L是宽l 的1.5倍。以矩形的中心点为圆心，宽度l 的三分之一为半径画圆。
将这个圆十二等分，再以每个圆上的切点为圆心，l 的十八分之一为半径画圆。
在每个圆内画一个五角星，保证其中一个角的方向朝上。
如果将12颗五角星朝向矩形中心而不是上方，则会得到如右侧图所示的效果。

欧盟旗帜

曲线玫瑰花结

这幅玫瑰花结图案建立在一张几何网格上，图案中灵活的线条使其摆脱了网格的束缚。在一个被十六等分的圆内插入一个八角星，之后从该八角星边长的中点出发绘制第二个八角星，这两个连续的八角星构成了玫瑰花结的几何网格。

只有从超过5 m的位置观看这幅图案，才能感受到隐藏在这2个玫瑰花结之中的装饰效果。如果装饰图案的大小如右图所示，那么只需要1 m的距离就能够看到其装饰效果了。

现代鲁特琴上的玫瑰花结（吉尔吉斯斯坦和摩洛哥）

具有重叠效果的棋盘格图案

法国

1850年至1950年间，彩色水泥砖以其坚固耐用的特性引领了一波风潮。人们发现了这种低成本的地砖，并用它来代替瓷砖。此外，水泥砖的图案十分灵活多变，这使得同一系列的方砖能够组合成多种不同的装饰图案。例如插图183中的图案就结合了两种水泥砖，其中一种为简单的对角线交叉图案，另一种则取材于12世纪的克斯马蒂式方砖。这两种图案的交替排列创造出一种出人意料的效果。

彩色水泥砖（法国），由两种图案交替排列而成。

具有立体效果的图案

法国和瑞士

同样是彩色水泥砖，“立体堆积”图案大概是最成功的，该图案以其立体效果给人留下了深刻印象。这种图案曾经在罗马时期得到使用。例如，人们曾在瑞士（沃州）奥尔布地区的一座繁华的城镇中找到了这种图案的马赛克。从古罗马时期到20世纪，这种图案十分稀少。

另外一些几何线条同样可以获得这种立体效果（插图184、插图185）。

具有重叠效果的棋盘格图案

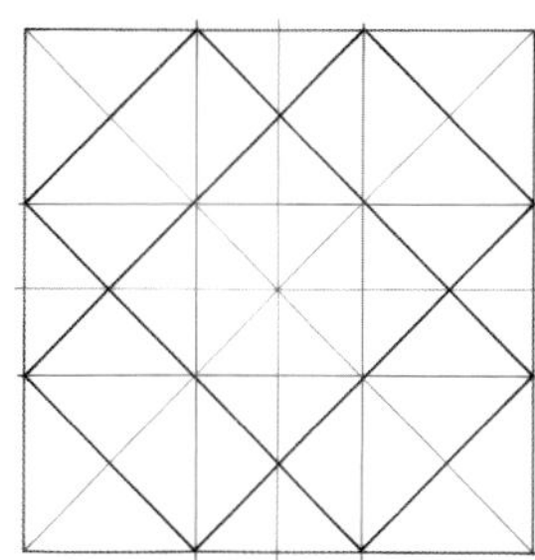

为了保证这2种不同的地砖在拼接时图案的协调，就需要将正方形的边长三等分（2条白色和黑色条纹为任意宽度）。

彩色水泥砖（法国）

具有立体效果的图案

1

2

方砖1（中心图案）

这幅图案建立在一个边长被四等分的正方形网格中。按照图中所示连接网格的交叉点。

方砖2（边框）

将正方形的两条边四等分，其他的边六等分。按照图中所示，在网格的交叉点处画出正方形对角线的平行线。

彩色水泥砖（法国）

具有立体效果的图案

该图案建立在一张由平行和等距的垂直线条（红色）组成的网格中。通过红色线条的垂线（蓝色）画出一组两两相接的正方形（蓝色）。以其中一个正方形的顶点为中心，将正方形的边长向下翻折135°，从而得到水平线条间的距离（红色）。
在每一条水平线上画出和第一组正方形相同的图案（黑色）。通过这种方式画出的立方体棱长全部相同。

同理，我们可以依据正三角形网格画出一个具有阶梯效果的图案。

罗马时期的马赛克图案，奥尔布（瑞士）

六叶玫瑰花结网格中的单一形象图案组合地砖

M.C.埃舍尔

莫里茨·科内利斯·埃舍尔（1898—1972年）是一位荷兰艺术家，以木版画和石版画而闻名。他的代表作就是通过图案的组合实现形状的变化，也就是视错觉。例如无限上行或下行的楼梯，这在现实中是无法达成的，但是在绘画中只需要使用透视技巧就可以做到。他同样在地砖领域进行了一些尝试，例如插图186中展示的这件作品，就是通过单一图案进行拼接从而铺满整个平面。为了完成这件由单一图案组成的拼图，埃舍尔借助了一张六叶玫瑰花结网格，并将其线条隐藏在最终的图案中。该系列中的一些几何图案已经在更早的时代得到运用（参见阿罕布拉和中国章节）。

埃舍尔对于几何的研究似乎和数学研究十分相似，尽管他本人极力否认这一点。尤其是他的许多作品反映了他在创作早期使用手指进行“分形”。毋庸置疑，他与数学家罗杰·彭罗斯的接触和友谊对他的几何研究产生了重要的影响。罗杰·彭罗斯是一名数学家和物理学家，出生于1931年。他在宇宙起源和黑洞理论方面作出了极大的贡献。1974年之后，他相继发表了关于五边形、五角星和菱形的贴砖研究，使这些图形能够铺满一整个平面而且不具有周期性。如果1984年人们没有发现一种类似晶体结构、并且非周期性的图案，那么彭罗斯贴砖依旧会是广受喜爱的数学和几何作品。事实证明，彭罗斯非周期性地砖为这些非常规图案提供了一种合理的组合模式。

棋盘格中的单一图案组合地砖

瑞士

随着埃舍尔的单一图案拼图的提出，许多效仿者争相而至。在此基础上产生的艺术虽然没有填字游戏或是数独游戏那样普及，但它既是一种娱乐，也是一种数学推理。

在这种情况下，伯尔尼（瑞士）的科尔热蒙中学向学生提议进行艺术创作，于是就得到了图中所示的优美图案（插图187）。

具有联立效果的图案

当绘画与装饰艺术分离的时候，后者只能退居次位并逐渐衰落。然而到了20世纪，人们发现了一种被称为对称原理或守恒原理的新数学理论，对于化学、物理学和晶体学都产生了巨大的影响。在这一数学工具的帮助下，来自全世界的研究者都能重新审视古代的几何图案，尤其是东方装饰作品中的多边形组合图案，他们希望通过数学语言给这些图案披上现代的外衣。此外，这些图案的视觉效果导致人们开始关注视觉感知和大脑机制的问题。从这以后，视错觉不再是一团迷雾，人们希望通过对它的研究弄清人类视觉乃至大脑的运行机制。

事实上，视错觉是大脑在受到外界干扰后产生的与现实不符的错误感知。在不同的视错觉类型中，有一种“交替”错觉，会使人感知到两种不同的信号交替出现。罗马时代的艺术家（参见第3章）在这一领域进行了诸多尝试。此外还有最为知名的“弯曲”错觉，举个例子来说，在具有弯曲错觉的图像中，一些笔直的线条看起来像是弯曲的。而这种视错觉类型也在很久之前就得到了应用（参见“中国”章节）。另外还有埃舍尔在不可能建立的楼梯中使用的“逆向”视错觉。最后一类是“麻醉”幻觉，也就是说在没有药物的情况下引起大脑的混乱，使其无法在不同的图像之间做出选择。

这些数学家绘制的图案和为了研究大脑运转机制的实验图案经常会同时出现大众的视野中，但没人会去区分哪些是现代艺术家在视觉艺术领域下进行的创作（插图188）。这种混淆是十分可惜的，因为天下之美大都令人动心，但如果以动心作为美的前提则十分荒谬。

六叶玫瑰花结网格中的单一形象图案组合地砖

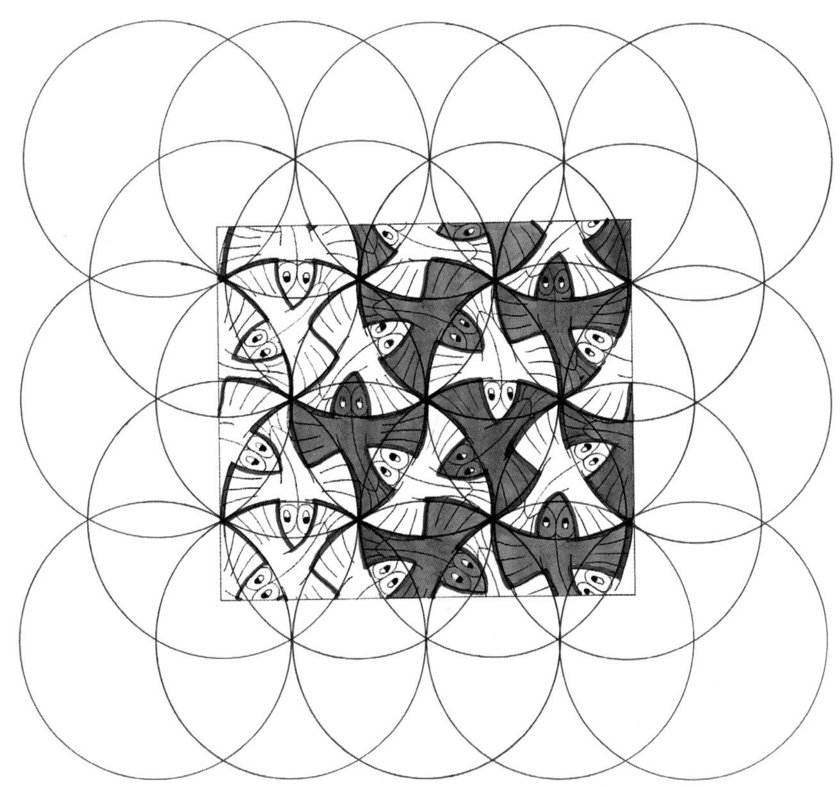

拼图中的单个模块建立在一个六叶玫瑰花结网中。

根据M.C.埃舍尔的几个搭配绘制成的单一模块拼图

棋盘格中的单一图案组合地砖

拼图中的单个模块以及整个密铺图案都建立在图中所示的方形网格中。

单一模块的拼图（瑞士）

具有联立效果的图案

1

2

1.这种效果是通过将两种不同形态的网格叠加在一起得到的。在这幅图案中，一个是鳞片网格（或者说“盾形网格”，参见第74页至75页内容），另一个是同心正方形网格。

2.一张由长宽比为1：3的矩形组成的棋盘格被一个圆形切割，圆中的网格图案由外侧图案旋转90°所得。

现代视错觉

索引

（按国家分类）

图书在版编目(CIP)数据

建筑装饰图案设计与应用 /（法）杰拉尔 · 罗比纳著;张雯羽译. – 武汉 ：华中科技大学出版社，2020.8
ISBN 978-7-5680-5765-3

Ⅰ. ①建… Ⅱ. ①杰… ②张… Ⅲ. ①建筑装饰 – 图案设计 Ⅳ. ①TU238

中国版本图书馆CIP数据核字(2020)第122237号

建筑装饰图案设计与应用
JIANZHU ZHUANGSHI TU'AN SHEJI YU YINGYONG

[法] 杰拉尔 · 罗比纳 著
张雯羽 译

出版发行：华中科技大学出版社（中国 · 武汉）
武汉市东湖新技术开发区华工科技园
电话：（027）81321913
邮编：430223
出 版 人：阮海洪

策划编辑：易彩萍
责任编辑：易彩萍 陈 忠
责任校对：李 琴
责任监印：朱 玢
美术编辑：张 靖

印 刷：武汉精一佳印刷有限公司
开 本：889 mm × 1194 mm 1/16
印 张：23.75
字 数：693千字
版 次：2020年8月第1版第1次印刷
定 价：398.00元